W0267940

DER INDUSTRIEOFEN

IN EINZELDARSTELLUNGEN

HERAUSGEBER:

OB.-ING. L. LITINSKY

LEIPZIG

BAND: III

ABMESSUNGEN VON HOCH- UND MARTINÖFEN

VON

MICHAEL PAVLOFF
O. Ö. PROFESSOR
AM LENINGRADER POLYTECHNISCHEN INSTITUT

UNTER MITWIRKUNG DES VERFASSERS
AUS DEM RUSSISCHEN ÜBERSETZT
VON
PROF. F. DREYER

SPRINGER-VERLAG BERLIN HEIDELBERG GMBH
1928

ABMESSUNGEN VON
HOCH- UND MARTINÖFEN

VON

MICHAEL PAVLOFF

O. Ö. PROFESSOR
AM LENINGRADER POLYTECHNISCHEN INSTITUT

UNTER MITWIRKUNG DES VERFASSERS
AUS DEM RUSSISCHEN ÜBERSETZT
VON
PROF. F. DREYER

MIT 150 FIGUREN IM TEXT UND AUF 4 TAFELN
SOWIE 3 TABELLENTAFELN

SPRINGER-VERLAG BERLIN HEIDELBERG GMBH
1928

URSPRÜNGLICH ERSCHIENEN BEI OTTO SPAMER LEIPZIG 1928
SOFTCOVER REPRINT OF THE HARDCOVER 1ST EDITION 1928

Additional material to this book can be downloaded from http://extras.springer.com

ISBN 978-3-662-33747-9 ISBN 978-3-662-34145-2 (eBook)
DOI 10.1007/978-3-662-34145-2

Vorwort des Herausgebers.

Bei der immer mehr durchdringenden Erkenntnis der Notwendigkeit der Spezialisierung auf allen Gebieten der Industrie und der Technik kann folgerichtig auch das Gebiet der technischen Literatur nicht ausgeschaltet werden. Es leuchtet ohne weiteres ein, daß in technischen Werken von mehr oder weniger zusammenfassendem Inhalt den einzelnen Gebieten der Technik schon allein aus Raumgründen nicht eine solche Behandlung zuteil werden kann, wie diese es eigentlich ihrer Natur und Bedeutung nach beanspruchen könnten. Diese Tatsache zwingt deshalb zu gleichzeitiger Anschaffung von mehreren Büchern, in welchen das fragliche Spezialgebiet häufig nur fragmentarisch behandelt wird, und verursacht nicht selten insofern unnütze Ausgaben, als ein großer Teil des sonstigen Inhaltes des angeschafften Buches den Spezialfachmann gar nicht interessiert. Es kommt noch hinzu, daß das Nachsuchen in mehreren Werken mit Verlust an kostbarer Zeit verbunden ist. Eine Sparwirtschaft und Rationalisierung muß deshalb auch auf dem Gebiet der technischen Literatur mit angewendet werden.

Von allen Gebieten der technischen Literatur ist kein einziges bis jetzt dermaßen vernachlässigt worden wie das Gebiet der industriellen Öfen. Die wenigen vorhandenen Werke behandeln gleichzeitig mehrere Gebiete; über viele industrielle Öfen ist in der Buchliteratur überhaupt nur wenig zu finden. Bedenkt man, daß der Industrieofen die Seele beinahe eines jeden industriellen Prozesses ist, so sieht man ein, daß in bezug auf Bücher auf diesem Gebiete ein unzweifelhafter Mangel herrscht, dem unbedingt abgeholfen werden muß.

Nach dem vorliegenden Plan soll jeder industrielle Ofen in einem besonderen Buch für sich behandelt werden. Es ist eine Reihe voneinander unabhängiger Einzelbücher geplant, und zwar zunächst über folgendes: Hochöfen, Siemens-Martin-Öfen und andere Stahlwerksöfen, Kokereiöfen, Gaswerksöfen, Schwelöfen, Zementbrennöfen, Kalkbrennöfen, Keramische Brennöfen, Öfen zum Brennen von Dolomit, Magnesit usw., Ziegelbrennöfen, Porzellanbrennöfen, Brennöfen für feuerfeste Erzeugnisse, Glasschmelzöfen, Emaillieröfen, Holzverkohlungsöfen, Ofenberechnungen, Grundlagen des Ofenbaues, Wärmetechnik im Ofenbau, Torfverkohlungsöfen, Gießereiöfen, Öfen der chemischen Industrie, Erzröstöfen, Metallschmelzöfen, Destillier- und Raffinieröfen, Hüttenmännische Öfen, Gaserzeuger für Industrieöfen, Baustoffe der Industrieöfen, Wärmeregeneration in den industriellen Ofenanlagen, Betriebsüberwachung der industriellen Ofenanlagen, industrielle Ofenheizgase, Schornsteine, Abhitzeverwertung in den Industrieöfen, Staubfeuerung in den Industrieöfen usw. usw.

Bis jetzt sind, mit Ausnahme des vorliegenden, folgende Bände der Sammlung erschienen: 1. *Hans von Jüptner*, Wärmetechnische Grundlagen der Industrieöfen und 2. *Ernst Cotel*, Der Siemens-Martinofen. Weitere Bände befinden sich in Vorbereitung.

Ich hoffe durch die Herausgabe der Sammlung „Der Industrieofen in Einzeldarstellungen" einem wirklichen Bedürfnis entsprochen zu haben und bitte die Herrn Fachgenossen mich durch Verbesserungswünsche und weitere Anregungen zu unterstützen.

L. Litinsky.

Vorwort.

Das Erscheinen der vorliegenden Anleitung zur Bestimmung der Abmessungen von Hoch- und Martinöfen bedarf wohl kaum einer Begründung: die angehenden Hüttenleute beschäftigen sich schon als Studenten mit dem Entwerfen von Öfen und machen sich durch praktische Übungen mit den Methoden zur Ermittlung ihrer Abmessungen vertraut. Für sie war dieser Leitfaden in erster Linie bestimmt, doch fand er, wie der rasche Absatz der ersten und zweiten russischen Auflage zeigte, auch unter den im Betriebe stehenden Ingenieuren weite Verbreitung, besonders in den Konstruktionsbureaus der Werke.

Die Art, wie der Verfasser die Angaben der Praxis zur Bestimmung von Abmessungen von Hoch- und Martinöfen verwertet, ist den Eisenhüttenleuten, soweit sie deutsche Quellen verfolgen, nicht fremd: der vom Verfasser 1910 veröffentlichte erste Nachtrag zu seinem Hochofenatlas enthielt im erläuternden Text auch Hinweise auf die Methode der Bestimmung von Hochofenabmessungen. Über die Martinöfen hat der Verfasser nach Erscheinen der zweiten russischen Auflage der „Martinöfen" im Verlage Julius Springer 1911 ein Büchlein „Die Abmessungen der Martinöfen nach empirischen Daten" veröffentlicht, das jedoch schon längst vergriffen ist.

In vorliegender deutscher Ausgabe, einer Übersetzung der dritten russischen Auflage, ist die Methode des Verfassers dem Wesen nach unverändert geblieben; infolge des Wandels in den Abmessungen, Arbeitsbedingungen und Leistungen der Öfen mußten die Zahlenangaben revidiert und teilweise geändert und ein historischer Überblick angeschlossen werden. Herr Oberingenieur *L. Litinsky*, der die „Bestimmung der Abmessungen" (2. Aufl.) in russischer Sprache gelesen hatte, schlug dem Verfasser vor, sie in der von ihm herausgegebenen Bücherreihe „Der Industrieofen" in deutscher Sprache erscheinen zu lassen. Der Verlag *Otto Spamer* übernahm die Drucklegung, und mein verehrter Kollege, Herr Professor *F. Dreyer*, fand sich freundlich bereit, die Übersetzung zu besorgen. Allen den genannten Herren, insbesondere dem Verleger, spricht der Verfasser seinen Dank aus und knüpft daran die Hoffnung, daß ihre Arbeit und die Aufwendungen des Verlages von den Eisenhüttenleuten, die deutsche Bücher lesen, gewürdigt werden.

Leningrad, 1. Oktober 1927. **Der Verfasser.**

Inhaltsverzeichnis.

Hochöfen.

I. Entwicklung der Abmessungen und des Profils der Hochöfen.

1. Einleitung.

1. Der Hochofen ist aus dem Stückofen entstanden, in welchem nach dem Rennverfahren unmittelbar aus Erzen Eisen gewonnen wurde. Zwei abgestumpfte Kegel, an den großen Grundflächen aneinandergefügt, begrenzen mit feuerfestem Gemäuer den Arbeitsraum des Stückofens. Die Höhe betrug gewöhnlich nicht über 4,5 m und der Durchmesser (in der Höhe des Kohlensacks) 1,5—1,8 m; im senkrechten Schnitt besteht ein solcher Arbeitsraum aus zwei Trapezen, wie in Fig. 1 dargestellt.

Die ersten Hochöfen hatten einen ähnlichen Umriß (oder Profil) des Arbeitsraumes, doch eine etwas größere Höhe; eine bedeutende Vergrößerung der Höhe galt in Anbetracht der geringen Festigkeit der Holzkohle für unmöglich.

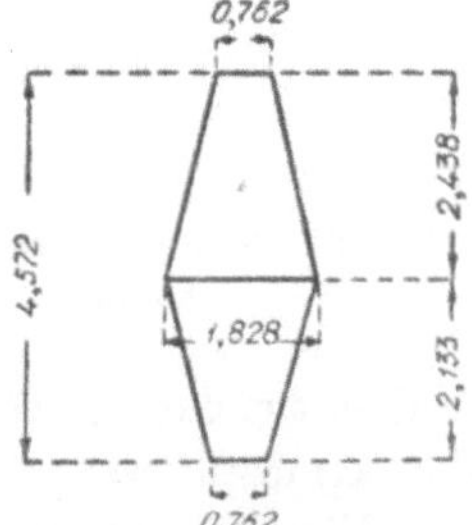

Fig. 1. Stückofen.

Da man beim Übergang vom Rennverfahren zum Hochofenprozeß eine Höhensteigerung für ausgeschlossen hielt, begann man den Querschnitt des Arbeitsraumes zu vergrößern, um durch bedeutenderen Inhalt des Ofens eine größere tägliche Roheisenschmelzung zu ermöglichen. Der Erweiterung des oberen Ofenteils — an der Öffnung, durch welche die Schmelzmaterialien eingeführt wurden (Gicht) — stand jedoch der Handbetrieb im Wege, der eine gleichmäßig horizontal geschichtete Anordnung der Materialien in ihrer ganzen Oberfläche erforderte. Eine Vergrößerung des Durchmessers des unteren Ofenteiles war (nach alten Begriffen) schädlich in Anbetracht der Notwendigkeit, im Gestell des Ofens eine große Hitze zu konzentrieren, um Gußeisen zu erhalten — das Haupterzeugnis der ersten Zeit der Hochöfen. Obgleich man später kälteres Roheisen erblies und überall die Erfahrungen auf die Möglichkeit einer befriedigenden Arbeit mit breiteren Gestellen (die aus den engeren durch Ausbrennen entstanden) hinwiesen, so hat man doch beim Ausbessern der Öfen das frühere Profil im Laufe ganzer Jahrhunderte unverändert wiederholt; in seiner ganzen Unförmlichkeit hat es noch die Mitte des 19. Jahrhunderts erlebt. Fig. 2 gibt eine Abbildung des Profils des historischen deutschen Ofens von Veckerhagen, der mit Holzkohle noch 1838 arbeitete, als

R. Bunsen seine berühmten Untersuchungen der Hochofengase dieses Ofens ausführte.

Beim ersten Blick auf diese Zeichnung wird es verständlich, warum die Tageserzeugung derart profilierter Öfen in der ersten Zeit nach dem Anblasen sehr gering war, dann allmählich anstieg und erst nach bedeutendem Ausbrennen des Gestells normal wurde: die Hitze verbesserte den Fehler des Ofenbauers und bot durch Erweiterung des Gestelles die Möglichkeit intensiverer Arbeit, bei welcher die ganze Säule der Schmelzmaterialien sich abwärts bewegte. Bei engem Gestell wurde der Inhalt des Ofens ungenügend ausgenutzt, und das Ausbringen von Roheisen, auf die Volumeneinheit des Ofens gerechnet, war unbedeutend. Der Hauptmangel bestand aber darin, daß die Wärme und chemische Energie der Gase schlecht ausgenutzt wurden: die Gase stiegen auf dem kürzesten Wege aufwärts, trafen auf ihrem Wege einen geringen Teil der hinabrückenden Schmelzmaterialien

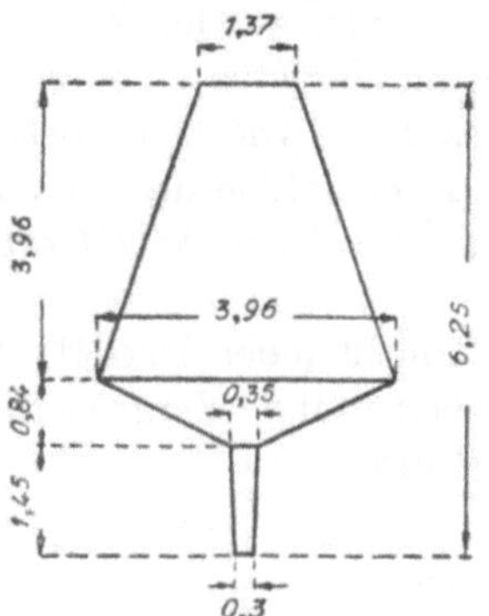

Fig. 2. Hochofen von Veckerhagen.

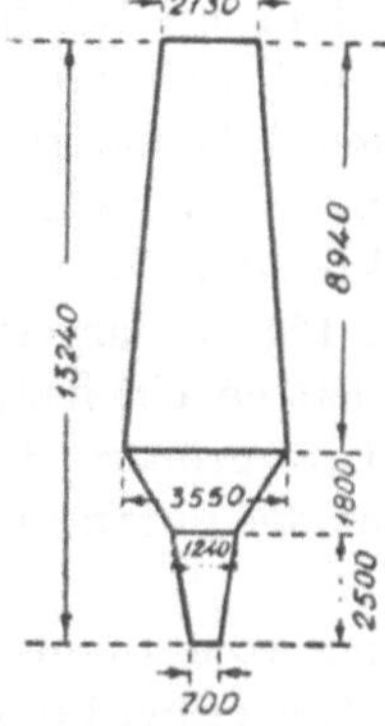

Fig. 3. Hochofen von *P. Demidow.*

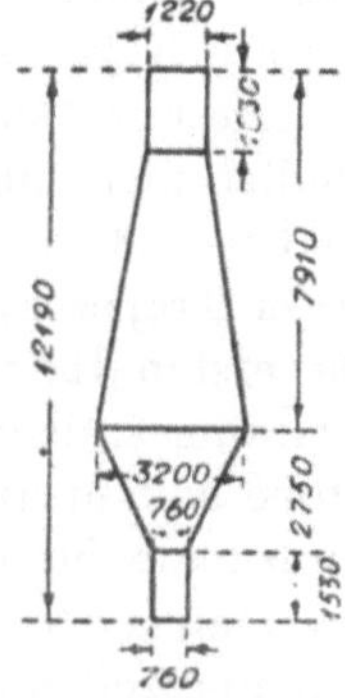

Fig. 4. Hochofen der Gleiwitz-Werke.

und entwichen mit bedeutendem Kohlenoxydgehalt und wenig enthitzt in die Atmosphäre.

Für den Ofen von Veckerhagen beträgt das Verhältnis der Höhe des Arbeitsraumes zum maximalen Durchmesser und das Verhältnis des letzteren zum Gestelldurchmesser, d. h. zwei den Profiltypus kennzeichnende Verhältnisse, 1,5 bzw. 11, Verhältnisse, die bedeutend von den normalen für neuzeitige Öfen abweichen.

Schon um die Mitte des 18. Jahrhunderts wurden Öfen von größeren absoluten Abmessungen als der Ofen von Veckerhagen gebaut, trotzdem auch sie mit Holzkohle beschickt wurden: in Europa betrug die Höhe bis 9 m, in Schweden bis 10 m. Im Ural baute *Prokop Demidow* 1740 den ersten Ofen von 13,2 m Höhe; auch im Ausbringen war er der bedeutendste (14 t täglich, was um die Zeit kein englischer Kokshochofen gab); er war mit 2 Formen ausgestattet und hatte das in Fig. 3 abgebildete Profil.

2. Die ersten Koksöfen sind um 1740 in England mit demselben Profil und in derselben Höhe, wie für Arbeit mit Holzkohle, erbaut worden; sie

ergaben etwas mehr Roheisen als Holzkohlenöfen, nämlich ungefähr $2^1/_2$ t täglich. Die Vergrößerung ihrer Abmessungen machte anfangs nur geringe Fortschritte und wurde durch die Notwendigkeit einer besseren mechanischen Ausrüstung (stärkerer Gebläse als die gewöhnlichen Wassergebläse) behindert.

Erst als seit dem Jahre 1776 Wattsche Dampfmaschinen zur Erzeugung des Gebläses in Hochöfen Verwendung fanden, konnte man den Hochöfen zwecks Erzielung höherer Leistung größere Abmessungen geben. Trotzdem hatte der erste deutsche im Jahre 1796 mit Koks betriebene Ofen (Gleiwitz-Werke) noch die in Fig. 4 gegebenen Abmessungen, d. h. geringere Höhe und Querschnitt als der Holzkohlenhochofen von *P. Demidow*. Für letzteren waren die Durchmesser von Kohlensack und Gicht so glücklich gewählt, daß sie im Ural im Laufe von 150 Jahren beibehalten wurden und für neuzeitige Öfen größerer Höhe für vorbildlich gelten konnen.

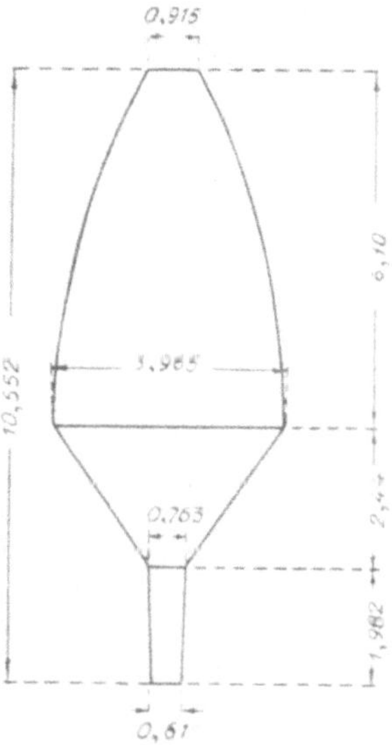

Im ersten Viertel des 19. Jahrhunderts gaben die englischen Öfen nicht mehr als 5 t am Tage. Das Profil eines Ofens solcher Leistung (die Hütte von Carron in Schottland) gibt Fig. 5; er weist schon ein höheres Verhältnis der Gesamthöhe des Ofens zum Durchmesser des Kohlensacks — 2,65 — und ein niedrigeres des Kohlensacks zum Gestelldurchmesser — 5,19 — auf, als der Ofen von Veckerhagen, jedoch ist auch hier der Gestelldurchmesser ebenso wie die Gicht übermäßig verengert.

Ganz dasselbe Profil wie Carron hatten die Hochöfen der Königshütte, die später als die Öfen der Gleiwitz-Werke gebaut sind und zu den bestausgerüsteten Hochöfen auf dem europäischen Kontinent gehörten.

Fig. 5. Hochofen von Carron.

Während Öfen ähnlicher Profile in Betrieb waren, wurde zum erstenmal klar ausgesprochen, was man bei Ermittlung der vorteilhaftesten Profile berücksichtigen muß.

Im Jahre 1839 veröffentlichte *John Gibbons* eine kleine Broschüre „Practical remarks on the Staffordshire blast-furnaces" (2nd edition, Birmingham, 1844), in der er unter anderem sagt:

„Da ich die volle Möglichkeit hatte, die Arbeit der Hochöfen näher zu verfolgen, so habe ich dieses zum Studium des Einflusses der Hitze auf die Änderungen des Arbeitsraumes benutzt, beginnend mit dem Anblasen bis zum Zeitpunkt, an dem es nötig war, den Ofen zwecks Reparatur auszublasen. Die Ofenreise der Hochöfen in Stafford dauert 4—5 Jahre, doch da ich im Laufe vieler Jahre gleichzeitig 6 Öfen leitete, so hatte ich Gelegenheit, sie nach verschiedenen Zeitabschnitten, vom Anblasen an gerechnet, stillzulegen, beginnend mit 3 Monaten und abschließend mit einer solchen Zeitdauer, in der der

Ofen vollständig abgenutzt war. Meine Aufmerksamkeit richtete ich auf den Zustand des feuerfesten Gemäuers des Arbeitsraumes nach dem Ausblasen, und ich sagte mir: der feurige Finger schreibt auf diesen Wänden; ich werde versuchen zu ergründen, was er schreibt, und dann wird mir vieles klar werden."

Der erste Umstand, der mich zum Nachdenken zwang, war das äußerst schnelle Ausbrennen der Gestellwände und der Rast bald nach dem Anblasen; im Mittel kann man annehmen, daß sie im Verlauf von 6 Monaten ungefähr ein Drittel an Dicke verlieren. Das fernere Ausbrennen des Gemäuers schreitet schon langsam und allmählich fort, bis die Rast vollständig zerstört ist, was zum Stillegen des Ofens nötigt.

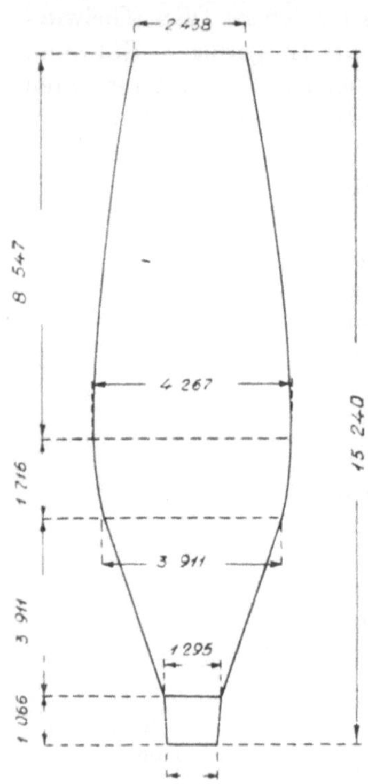

Fig. 6. Profil von *Gibbons*.

Mir schien, daß, wenn ich einen Ofen derart baue, daß der innere Umriß des Ofenraumes von vornherein schon die Gestalt hat, die infolge des Ausbrennens erhalten wird, ich dann die verheerende Wirkung des Feuers einschränke und einen bedeutenden Teil der Gestell- und Rastwände vor dem Ausbrennen bewahre. Beim Versuch war nichts zu verlieren, und so führte ich ihn aus."

Zuerst wurde der Gestelldurchmesser vergrößert, soweit das Gemäuer der Widerlager des Ofenmantels es zuließ. Der Ofen mit breiterem Gestell gab die normale Tagesleistung einige Monate früher, als die alten Öfen, und erforderte eine spätere Reparatur, d. h. arbeitete länger. Einen weiteren Schritt in dieser Richtung tat *John Gibbons* durch Einführung einer steileren Rast und Verbreiterung der Gicht. Die Arbeit des derart umgebauten Ofens entsprach vollkommen den Erwartungen seines Erbauers: in $4^1/_2$ Jahren ununterbrochener Arbeit hat der Ofen zweimal mehr Roheisen ergeben als ein beliebiger der benachbarten Öfen während seiner ganzen Ofenreise, und der Ofengang blieb hierauf ausgezeichnet; die Ofenreise dauerte 7 Jahre und nach dem Ausblasen erwies sich das Gemäuer in gutem Zustande. In Fig. 6 ist das Profil von *Gibbons* dargestellt.

Wie aus den beigeschriebenen Abmessungen zu ersehen, ist in diesem Profil das Verhältnis der Ofenhöhe zum maximalen Durchmesser auf $3^1/_2$ angewachsen und das Verhältnis des Kohlensackdurchmessers zum Gestelldurchmesser bis auf 3 gefallen. Vom modernen Standpunkt aus ist letzteres Verhältnis als sehr groß anzusehen — ein breiteres Gestell würde auch bei diesem Profil vorteilhafter sein; wenn man jedoch nicht nur die Abmessungen, sondern auch die Gestalt der Wände bei Ausbildung des gegebenen Profils berücksichtigt, so wäre zu bemerken, daß der Schacht von einer derart gekrümmten Oberfläche begrenzt wird, daß seine Wände unmerklich in die steile Rast übergehen; infolgedessen kann ungeachtet des engen Gestells die ganze Säule der Schmelzmaterialien an der Abwärtsbewegung teilnehmen und die Gase haben die Möglichkeit, sich gleichmäßig in den Querschnitten des Hochofens zu verteilen.

Gibbons selbst sah den Nutzen einer weiteren Steigerung des Gestelldurchmessers ein, doch konnte er sie infolge des ungenügenden Gebläses und seiner geringen Spannung nicht ausführen.

Der hier im Profil dargestellte Hochofen gab ungefähr 15 t Roheisen täglich; ein Ofen, der später nach demselben Profil, doch mit breiterem Gestell, ausgeführt wurde, gab im Mittel ungefähr 20 t, was für jene Zeit und damalige Arbeitsbedingungen (arme Erze) als sehr gute Leistung anzusehen ist.

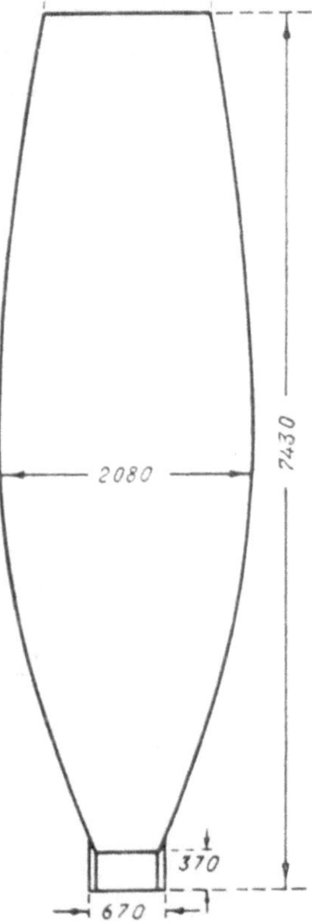

Fig. 7. Schwedisches Profil.

Trotz eines solchen Erfolges fand *John Gibbons* wenig Anerkennung, und sein fruchtbarer Gedanke über die Anwendung eines Normalprofils wurde von seinen Zeitgenossen nicht gebührlich gewürdigt. Auch die nächste Generation von Hüttenleuten, die doch mit der Arbeit von *J. Gibbons* durch den Leitfaden der Eisenhüttenkunde von *J. Percy*, der auch in französischer, deutscher und russischer Übersetzung erschienen ist[1]), vertraut waren, schenkte seinen Ausführungen wenig Beachtung.

Mehrere Jahrzehnte nach Veröffentlichung der klassischen Broschüre von *J. Gibbons* wurden noch von gewiegten Hüttenleuten Öfen mit recht wunderlichen Profilen gebaut im blinden Glauben an ihre Zweckmäßigkeit und Überlegenheit gegenüber dem einfachen Normalprofil von *J. Gibbons*.

Nach dem Werke von *G. Jars* („Voyages métallurgiques", Lyon, 1774) läßt sich feststellen, daß „das natürliche Profil von *Gibbons*" in Schweden schon in den sechziger Jahren des 18. Jahrhunderts in kleineren Holzkohlenhochöfen Anwendung fand, jedoch nicht gebührend gewürdigt wurde, denn später ist es vollständig verschwunden. Fig. 7 stellt eine Kopie der Fig. 3 auf Tafel III des angeführten Werkes dar. Wie *G. Jars* zutreffend bemerkt (Bd. I, S. 117), zeichnet sich dieses Profil vorteilhaft durch eine weitere Gicht aus, als um jene Zeit bei Öfen anderer Länder allgemein üblich war.

[1]) Dr. *John Percy*, „Metallurgy. Iron and Steel", London, 1864. — „Traité complet de Métallurgie par le Dr. *John Percy*", traduit par *E. Petitgand* et *A. Ronna*, ingènieurs, T. III, Paris, 1865. — Ausführliches Handbuch der Eisenhüttenkunde (bearb. von *H. Wedding*), Bd. II, Braunschweig, 1868.

Die in Fig. 6 gezeigte Höhe war für Koksöfen der ganzen ersten Hälfte des 19. Jahrhunderts als bedeutend anzusehen; eine weitere Vergrößerung trat im Anfang der sechziger Jahre ein, als die intensive Ausbeutung der Lagerstätten des Clevelander Toneisensteins eine schnelle Entwicklung der Gußeisenindustrie bei Middlesborough bewirkte. Hier entstand eine größere Anzahl bestens ausgeführter neuer Öfen, die für andere Hüttenbezirke Englands und des Festlandes vorbildlich wurden. Unter Ausnutzung der hohen Eigenschaften des Durhamkokses gingen die Erbauer der Clevelander Hochöfen sehr schnell von der üblichen Höhe von 15—17 m zu 24,4 m und dann

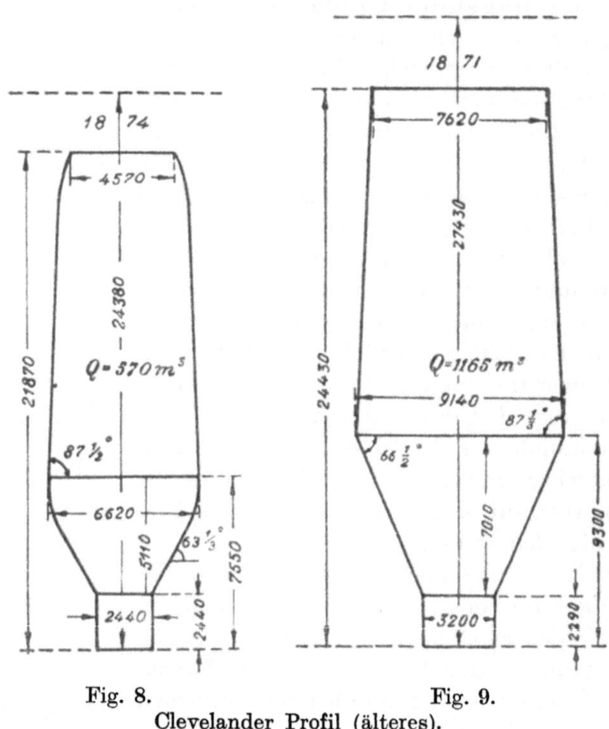

Fig. 8. Fig. 9.
Clevelander Profil (älteres).

zu 27 m über; auf dem Werk Ferry Hill wurde ein Ofen von 31,5 m errichtet, dessen Höhe später vermindert wurde.

In Fig. 8 ist das typische Clevelander Profil aus dem Anfang der siebziger Jahre vom Clarence-Werke dargestellt; die Höhe von 24,4 m wurde hier schon 1865 erreicht, und sie ist bei allen 12 Öfen des Werkes bis zur Gegenwart beibehalten worden, da der Besitzer des Werkes, *I. Lowthian Bell*, stets der Ansicht war, daß eine weitere Vergrößerung der Höhe unter den örtlichen Bedingungen keinerlei Vorteile ergäbe.

Diese Ansicht wurde von *H. Cochrane* nicht geteilt, der im Jahre 1871 in den Ormesby Works (Clevelander Bezirk) einen Hochofen mit einer Höhe von 27,43 m, Kohlensackdurchmesser 9,14 m und Inhalt von 1165 cbm baute (siehe Fig. 9).

Die Leistung des Ofens stieg jedoch trotz bedeutender Vergrößerung der Abmessungen relativ wenig, so daß das Ausbringen des Roheisens, auf die Volumeneinheit gerechnet, geringer wurde. Während in kleineren Clevelander Öfen (140 bis 170 cbm Inhalt) auf 1 t Tageserzeugung etwa 6 cbm Ofeninhalt kam, betrug dieses Verhältnis in Riesenöfen (700 bis 900 cbm) 11 und sogar 14 cbm. So ergab der Ofen mit dem Profil 8 im Mittel (während der 19jährigen Ofenreise) 65 t am Tage bei einem Inhalt von 570 cbm, und der Ofen Nr. 9 etwa 90 t.

Hieraus wurde der Schluß gezogen, daß es vorteilhaft sei, einen Ofen von maximalen Abmessungen durch zwei kleinere mit halber Leistung zu ersetzen. Die Unzulänglichkeit dieses Schlusses wurde später durch die Praxis der amerikanischen Öfen erwiesen; theoretisch erklärt sich die beobachtete Verringerung des Roheisenausbringens bei Vergrößerung des Inhaltes der Öfen dadurch, daß beim Bau von Öfen maximaler Höhe die übrigen Abmessungen, die das Profil kennzeichnen, nicht auch entsprechend verändert wurden, und das Gebläse nicht proportional vergrößert war. Ausgehend von dem an kleinen Öfen gefundenen Verhältnis der Höhe zum Kohlensack haben die Erbauer der Clevelander Hochöfen die Querschnitte von Kohlensack und Gicht unverhaltnismaßig vergrößert (ihre Flächen wachsen proportional dem Quadrat der Durchmesser); die Menge der durch diese Schnitte strömenden Gase wuchs jedoch in bedeutend geringerem Maße, proportional dem verbrannten Brennstoff oder der Gebläsemenge, an. Da das Gebläse ungenügend war, konnte die Leistung nicht dem Inhalt entsprechend steigen; auch die Verteilung der Gase in den Querschnitten wurde unvollkommener und gleichzeitig die von ihnen geleistete Arbeit.

Somit hat das Errichten einer großen Anzahl neuer Öfen im Clevelander Bezirk nicht zu richtigen Anschauungen über das Verhältnis der verschiedenen Teile des Arbeitsraumes zueinander und über die Abhängigkeit der Leistung vom Inhalt beigetragen. Am Anfang der siebziger Jahre des 19. Jahrhunderts konnte man Öfen mit den allerverschiedensten Profilen nicht nur in verschiedenen Ländern, sondern auch in ein und demselben Hüttenbezirk beobachten[1]).

Im Jahre 1872 begann Prof. *L. Gruner* seine Untersuchungen zur Theorie des Hochofenprozesses zu veröffentlichen, in denen er auch die Frage des rationellen Profils der Hochöfen behandelt[2]). *Gruner* stellte die Abmessungen, Arbeitsbedingungen und Betriebsergebnisse einander gegenüber und wies auf die Bedeutung des Verhältnisses der Höhe des Ofens zum Kohlensack ($H : D$) hin; und zwar zeigte er, daß, je höher dasselbe, um so vorteil-

---

[1]) Das oben erwähnte Lehrbuch von *J. Percy* und die Ergänzungen der Übersetzer bieten vom historischen Standpunkt aus ein sehr interessantes Material über die Abmessungen und hauptsächlichen Profile der Hochöfen, die vom Anfang und fast bis zum Ende des 19. Jahrhunderts in Betrieb waren (nach der deutschen 2. Ausgabe von Prof. *H. Wedding*, deren zweiter Band in den Jahren 1897 bis 1900 erschien).

[2]) „Etudes sur les hauts-fourneaux“ par *L. Gruner*, Ann. Min. 1872, T. I und II, und 1877, T. XII. Deutsche Übersetzung: *F. Steffen*, „Analytische Studien über den Hochofen“, Wiesbaden, 1875.

hafter die Arbeit des Ofens, sowohl in der Ausnutzung seines Inhaltes, als auch im Brennstoffverbrauch ist.

Nach diesem Verhältnis teilt *Gruner* die Öfen in 3 Gruppen ein: 1. breite oder untersetzte Öfen (trapus), in denen das Verhältnis weniger als 3 beträgt, solche Öfen geben im Betrieb wohl die schlechtesten Resultate; 2. gewöhnliche Öfen, mit dem Verhältnis $H : D$ größer als 3, aber kleiner als 4, und 3. enge oder Öfen mit schlankem Profil (élancé), bei denen das Verhältnis $H : D$ größer als 4 ist und den Wert 5 oder sogar einen noch etwas größeren erreicht; diese Öfen (d. h. solche der 3. Gruppe) ergeben die besten Resultate, da die Gase gut verteilt werden, vollkommener auf die Schmelzmaterialien einwirken und die letzteren gleichmäßig hinabgleiten.

Als *Gruner* seine Schlüsse über die Öfen der dritten Gruppe zog, gehörten hierher die Holzkohlenöfen der Steiermark und Schwedens und nur ganz vereinzelte Koksöfen. *Gruner* empfiehlt, nur Öfen des dritten Typus zu bauen, und gibt für das Verhältnis $H : D$ für Holzkohlenhochöfen den Wert $4^2/_3$ und für Koksöfen 4 an. Da die überwiegende Mehrzahl der damals bestehenden Öfen eine unbedeutende Höhe und ein gewöhnliches oder breites Profil hatte, führte dieser Rat zur Vergrößerung der Höhe bei unverändertem Kohlensack. Dieser Weg wurde 15 Jahre darauf auch beim amerikanischen Hochofenbau eingeschlagen, wo man sich übrigens wahrscheinlich ausschließlich von den Ergebnissen der örtlichen Praxis leiten ließ.

Die Ansichten von *Gruner* sind allmählich zum Allgemeingut aller Hüttenleute geworden[1]) und haben fraglos auf die Änderung der Profile am Ende des 19. Jahrhunderts eingewirkt, obgleich diese Änderung nicht überall in gleichem Sinne zur Geltung kam und überhaupt sehr langsam Fortschritte machte. Gegenwärtig sind Öfen des ersten Typus von *Gruner* nicht mehr vorhanden; als Vertreter des zweiten Typus haben wir einige mit dem Verhältnis $H : D$ nicht unter $3^1/_2$, und die Anzahl der Öfen des dritten Typus ist bedeutend gewachsen; alle besseren neuzeitlichen Öfen gehören hierzu. Das von *Gruner* für Kokshochöfen gegebene Verhältnis 4 ist zum normalen oder mittleren geworden.

2. Profile der Holzkohlenhochöfen.

3. Wir gehen jetzt zum genaueren Studium der Profile einiger Öfen über, die aus gewissen Gründen unsere Aufmerksamkeit verdienen, und verweilen zunächst bei den Blauöfen von Steiermark. Diese Öfen zeichneten sich immer durch geringen Kohlenverbrauch und bedeutende Leistung im Verhältnis zum Inhalt aus, was auf die außergewöhnlich große Reduzierbarkeit der Erze vom Erzberge zurückzuführen ist. Die Fig. 10 bis 13 veranschaulichen, wie im Laufe der Zeit die Abmessungen der in Vordernberg betriebenen Öfen Nr. 2 und 3 geändert und die Betriebsergebnisse verbessert wurden.

Hier wäre zu erwähnen, daß diese Öfen schon stets ein schlankes Profil aufwiesen, da in ihnen das Verhältnis der Höhe zum Durchmesser

[1]) Seine Ausführungen in den „Etudes sur les hauts-fourneaux" sind in die „Métallurgie Générale" übergegangen und von da ins Deutsche und Englische übersetzt worden.

des Kohlensacks nie unter 4 betrug. Im Laufe der Zeit wuchs dieses Verhältnis im Profil des Ofens Nr. 2 (des Jahres 1887) bis auf 5, wobei sich äußerst günstige Resultate ergaben: sehr schnelles Niedergehen der Gichten (1,5 cbm auf 1 t Roheisen) bei außerordentlich geringem Kohlenverbrauch, = 0,74.

Der Gestelldurchmesser der Blauöfen von Steiermark war stets bedeutend, was von Hüttenmännern dahin erklärt wird, daß ausschließlich weißes kaltes Roheisen aus sehr leicht reduzierbarem Erz erschmolzen wurde. Die Gichtöffnung der alten Öfen war sehr eng, doch ist dieser Mangel an später gebauten Öfen beseitigt worden.

Der Ofen Nr. 3 (des Jahres 1887) hat die größten in der Steiermark erprobten Abmessungen; er hat auch die größte Leistung, doch ist sie (auf die Volumeneinheit berechnet) etwas geringer als beim Ofen Nr. 2, während der

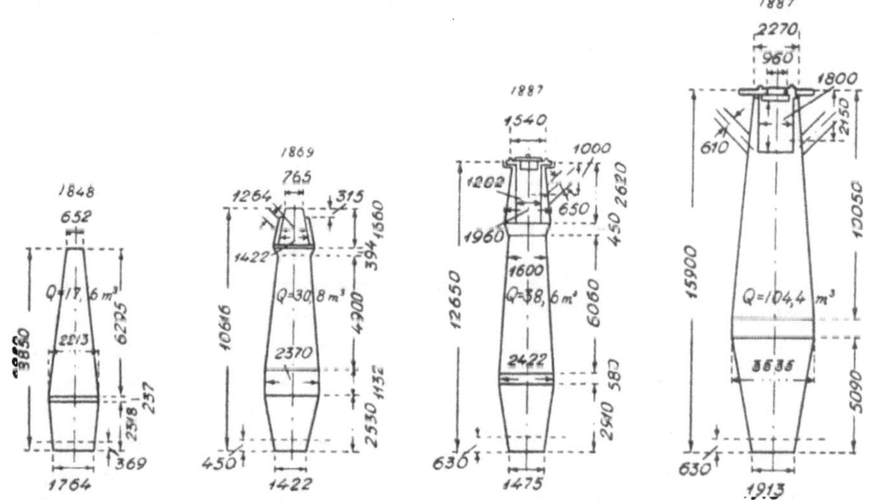

Fig. 10. Nr. 2. 10 t. Fig. 11. Nr. 3. 20 t. Fig. 12. Nr. 2. 26 t. Fig. 13. Nr. 3. 59 t.
Steirische Profile.

relative Brennstoffverbrauch nicht geringer ist. Gegen Ende der neunziger Jahre verbrauchte dieser Ofen oft mehr Brennstoff (0,8) als Nr. 2 in den siebziger und achtziger Jahren; sein Gang war unregelmäßig. Daraus kann man wohl schließen, daß hier die maximale Höhe schon überschritten war, bei der die Vordernberger Öfen wegen der geringen Festigkeit der Kohle die besten Resultate ergeben konnten.

Als nächste wären die schwedischen Öfen hervorzuheben, die im Gegensatz zu den Öfen der Steiermark mit der Erzqualität (Magneteisenerz) zu kämpfen haben. Fig. 14 gibt die Abmessungen und das Bild des alten schwedischen Profils; es handelt sich um den Ofen der Werke von Finspong, einen Zwerg selbst unter den Holzkohlenöfen. Er hat seine Abmessungen bis in die neueste Zeit beibehalten dank einer Abmachung mit der Artillerieverwaltung (die Verpflichtung, das durch seine Festigkeit bekannte „Kanonengußeisen" zu erschmelzen, ohne die Arbeitsbedingungen zu ändern).

Mit kaltem Gebläse und Benutzung von 55% Magnetit gab der Ofen nur 4 t Gußeisen am Tage, mit schwach erwärmtem (175° C) bis 9 t, wobei in letzterem Falle 1 t Gußeisen auf etwa 4 cbm Inhalt kamen, d. h. fast dreimal mehr als bei den steirischen Öfen; diese Zahl nähert sich dem Mittel für schwedische Öfen und kennzeichnet die Arbeit mit Magneteisenerz unter in Schweden üblichen Bedingungen (schwach angewärmte Gebläseluft).

Ein solches oder sehr ähnliches Profil haben auch alle anderen schwedischen Öfen größerer Abmessungen; alle besitzen sie einen hohen, doch engen zylindrischen Kohlensack (nicht über 3 m im Durchmesser), eine steile Rast und ein weites Gestell — weit nicht in seinen absoluten Abmessungen, sondern im Verhältnis zum Brennstoffquantum, das in ihm verbraucht wird. Die schwedischen Techniker sorgen beim Erschmelzen von Roheisen fürs Herdfrischverfahren mit minimalem Silicium- und Mangangehalt bei minimalem Holzkohlenverbrauch (etwa 0,9 im Mittel) durch Erweiterung des Gestells für die geringste Brennintensität, bei der sich ein regelmäßiger Gang noch erhalten läßt. Das Profil eines unlängst gebauten schwedischen Ofens (der Herrängwerke) ist hier in Fig. 15 dargestellt. Dieser Ofen weist mittlere schwedische Abmessungen und Leistung auf (aus außerordentlich reichen Erzen — 66 Proz. Fe — werden 28 t und aus ärmeren 20 t erschmolzen).

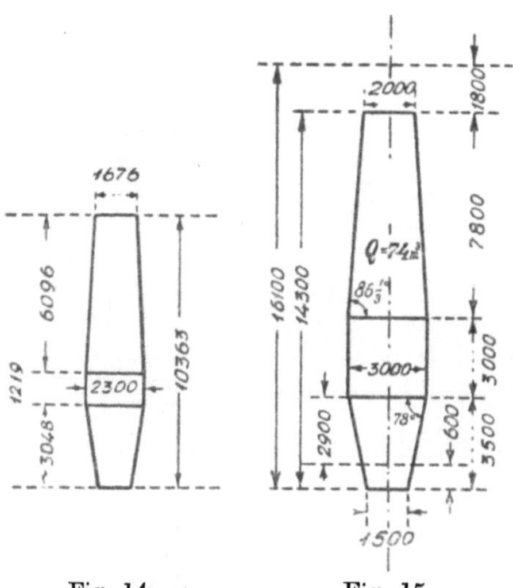

Fig. 14. Fig. 15.
Hochöfen von Finspong und Herräng.

Die größte Höhe der schwedischen Öfen überstieg nicht 18 m, und solcher Öfen wurden bloß zwei gebaut. Einer von ihnen (Forsbacka) gibt täglich 30 t Martinroheisen, doch wird eine solche Leistung auch von einigen kleineren Öfen geringerer Höhe (16,5 bis 15 m) erreicht.

4. Die Holzkohlenöfen des Ural müßten sich eigentlich beim Verarbeiten von Spateisenstein und Brauneisenstein in ihren Profilen an die Blauöfen der Steiermark und bei Verarbeitung von Magneteisenstein an die schwedischen Öfen anlehnen. In Wirklichkeit jedoch haben im Laufe vieler Jahre im Ural Profile Anwendung gefunden, die nichts mit den rationellen schwedischen und steirischen gemein hatten, sondern sich an die Profile kleiner europäischer Kokshochöfen anlehnten und in ihren Abmessungen nur wenig vom *Demidow*-Ofen (1740) abwichen.

In früheren Jahren war für die Uraler Profile kennzeichnend: der breite Kohlensack (oft ein Drittel der Höhe des Ofens), dessen Entfernung vom Bodenstein etwa ein Drittel der Höhe des Ofens betrug, und das enge und sehr hohe Gestell, wobei die Rast nur flach sein konnte.

In Fig. 16 ist ein typisches Alturaler Profil aus dem Anfang der achtziger Jahre des 19. Jahrhunderts mit allen seinen Eigentümlichkeiten dargestellt. Es ist ein Ofenprofil aus dem Satkinsk-Werke (im südlichen Ural), das hervorragend leichtreduzierbares, reiches und reines Bakalerz benutzt und mit gemischter Birken- und Nadelholzkohle, die eine Nutzhöhe des Ofens bis 18 m gestattet, seine Öfen beschickt.

Die Öfen der Satkinskwerke (Fig. 16 u. 17) fielen von alters her durch ihre große Leistung, verglichen mit anderen Öfen des Ural, auf; dieselbe war übrigens ständig niedriger, als man von Öfen erwarten konnte, die unter noch günstigeren Bedingungen arbeiteten als die steirischen (das Ausbringen des Roheisens aus Bakalerz betrug 58 bis 60 Proz. statt 50 bis 53 Proz., bei gleicher Reduzierbarkeit der Erze).

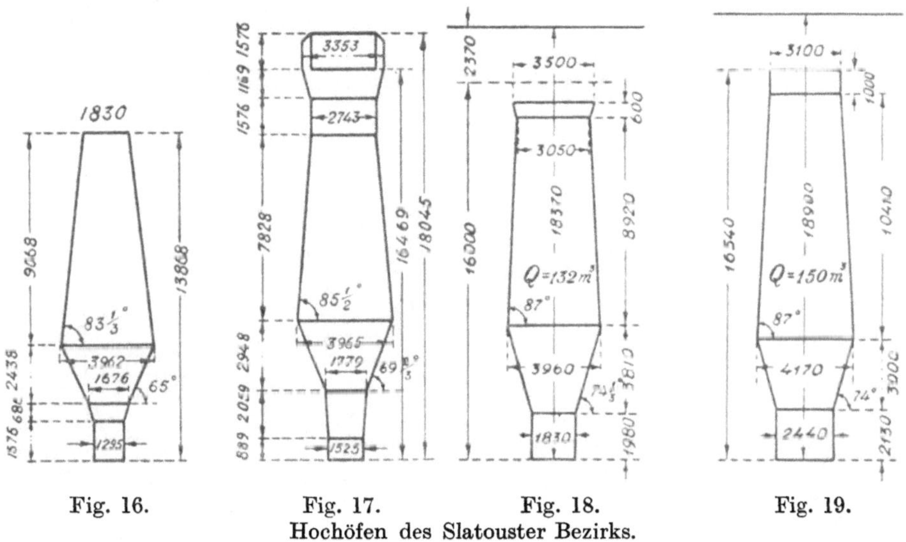

Fig. 16. Fig. 17. Fig. 18. Fig. 19.
Hochöfen des Slatouster Bezirks.

Der Ofen ergab im Anfang der neunziger Jahre 16 t Roheisen am Tage und hatte eine geringe Höhe und das typische Alturaler Profil (Fig. 16). Als (am Ende der neunziger Jahre) seine Höhe auf 18 m vergrößert wurde — was man mit Öfen des mittleren Ural schon bedeutend früher gemacht hatte — betrug die Leistung 40 t, doch auch dann noch kam auf 1 t Ausbringen $2^3/_4$ cbm Ofeninhalt, d. h. fast zweimal mehr als in steirischen Öfen. Was das neue Profil betrifft, so kann es (Fig. 17) kaum als eine glückliche Änderung des Alturaler angesehen werden: der vom alten Ofen übernommene Durchmesser des Kohlensacks ist in Anbetracht der leichten Reduzierbarkeit der Erze und der leichten Schmelzbarkeit der fallenden Schlacke wohl zulässig, doch läßt sich eine Verlegung des Kohlensacks auf ein Drittel der Höhe des Ofens vermittels eines übermäßig hohen und engen Gestells weder durch Eigenschaften der Erze noch durch die Arbeitsbedingungen (Roheisen fürs Herdfrisch- und Martinverfahren) rechtfertigen.

Ein neueres Profil (1902) des von Ing. *E. Gerthum* erbauten Ofens auf dem Slatoustwerk, das unter denselben Bedingungen wie das Satkinskwerk arbeitet, bietet einen wesentlichen Fortschritt. Der Ofen hatte die in Fig. 18 angegebenen Abmessungen und ergab im regelmäßigen Betriebe 50 t Roheisen am Tage, wobei auf 1 t Roheisen ungefähr $2^1/_2$ cbm Inhalt kamen; der Brennstoffverbrauch fiel zeitweilig bis zur steirischen Norm, war aber im Mittel etwas größer (0,85 t trockener Kohle auf 1 t Roheisen).

Fig. 19 stellt das neueste Profil dieses Ofens dar; dieses ist in jeglicher Hinsicht ein gutes Profil, mit dem der Ofen bei seiner dritten Reise im Mittel sogar 100 t ergab ($1^1/_2$ cbm Inhalt auf 1 t Roheisen), ja zeitweilig 120 t.

Die Nadeshdinskiwerke (Nordural), deren erste Hochöfen erst im Jahre 1897 angeblasen wurden, haben das alturaler Profil ganz vermieden.

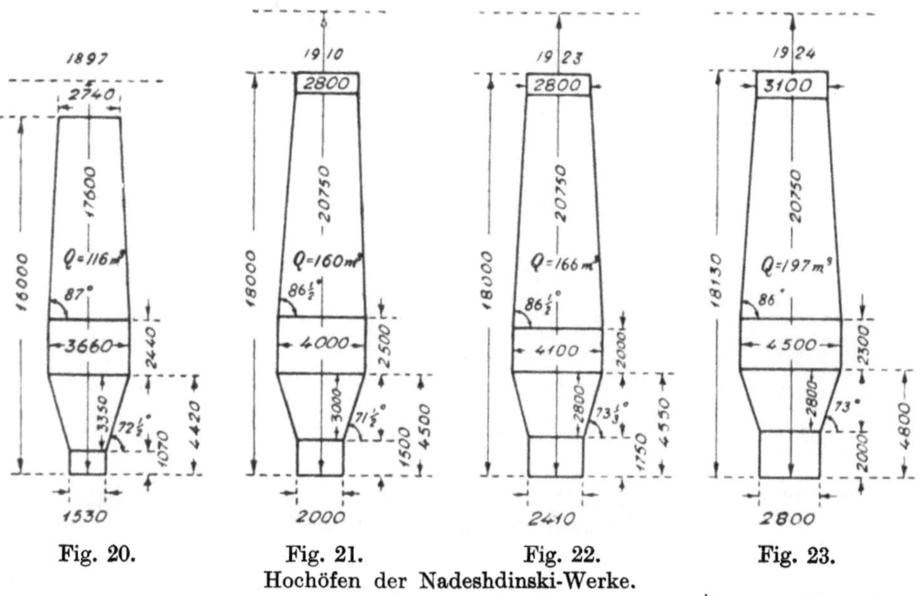

Fig. 20. Fig. 21. Fig. 22. Fig. 23.

Hochöfen der Nadeshdinski-Werke.

Um eine tägliche Leistung von 30 t zu erhalten, wurde die nutzbare Höhe der ersten 4 Öfen zu 16 m gewählt; es war dieses ein gewagter Schritt, da das Nadeshdinskiwerk im äußersten Nordural belegen und daher hauptsächlich auf Fichtenkohle angewiesen ist. Am ersten Profil, Fig. 20, kann man noch den allgemeinen Mangel der uraler Öfen, das enge Gestell, bemerken, das weder dem Inhalt des Ofens, noch seiner erstrebten Leistung entsprach, die übrigens bald nach dem Anblasen nicht nur erreicht, sondern auch überschritten wurde (35 t).

Gelegentlich eines späteren Umbaus der Öfen wurde die nutzbare Höhe bis auf 18 m vergrößert; dadurch wurden die Öfen von Nadeshdinski zu den größten unter allen Holzkohlenöfen. Bei den auf Fig. 21 gegebenen Abmessungen war die mittlere tägliche Leistung 50 t; im Laufe mehrerer Jahre wurde diese Leistung eingehalten, obgleich die Abmessungen der Öfen (ihre

Zahl wurde bis auf 7 vergrößert) und ihre gute Ausrüstung auf die Möglichkeit einer weiteren, und zwar beträchtlichen Steigerung der täglichen Leistung hinweisen. Erst 1912 wurde auf dem Nadeshdindskiwerk nach dem Vorgange amerikanischer und süduraler Öfen ein erfolgreicher Versuch, den Betrieb zu „forcieren", gemacht, der eine Tagesleistung von 75 bis 80 t ergab und die Möglichkeit einer noch größeren Leistung erwies.

Fig. 22 gibt das Profil des Ofens Nr. 5, der 1924 angeblasen wurde und bei einem 52 bis 55 Proz. Fe enthaltenden Erzgemisch 90 t (bis 100 t) täglich ergab, was einem sehr schnellen Niedergehen der Gichten entspricht (das Erz verweilt im Ofen etwa 6 Stunden, obgleich das Erzgemisch nicht sehr leicht reduzierbar ist, da es nichtgeröstetes Magneteisenerz enthält).

In Fig. 23 ist das Profil für eine in Aussicht genommene Verwendung von Koks (Ofen Nr. 6) dargestellt; es unterscheidet sich von den Profilen richtiger Koksöfen durch geringere Breitenentwicklung (Gestell und Kohlensack), was sich aus dem Vorhandensein einer engen Metallarmatur erklärt und natürlich einer erfolgreichen Arbeit mit Koks nicht hinderlich ist.

5. Endlich führen wir das Profil eines amerikanischen Holzkohlenhochofens an, nämlich „Pioneer" (Fig. 24), das beim Umbau der süduralischen Öfen im Anfang der neunziger Jahre als Vorbild diente und 1891 nach dem Entwurf von *Frank Roberts* ausgeführt wurde.

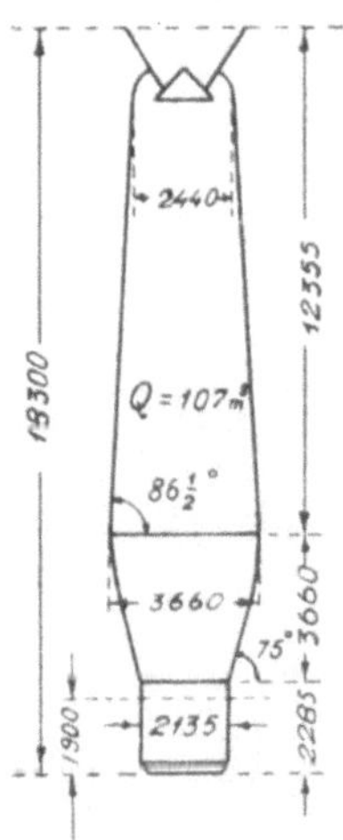

Fig. 24. „Pioneer" (U.S.A.)

Dieser Ofen benutzte Roteisenstein vom Oberen See mit 55 Proz. Fe und ergab graues Roheisen bei einem Brennstoffverbrauch von 0,77 unter Benutzung bis auf 650° vorgewärmten Windes. Er war der erste Holzkohlenofen mit einer Tagesleistung von 125 t Roheisen (zeitweilig bis 135 t); auf 1 t kam bloß etwa 0,9 cbm Inhalt. Seine Abmessungen gelten in Amerika als maximale für Holzkohlenöfen. Zu bemerken wäre, daß sein Gestell etwas zu eng für die obenerwähnte Leistung ist.

Andere Holzkohlenöfen im Gebiete des Oberen Sees wurden später mit denselben Höhen- und Kohlensackabmessungen gebaut, wobei jedoch ihr Gestelldurchmesser 2,44 m erreichte.

Die Ingenieure im Ural sind in dieser Hinsicht weiter gegangen als die Amerikaner: in den letzten Jahren sind mehrere Öfen errichtet worden, die 21,5 m Höhe und bis 2,8 m Gestelldurchmesser haben; es sind dieses ihrem Inhalt nach schon kleine Koksöfen. Ob sich diese Abmessungen bei Arbeit mit Holzkohle bewähren werden, läßt sich fürs erste nicht sagen, da die Öfen entweder gar nicht mit Holzkohle betrieben wurden, oder aber unter anormalen Umständen (Kohlenmangel) zu leiden hatten; jedenfalls unterliegt es keinem Zweifel, daß sie erfolgreich mit Koks betrieben werden können, was der erste dieser Öfen (Nishni-Saldinsk) beweist, der auf Koks des Kusnezkbassins (Sibirien) übergeführt worden ist. Die Profile dieser Öfen folgen weiter unten.

3. Profile der Kokshochöfen.

6. Wir verweilen zunächst bei den Profilen von historischer Bedeutung, die nach den siebziger Jahren des 19. Jahrhunderts erprobt worden sind. Unter diese sind zweifellos die Profile der Öfen von *Edgar Thomson* (in Pennsylvanien) zu zählen.

Fig. 25 gibt das Profil des ersten Ofens (A) des Werkes, der zur Erleichterung des Baues der anderen Öfen und des ganzen Werkes provisorisch aus einem alten Holzkohlenofen erbaut wurde, welcher eigens dazu erworben und vom Ufer der Oberen Sees in den Bezirk von Pittsburg übergeführt wurde. Da ein fertiger Mantel für den Schacht vorlag, konnte man den Kohlensack nur unbedeutend erweitern; um den Fassungsraum des Ofens zu steigern, mußte man den Mantel verlängern und die Höhe des Ofens und den Gestelldurchmesser vergrößern, soweit es die Lage der Säulen erlaubte. Infolgedessen ergab sich ein sehr schlankes Profil ($H : D = 5$) mit einem geringen Unterschied der Durchmesser von Kohlensack, Gestell und Gicht und mit einer sehr steilen Rast (Neigungswinkel 84°).

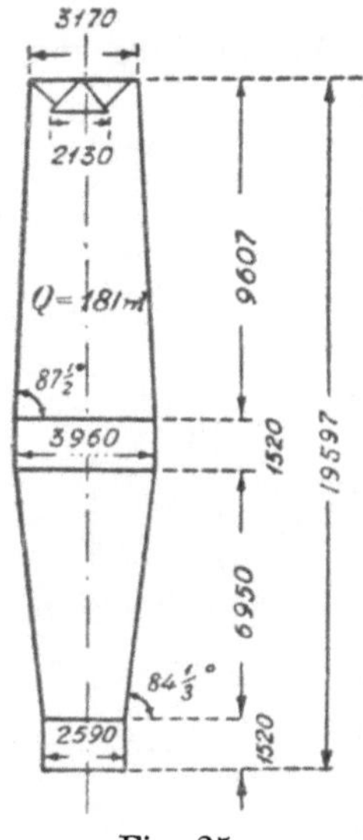

Fig. 25. Hochofen „A" von *Edgar Thomson.*

Dieses Profil erwies sich jedoch im Betriebe sehr bequem und ermöglichte ein sehr schnelles Niedergehen der Gichten, das in diesem Ofen zur Regel wurde, nachdem *Kennedy* 1880 die dem Ofeninhalt entsprechende Windnorm aufs doppelte vergrößert hatte. Mit Koks von Connesville wurde aus einem Möller aus spanischen, algerischen und Erzen des Oberen Sees (54,6 Proz. Fe im Mittel) bei einem Inhalt von 181 cbm in diesem Ofen etwa 90 t Bessemerroheisen täglich erschmolzen (2 cbm pro 1 t Roheisen) bei einem Koksverbrauch von 1; derartige Resultate waren bei Arbeit mit Koks um jene Zeit noch nirgends beobachtet worden.

Der Ofen D desselben Werkes (Fig. 26) wurde später (1887) nach dem um jene Zeit gebräuchlichen Profil amerikanischer Öfen errichtet; beim Brennstoffverbrauch 1 hatte D eine damals unerhörte Leistung von 200 t Bessemerroheisen, 1 t Roheisen auf 2,4 cbm Ofeninhalt; beim Brennstoffverbrauch 1,1 stieg die Leistung bis auf 235 t.

Zwei neuere Öfen (Anfang der neunziger Jahre) derselben Firma *Carnegie*, errichtet auf dem Werke von *Lucy* (in Pittsburg), deren Profil in Fig. 27 gegeben ist, hatten denselben Gestelldurchmesser (3,35 m), einen engeren Kohlensack (6,1 m statt 6,4 m), etwas größere Höhe (25,8 m statt 24,5 m) und geringeren Inhalt (412 cbm); sie gaben während einer fünfjährigen Ofenreise, die 1897 beendet war, je 300 t täglich. In ihnen kam bei Erzeugung von Bessemerroheisen und Koksverbrauch (Connesville) gleich 1 nur 1,37 cbm auf 1 t Roheisen; das Erz stammte ausschließlich vom Oberen See.

Noch größere Fortschritte wurden darauf auf dem Werke von *Edgar Thomson* erreicht: der 1894 angeblasene Ofen H hatte dank Vergrößerung der

Höhe bis auf 27,13 m (ursprünglich 24,38 m) eine Leistung von 400 t Bessemerroheisen; der Brennstoffverbrauch beim Erschmelzen von Bessemerroheisen wurde erstmalig auf 0,85 im Mittel erniedrigt. Das Profil des Hochofens *H* ist in Fig. 28 gegeben; es unterscheidet sich wesentlich von den Profilen der Öfen *D* und *Lucy* durch niedrig angeordneten Kohlensack und größere Breite des Gestells (3,97 m); dieses ist als wichtige Neuerung anzusehen, die den Erwartungen des Erbauers der Öfen vollständig entsprach und eine weitere Änderung der amerikanischen Profile in selber Richtung nach sich zog. Jedoch hatten auch diese Profile, wie sich erwies, einen wesentlichen Mangel:

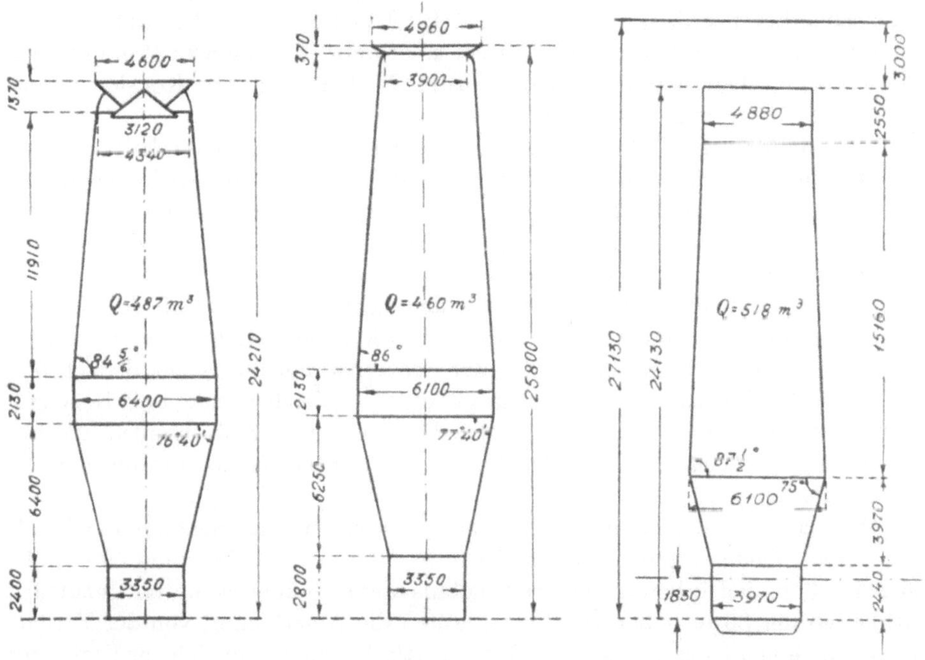

Fig. 26. Fig. 27. Fig. 28.

Hochöfen „*D*" von *Edgar Thomson* (26), *Lucy* (27), „*H*" von *Edgar Thomson* (28).

die ungenügende Neigung der Schachtwände, die $87^1/_2$° betrug (*D* $86^1/_2$° und *Lucy* 86°); sie erschwert das regelmäßige Niedergehen der Gichten, die sich an den Schachtwänden stauen. Eine solche Neigung der Schachtwände ist nur bei Anwendung von derben, stückförmigen Erzen und hartem, nicht zu Pulver zerfallendem Koks möglich. Der Betrieb dieser Öfen mit dem billigen, jedoch sehr mulmigen Mesabaerz war mit Schwierigkeiten verknüpft.

Eine weitere wesentliche Änderung in den Abmessungen und der Leistung der Kokshochöfen wurde von den Duquesne-Werken verwirklicht, wo die von der Firma *Carnegie* im Pittsburger Bezirk 1895 und 1896 erbauten 4 Öfen die Höhe von 30,48 m (100 Fuß) erhielten in der Absicht, 500 t täglich zu erblasen. In Wirklichkeit aber wurde zur günstigsten Zeit der Ofenreise erstmalig in der Geschichte der Roheisengewinnung eine Leistung von 600 t erzielt (alle vier gleichzeitig arbeitenden Öfen ergaben 2400 t); der Brennstoffverbrauch war hierbei bis auf 0,8 erniedrigt, war aber im Mittel nicht geringer als in den Öfen von *Edgar Thomson*. Die Öfen der Duquesne-Werke hatten einen Nutzinhalt von 694 cbm, so daß auf 1 t Roheisen 1,38 cbm im Mittel (ebenso wie in den Öfen von *Lucy*) und bis 1,15 cbm bei maximaler Leistung kamen (vgl. Fig. 29). Die Verweilungsdauer des Erzes (des Oberen Sees) beschränkt sich hierbei auf 8 bis 9 Stunden, bisweilen sogar bis 7 Stunden.

Da das Verhältnis $H : D$ in den Öfen der Duquesne-Werke 4,63 ausmachte (bei *Lucy* — 4,23, bei *H* — 4,45), so beweisen die genannten Ergebnisse, daß ein sehr schlankes Profil, wie es früher nur für Holzkohlenöfen benutzt und für dieselben von *Gruner* empfohlen wurde, es erlaubt, die tägliche Produktionsmenge von Roheisen proportional dem Nutzinhalt des Kokshochofens und ohne Steigerung des Brennstoffverbrauchs zu erhalten.

Nach dem Vorgang der Duquesne-Werke sind auf einigen Werken der Vereinigten Staaten Öfen von 30,48 m Höhe (einer sogar 32,5 m) errichtet worden. Doch ergab sich, daß das Roheisen in solchen Öfen sich nicht billiger stellt, da die Menge des mulmigen (allerbilligsten) Erzes, das man zur Möllerbereitung benutzen kann, beschränkt ist; außerdem haben die Ofenprofile nach *Duquesne* und ähnliche einen Mangel, der den schädlichen Einfluß des mulmigen, zusammenbackenden Erzes noch verstärkt: die Neigung der niedrigen Rast ist gering (73°), ebenso die der Schachtwände (87°); in dem toten Raum des Kohlensacks, der sich da bildet, wo Schachtwände und Rast zusammentreffen, entstehen Versetzungen, die von Zeit zu Zeit abreißen und ins Gestell niedergehen, was eine Qualitätsverschlechterung der Produkte nach sich zieht.

Der bald nach dem Ofen Nr. 4 der Duquesne-Werke angeblasene Ofen *F* von *Edgar Thomson* gab im Jahre 1900 dieselbe mittlere Leistung 500 t, obgleich er 3 m niedriger war. Dieses Ergebnis und die obenerwähnten Unzuträglichkeiten der 30 m hohen Öfen veranlaßten die Amerikaner, von der Errichtung sehr hoher Öfen abzusehen. Gegenwärtig begnügt man sich zur Erzielung einer mittleren Leistung von 600 t mit einem Ofen von 28 m Höhe (92 Fuß), und für 500 t hält man 27 m (89 Fuß) für genügend.

Im Ofen *F* betrug die Neigung der Schachtwände 86° 25′, dank welchem Umstande bis zu 30 Proz. Mesabaerz dem Möller zugesetzt werden konnte. Da jedoch dieser Ofen denselben Kohlensack, Rast und Gestell hatte wie die der Duquesne-Werke, so besaß er denselben Mangel — ungleichen Gang.

Im 1902 angeblasenen Ofen *K* (Fig. 30) wurde auch dieser Mangel abgestellt: es konnte unbedenklich dem Möller bis 50 Proz. Mesabaerz einverleibt werden, da einerseits vermittels des zylindrischen Schachtteils an der Gicht der Neigungswinkel der Schachtwände auf 86° 25′ gebracht wurde und andererseits die Neigung der Rastwände dank Verbreiterung des Gestells (bis auf 4,57 m statt 4,27 m bei den Duquesne-Werken und beim Ofen *F*) gleich 75° wurde, obgleich der Kohlensack etwas niedriger gelegt war.

Der genannte Rastwinkel wurde später für ungenügend befunden und allmählich bei gleichzeitiger Senkung des Kohlensacks vergrößert. Dieses erforderte eine weitere, und zwar recht beträchtliche Steigerung des Gestelldurchmessers, welche wir bei allen Werken, die Erze des Oberen Sees (hauptsächlich das Mesabaerz) verhütten, jetzt durchgeführt finden.

In dieser Richtung haben die *South Works* der Firma Illinois Steel Co. (South Chicago) alle anderen überflügelt. Hier betrug im Jahre 1911 der mittlere Gestelldurchmesser 5,03 m; im Profile 1914 des Ofens Nr. 4 (Fig. 31) über-

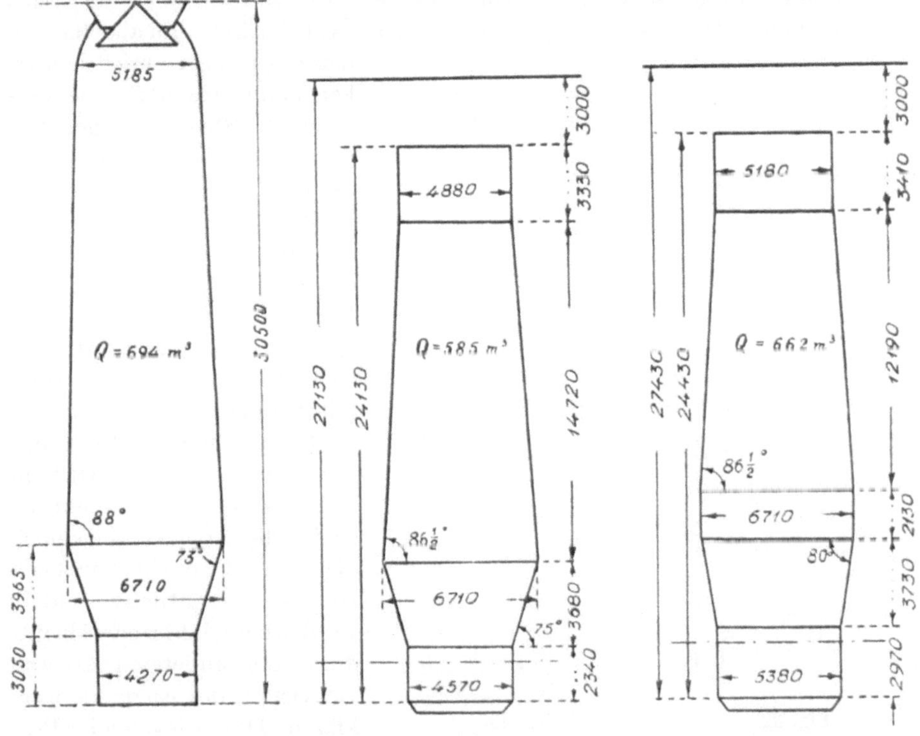

Fig. 29. Fig. 30. Fig. 31.
Hochöfen: *Duquesne*, „*K*“ von *Edgar Thomson*, Illinois Nr. 4.

trifft der Gestelldurchmesser (5,38 m) den Gichtdurchmesser; diese Eigenheit des Profiles kennzeichnet die neuesten amerikanischen Hochöfen. Im Jahre 1919 war der mittlere Gestelldurchmesser der Öfen der genannten Werke auf 5,64 m gewachsen (bei einer Ofenhöhe von 28 m und Kohlensackdurchmesser 6,71 m). Der Ende 1918 angeblasene Ofen Nr. 6 derselben Firma (Illinois) hatte schon einen Kohlensackdurchmesser von 7,16 m und eine Gestellweite von 6,32 m, was früher für unmöglich galt, sich aber hier bewährte. Auf 1 qm dieses Gestells wurden in der Stunde etwas mehr als 700 kg Koks aufgegichtet; seit man in den Vereinigten Staaten die Verhüttung forciert, hat man Ähnliches nicht beobachtet, doch stellt es die gewöhnliche Brennintensität europäischer

Öfen geringer (mit der amerikanischen verglichen) Leistung dar. Man kann sich wohl vorstellen, daß der Ofen Nr. 6 mit Windpressung von 90 bis 94 cm Quecksilbersäule regelmäßig betrieben werden konnte, doch ist bis jetzt ungeklärt, ob ein derart breites Gestell irgendwelche Vorteile gegenüber gewöhnlichen (modernen) bietet, in denen auf 1 qm Gestellquerschnitt etwa 800 kg Koks in 1 Stunde aufgegichtet werden[1]).

7. Die Hochöfen auf dem europäischen Festland werden unter mannigfaltigeren Bedingungen betreffs auf Rohmaterialien (Koks und besonders Erze) und Zusammensetzung der erschmolzenen Produkte betrieben. Obgleich man hier in den Abmessungen und Profilen neuer Kokshochöfen im allgemeinen denselben Fortschritt bemerken kann, wie er für die Vereinigten Staaten angegeben wurde, so sind doch diese Änderungen in den verschiedenen Hüttenbezirken Europas nicht mit der gleichen Stetigkeit durchgeführt, was natürlich durch die trennenden politischen Grenzen und Nationaleigenschaften der Ofenbauer mit bedingt wird.

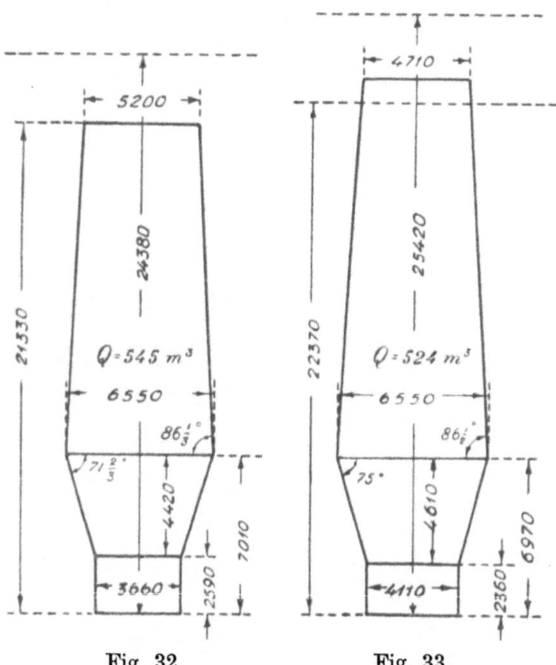

Fig. 32. Fig. 33.
Clevelander Hochöfen (neuere).

Die Tatsache, daß in England und Schottland in den letzten vier Jahrzehnten weder die Abmessungen noch die Profile der dort betriebenen Hochöfen wesentlich verändert worden sind, läßt sich wohl nur durch den äußersten Konservativismus des Engländers erklären. Das „Clevelander Profil" bleibt ungeändert, obschon das Ausbringen trotz in den letzten Jahren erfolgter Qualitätseinbuße der Erze und sogar des Kokses (das Ausbringen von Roheisen fällt auf 38 Proz., da der Koks reicher an Asche und Schwefel geworden ist) allmählich gesteigert wird. Die Fig. 32 und 33 stellen die besten Clevelander Profile der letzten Zeit dar.

[1]) Ein Hochofen von 6,32 m Gestelldurchmesser verbrauchte bei einer täglichen Leistung von 687 t für 1 t Martinroheisen 0,844 t Koks oder 770 kg Koks pro 1 qm in der Stunde. Die späteren Hochöfen werden durchaus nicht immer mit einem über 6 m weiten Gestell gebaut, obgleich sie für 600 t Tagesleistung berechnet sind; Shenango (1922) z. B. hat $d = 5{,}94$ m; in den berühmten Trumbull Cliffs-Werken bildete eine Gestellweite von 5,64 m kein Hindernis zum Erreichen einer Tagesleistung von 700 t (bisweilen sogar mehr). Die neuesten Hochöfen von Masillon und Granite City (beide 1926) haben gleichfalls ein Gestell von 5,64 m bei einem Ausbringen von 600 t täglich.

Die erste Abbildung betrifft einen Ofen der *Clarence*-Werke der Firma vormals Bell Brothers; die Produktion erreicht 185 t, was einem Ausbringen von 1 t Roheisen auf 3 cbm Inhalt entspricht, also zweimal mehr als vor 40 Jahren. Das zweite Profil (*North Eastern Co.*, Fig. 33) ist gelungener; das Gestell weiter, die Rast steiler, die Gicht enger. Der Ofen gibt täglich bis 210 t Roheisen, wobei auf 1 t bloß $2^1/_2$ cbm Nutzinhalt des Ofens kommen. Die Mehrzahl der Clevelander Öfen hat jedoch gegenwärtig zu breite Kohlensäcke (öfters 7,6 m) und Gichten; infolgedessen kommt auf 1 t täglich erschmolznen Roheisens im Mittel etwa $4^1/_4$ cbm Inhalt, wobei die Verweilungsdauer des Erzes im Ofen bis auf 24 Stunden anwächst, was jedenfalls nicht durch die Eigenschaften des Erzes bedingt ist.

Die Abmessungen und Profile der Hochöfen Deutschlands unterscheiden sich scharf von den amerikanischen durch einen weiten Kohlensack, verhältnismäßig enges Gestell (bei gleicher Höhe der Öfen) und flachere Rast; dieses erklärt sich zum Teil aus den Betriebsbedingungen der Hochöfen, die Thomasroheisen unter hauptsächlicher oder ausschließlicher Benutzung von Minetteerzen erschmelzen.

Ein leicht reduzierbares und selbstschmelziges Gemisch verschiedener Schichten dieses Erzes ermöglicht einen sehr breiten Kohlensack, besonders beim Betrieb auf Thomasroheisen, d. h. ein siliciumarmes Roheisen, begleitet von flüssiger manganreicher (und sogar eisenhaltiger) Schlacke; bis zur letzten Zeit waren die üblichen Abmessungen des Kohlensacks größerer Hochöfen, die Minetteerz vergichteten, 7,2 bis 7,1 m.

Das Gestell dieser Öfen kann weiter sein als zum Erschmelzen anderer Roheisensorten, doch erscheint es eng, da das arme Minetteerz einen ungeheuren Ofeninhalt erfordert, weil es bloß etwa 30 Proz. Roheisen ergibt; so hat man z. B. zur Erzeugung von 250 t täglich etwa 700 cbm und eine bedeutende Höhe (25 bis 26 m) nötig. Diesen Abmessungen entspricht jedoch ein Koksverbrauch von nur 250 t täglich, und im Gestell eines Ofens von 4 m Durchmesser wird eine geringere Brennintensität erreicht als in den Gestellen amerikanischer Öfen gewöhnlicher Breite.

Da bei der Verhüttung von selbstschmelzigen Erzen der Kohlensack nicht hoch gelegen zu sein braucht (was früher in Deutschland der Fall war), so wird bei größerer Breite desselben die Rast flacher als in Amerika, doch beträgt der Rastwinkel jetzt auch in Deutschland nicht unter 76°.

Zuschläge von reichem schwedischen Erz und Schlacken (Hochöfen der Rheinprovinz und Westfalens) erhöhen das Ausbringen der Minette auf 42 bis 45 Proz., in letzter Zeit sogar 50 Proz. und mehr Roheisen, und die mit einem solchen Gemisch betriebenen deutschen Hochöfen müssen bei gleicher Höhe und Inhalt weitere Gestelle und engere Kohlensäcke haben. In letzter Zeit kann man an solchen Öfen tatsächlich die Tendenz bemerken, die Kohlensäcke enger zu gestalten (die Gutehoffnungshütte ging bei ihren drei letzten Öfen von 7,2 m auf 6,8 m zurück) und die Gestelle breiter zu bauen, bis 5,4 m (sogar 6 m, Öfen der Dortmunder Union), entsprechend der vergrößerten Leistung, die in einigen Öfen Westfalens und des Rheinlandes 500 t erreicht, ja in Bruckhausen bis 750 t ansteigt. Auch in diesen neuen Öfen wird pro 1 qm Gestellquerschnitt etwa 1000 kg Koks stündlich aufgegichtet, obgleich beim Erschmelzen von Thomasroheisen diese Zahl zweifellos durch weiteres Erweitern des Gestells auf 750 bis 800 kg herabgesetzt werden kann, wie der Betrieb von Öfen geringerer Leistung zeigt.

In den Tabellen der Profile und Angaben über die Abmessungen von deutschen Hochöfen, die im Leitfaden von *H. Wedding* (Ausführliches Handbuch der Eisenhüttenkunde Bd. II, Ausg. 1906, S. 786, 790) angeführt und „neue" genannt sind, überschreitet der Gestelldurchmesser von Hochöfen, die in der Mitte und am Ende der neunziger Jahre Thomaseisen erschmolzen, nicht 3,5 m; die gebräuchliche Abmessung war 3 m, bisweilen 2,6 m, wobei das Verhältnis $H : D$ niemals 3,5 übertraf und oft bis auf 3 fiel. In den nach 1900 erbauten Öfen war dieses Verhältnis sehr nahe zu 4, in den umgebauten alten nicht geringer als 3,5. Auf 1 t ausschließlich aus Minette erschmolzenen Thomasroheisens (Lothringen und Luxemburg) kam unlängst infolge des geringen Eisengehaltes des Erzes und der obenerwähnten Eigenart des Profils zwischen $2^1/_2$ und 3 cbm Inhalt, während für neue Öfen Westfalens und des Rheinlandes sich dieses Verhältnis bis auf 1,3 cbm und sogar 1 cbm erniedrigt, der Anreicherung des Möllers durch Zusatz von schwedischem Erz entsprechend.

Beim Vergleich dieser Zahlen mit den oben angeführten und den Betrieb der amerikanischen Öfen kennzeichnenden ist nicht zu vergessen, daß das Thomasroheisen im Vergleich mit allen anderen Roheisenarten das schnellste Niedergehen der Gichten zuläßt, da dadurch das Erschmelzen eines siliciumarmen Produkts gefördert wird, ohne die Phosphatreduktion zu beeinträchtigen.

Als Beispiel der sukzessiven Änderung der Profile deutscher Hochöfen führen wir in fünf Figuren (34 bis 38) die Profile der Hochöfen auf der Gutehoffnungshütte an und geben fünf weitere Figuren (39 bis 43), die sich auf Öfen der Gelsenkirchner Bergwerks A.-G. beziehen. Auch hier tritt die obenerwähnte charakteristische Eigenschaft — ein niedrigeres Verhältnis $H : D$ als in Amerika — deutlich hervor, doch macht sich gleichzeitig die Tendenz bemerkbar, dieses Verhältnis beim Anwachsen der Höhe der Öfen zu vergrößern (von 3,25 bis 4). Die Höhe des Kohlensacks wächst nicht proportional der Ofenhöhe, sondern bleibt nahezu gleich. Hervorzuheben wäre, daß das letzte Profil der Gutehoffnungshütte, das sich auf 3 Öfen des neuen Hochofenwerkes bezieht, geringere Höhe aufweist. Diese neuen Öfen haben bei bedeutend geringerem Inhalt dieselbe Leistung — 400 t Thomasroheisen, wobei auf 1 t desselben 1,28 cbm Nutzinhalt kommen (1,52 cbm im großen Ofen, Fig. 37) und auf 1 qm Gestellquerschnitt stündlich 1200 kg Koks verbrannt werden; dieses weist auf ungenügende Vergrößerung des Gestelldurchmessers beim Bau der Hochöfen hin, was später wahrscheinlich verbessert worden ist[1]).

[1]) Nach privaten, dem Verfasser zugegangenen Mitteilungen ist in letzter Zeit an verschiedenen Öfen Deutschlands eine Erweiterung der Gestelle bis auf 6 und sogar 6,5 m ausgeführt worden. Das neuere Schrifttum enthält keinerlei Hinweise in dieser Frage; die Gestellabmessungen der neuesten Öfen, die im Leitfaden von *B. Osann* (Ausg. 1923) gegeben werden, sind schon nicht mehr richtig. Trotz ihres geringeren Gestelldurchmessers haben die deutschen Öfen dank einer bedeutenden Mölleranreicherung durch schwedische Erze jetzt die Tagesleistung amerikanischer Öfen erreicht.

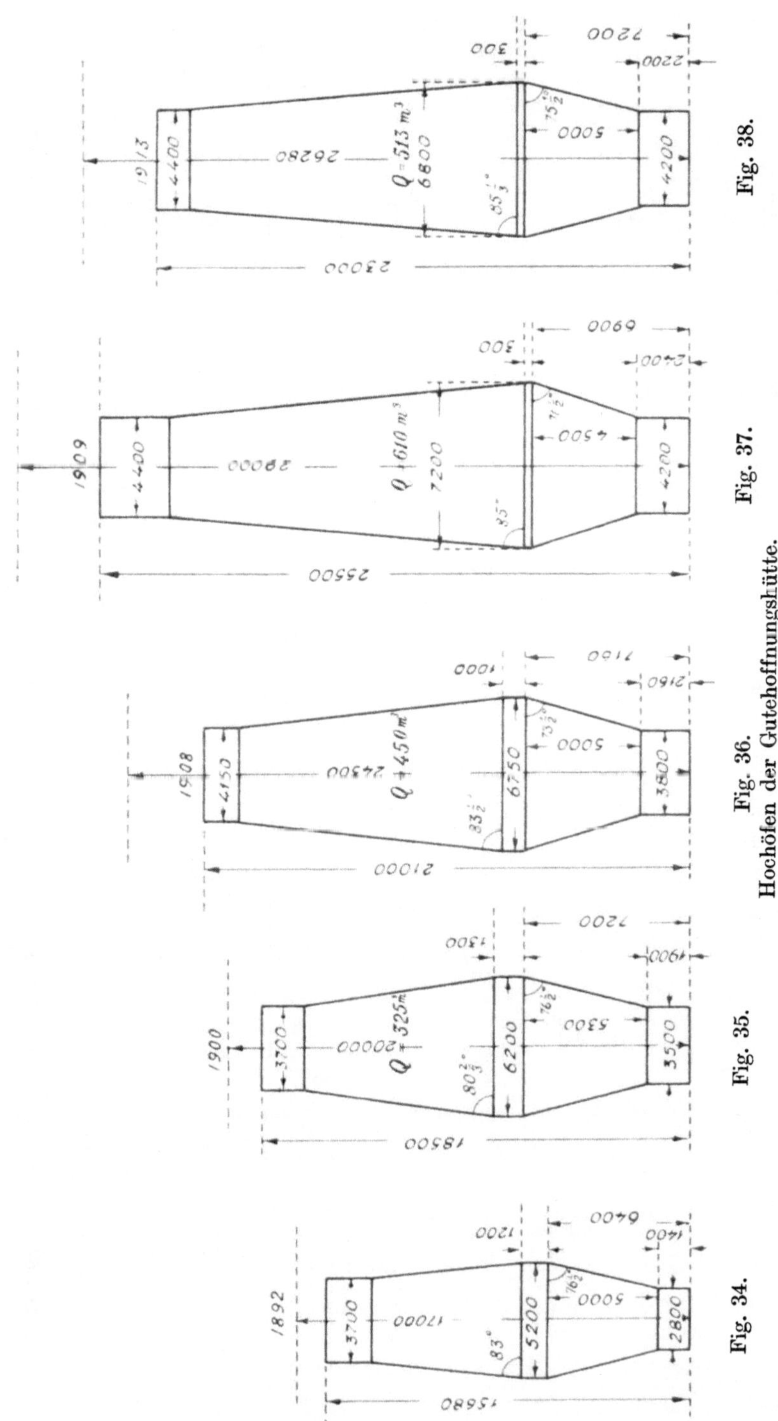

Fig. 34. Fig. 35. Fig. 36. Fig. 37. Fig. 38.

Hochöfen der Gutehoffnungshütte.

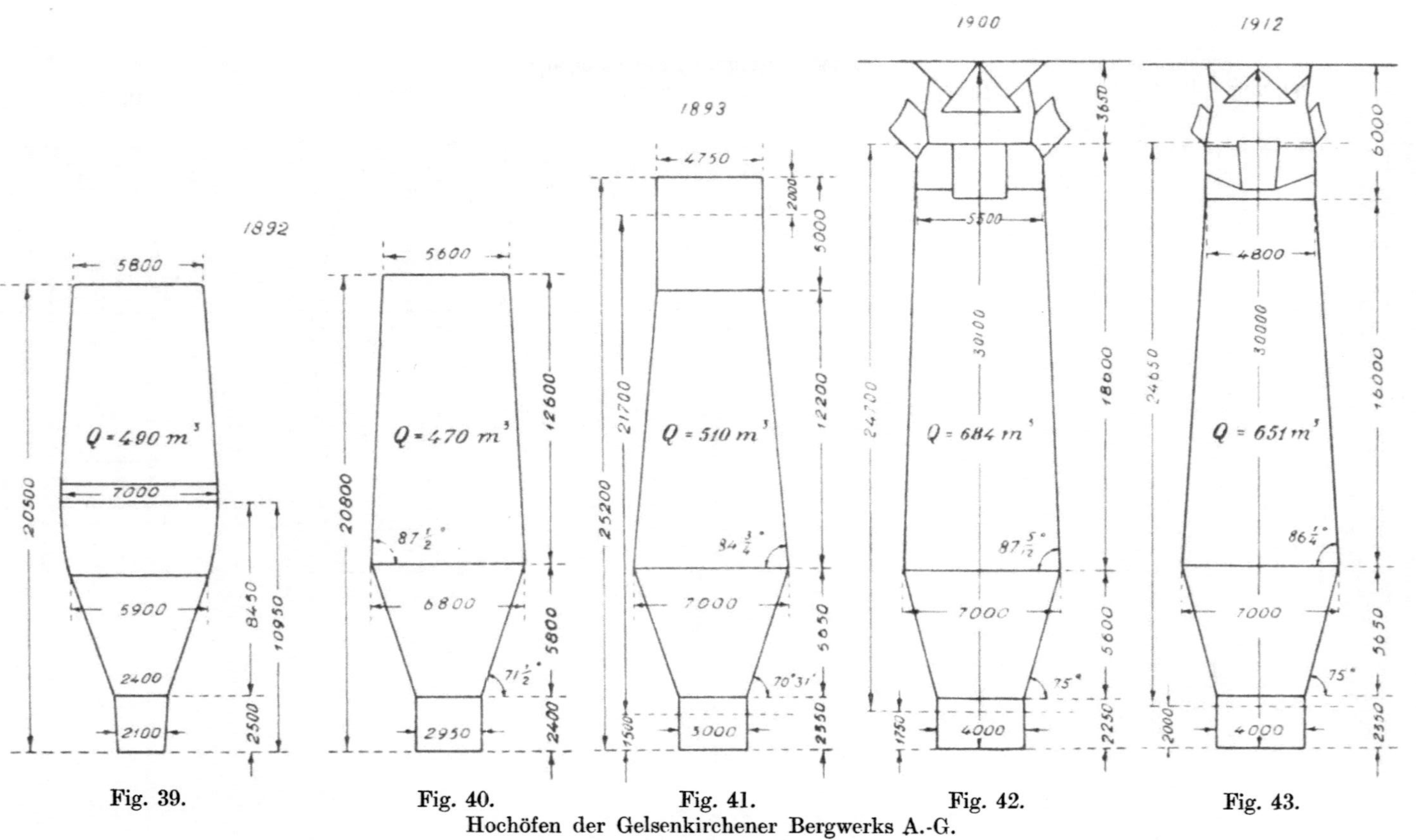

Fig. 39. Fig. 40. Fig. 41. Fig. 42. Fig. 43.

Hochöfen der Gelsenkirchener Bergwerks A.-G.

Die Hochöfen der Gelsenkirchener Bergwerks-A.-G. haben größere Höhe und Fassungsraum als die der Gutehoffnungshütte; sie werden mit armen Luxemburger Minetteerzen beschickt und weisen eine bedeutend geringere Leistung auf, bloß 250 t Thomasroheisen. In der Änderung ihrer Abmessungen und des Profils läßt sich dieselbe Gesetzmäßigkeit verfolgen, auf die oben hingewiesen wurde: zuerst (nach 1892) wurde der Kohlensack niedriger gelegt, später behielt er eine konstante Höhe bei, obgleich die Ofenhöhe bedeutend vergrößert wurde. Die Vergrößerung der Hochöfen ging jedoch nicht mit einer Vergrößerung des Kohlensackdurchmessers Hand in Hand ($H : D$ wuchs allmählich an). Die Erweiterung des Gestells zog ein Anwachsen des Rastwinkels nach sich. Im letzten Profil (Adolf-Emil-Hütte, 1912) ist der Schachtwinkel günstiger als im 1900 gebauten Ofen, wo er dank der übermäßig weiten Gicht zu steil ausgefallen war. Für einen täglichen Koksverbrauch von 250 t braucht der Gestelldurchmesser nur unbedeutend vergrößert zu werden — bis 4,3 m — was eine Vergrößerung des Rastwinkels bis $76^1/_2$° nach sich zieht, also auch erwünscht ist.

8. Von den Kokshochöfen in Südrußland ist der älteste auf der früheren New Russian Co. (Hughesowka) seit 1872 im Betriebe, der zweite seit 1875; beide verhütteten anfangs örtliche Brauneisensteine (mit 48 Proz. Eisen im Mittel) und guten Koks eigener Herstellung. Die Öfen ergaben bei ihrer ersten Ofenreise am Ende der siebziger Jahre etwa je 35 t Puddelroheisen bei einem Koksverbrauch von 1,3 t auf 1 t Roheisen. Der Grund so mangelhafter Resultate liegt in der ungenügenden Ausrüstung des Werkes (schwache Gebläsemaschinen, in gußeisernen Winderhitzern ungenügend vorgewärmter Wind), nicht aber in fehlerhaftem Profil und Abmessungen der Öfen. Das Profil des ersten russischen Kokshochofens ist von seinem englischen Erbauer sehr glücklich gewählt worden, wie Fig. 44 zeigt; es zeichnete sich durch Einfachheit (was damals nicht oft vorkam) und richtig gewählten Rastwinkel ($75^1/_2$°) und Neigungswinkel des Schachtes (84°) aus. Aus Vorsicht (denn die Eigenschaften des Kokses waren unbekannt) wurde die Ofenhöhe gering gewählt, doch konnte die ganze Höhe ausgenutzt werden, da die Öfen mit offner Gicht betrieben und bis zur Höhe der Arbeitsbühne beschickt wurden.

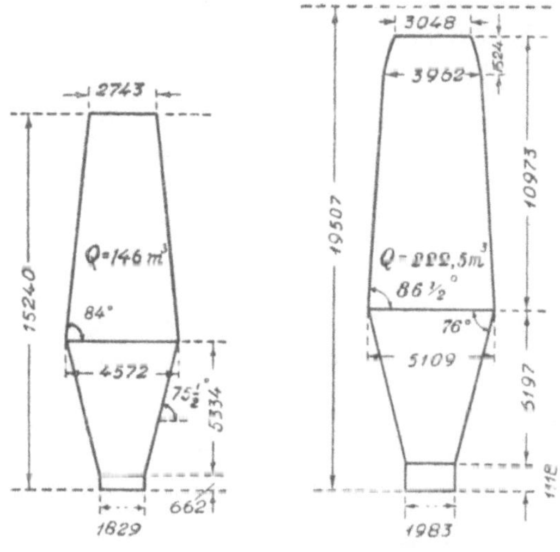

Fig. 44. Fig. 45.
Erste russische Kokshochöfen.

In den achtziger Jahren wurde die Ausrüstung des Werks verbessert und zum Möller Kriworoger Erz zugeschlagen, was das Roheisenausbringen auf 55 Proz. und später 58 Proz. erhöhte; damals erhielten die Öfen das in

Fig. 45 dargestellte Profil. Die Nutzhöhe der Öfen wurde um etwa 2 m vergrößert, wobei der Neigungswinkel der Schachtwände ($86^1/_2$°) und der Rastwinkel (76°) das rationelle Verhältnis nicht überschritten, doch wurde der Gestelldurchmesser nur unbedeutend vergrößert und war für die neuerliche Produktion des Ofens (120 t täglich) ungenügend. Die konzentrierte Hitze machte den Konstruktionsfehler wett; die Gestellwände wurden schnell ausgebrannt, und beim Durchmesser von 2,6 m hatte der Ofen einen guten Gang, um so mehr, da hierbei der Bodenstein dank zu großer Annäherung an die Formenebene vertieft wurde.

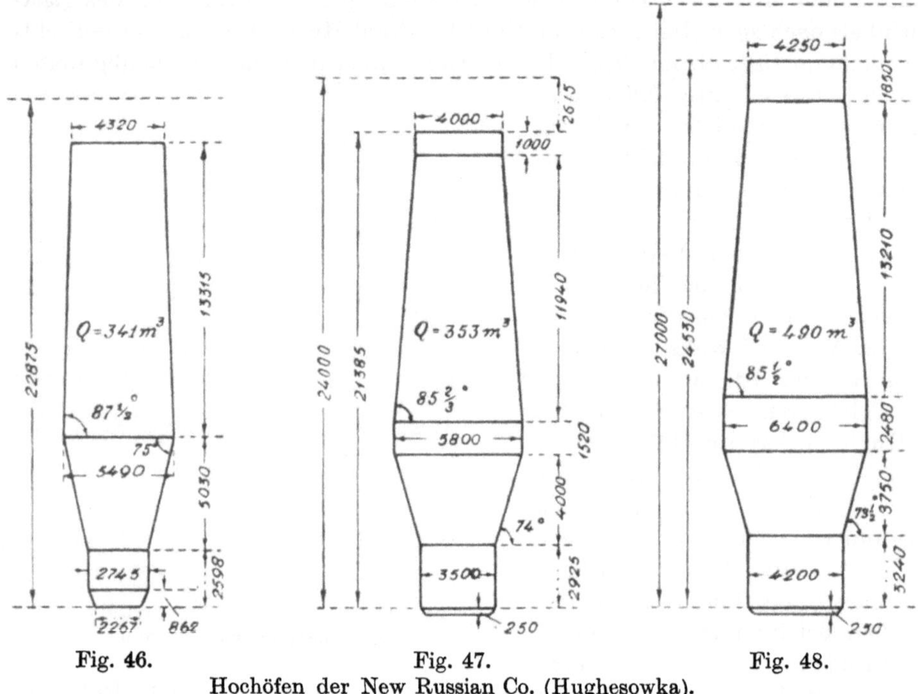

Fig. 46. Fig. 47. Fig. 48.

Hochöfen der New Russian Co. (Hughesowka).

Am Ende der neunziger Jahre wurde die Ofenhöhe bedeutend vergrößert, nämlich bis 22,9 m, und das Profil nahm die in Fig. 46 dargestellte Form an. Da aber nicht gleichzeitig auch ein zylindrischer Kohlensack vorgesehen war, so zog die Vergrößerung der Höhe einen Neigungswinkel des Schachtes von $87^1/_2$° nach sich, und der Betrieb mit mulmigem Erz und schwachem Koks stieß auf Schwierigkeiten; die Rast blieb steil (75°), doch erwies sich das hohe Gestell auch hier zu eng, da der Ofen bei einem Nutzinhalt von 341 cbm mit Leichtigkeit 180 t Martinroheisen lieferte. Die englischen Techniker sahen diesen Mangel ein und haben allmählich ihn (beim Ausblasen der Öfen) abgestellt und das Gestell bis zu 3,4 m erweitert, was für eine Leistung von 200 t — die mittlere Leistung derart umgebauter Öfen (im Maximum 250 t bei einem Inhalt von 350 cbm) — fast genügte. Auf 1 t tägliche Produktion kamen in den Öfen vom Profil 45 und 46 etwa 1,9 cbm Inhalt, in einem späteren Profil 1,75 cbm. Ein solches Ausbringen scheint, verglichen mit dem Betrieb zeitgenössischer europäischer Hochöfen, hervorragend. Doch war es wohl erlaubt, in Anbetracht der außergewöhnlichen Erzqualität damaliger südrussischer Öfen (bis 60 Proz. Ausbringen an Roheisen) mit einer weiteren Verringerung des angegebenen Verhältnisses zu rechnen. Auf der New Russian Co. wurde dieses etwas später verwirklicht als auf einigen anderen südrussischen Werken, da die Hochöfen dieses Werkes erst später in die Verwaltung russischer Hüttenleute übergingen. Sie haben als erste das in Fig. 47 dargestellte Profil ausgeführt. Ein Hochofen dieses Profils — angeblasen 1911 — hatte einen Nutzinhalt von 353 cbm und gab täglich bis 300 t Martinroheisen, doch ist seine normale Leistung bei den gegebenen Abmessungen zu 250 t anzusehen und sein Ausbringen 1 t Roheisen auf 1,41 cbm Inhalt. Der später errichtete Ofen Nr. 2 hatte bei ebensolchem Gestell wie der vorige Ofen dieselbe Roheisenproduktion, so daß auf 1 t Roheisen (bei einem Inhalt von 354 cbm) bloß 1,42 cbm Inhalt kam. Beide Öfen hatten das typische amerikanische Profil, das auf Initiative von *M. Kurako* eingeführt wurde, der es erstmalig beim Bau des Hochofens der Kramotorsk-Werke ausführte (6,2 m Kohlensackdurchmesser bei 25 m Nutzhöhe). Die Abmessungen und das Profil eines späteren Ofens sind in Fig. 48 gegeben.

Mit den angegebenen Abmessungen macht dieser Ofen schon die zweite Ofenreise und gibt 300 bis 350 t Martinroheisen täglich (das Roheisenausbringen beträgt 56 Proz. des Erzgewichtes; auf 1 t kommt im Mittel 1,5 cbm). Der Verfasser hält die Höhe dieses Ofens für die maximale, die bei südrussischem Koks und mulmigem Kriworoger Erz zulässig ist; in unlängst gebauten Öfen des Dneprowski-Werkes jedoch ist die Nutzhöhe bis auf 25,5 m gesteigert (siehe die Profile russischer Hochöfen in Tafel III, in welcher die Abmessungen auch des letzten jetzt im Bau befindlichen Ofens Nr. 3 der früheren New Russian Co. mit einer Leistung von 550 t angeführt sind).

Die größte gegenwärtig erreichte Leistung gibt unter denselben Arbeitsbedingungen der Ofen 4 der Ekaterinoslaw-Werke (weiland Brjansk A.-G.) — 450 t bei einer Nutzhöhe von 23,8 m und einem Gestelldurchmesser von 5,3 m.

4. Profile mit Rohkohle betriebener Öfen.

9. Zum Schluß erwähnen wir noch die Öfen, die mit Rohkohle betrieben werden, vor allem die Anthrazitöfen oder genauer die Öfen, in denen ein Gemisch von Anthrazit und Koks (vorwiegend ersteres enthaltend) als Brennstoff dient.

Die Fig. 49 und 50 stellen Hochofenprofile der *Sulin*-Werke dar. Das erste bezieht sich auf den Ofen Nr. 1, den kleinsten der in den neunziger Jahren mit Anthrazit betriebenen Öfen, im Jahre 1874 vom Ingenieur *Meschtscherin* nach dem Vorbilde der Anthrazitöfen der Thomas Iron Co. erbaut. In Fig. 49 sind die ursprünglichen Schachtabmessungen angegeben (der Schacht ist bei den vielfachen Ausbesserungen des Gestells und der Rast nicht umgebaut worden); im Laufe der Zeit haben sie durch Ausbrennen eine geringfügige Änderung erlitten (geringfügig, da Anthrazit die Hitze im Gestell konzentriert und kein sog. „Oberfeuer" gibt), wodurch der Inhalt des Ofens bis auf 150 cbm anwuchs. Die Abmessungen von Rast und Gestell sind vom Verfasser in den letzten Jahren der Tätigkeit des Ofens (1896 bis 1900) festgestellt worden und entsprechen den Bedingungen guten Ofengangs bei Gebrauch einer Mischung von $^1/_6$ bis $^1/_8$ Koks mit $^5/_6$ bis $^7/_3$ Anthrazit des Bezirks von Gruschewka. Mit einem solchen Gemisch gab der Ofen bis 70 t Gießereiroheisen bei einem Ausbringen von 50 Proz. des Erzes, was im Vergleich zu amerikanischen Anthrazitöfen einerseits und europäischen Koksöfen entsprechender Größe andererseits als gute Leistung anzusehen ist. (Nach B. Osann haben deutsche Kokshochöfen für eine Produktion von 60 t Gießereiroheisen ein Fassungsvermögen von 175 bis 225 cbm; die mit Rohkohle betriebenen schottischen Öfen geben beim selben Inhalt bloß 30 bis 40 t).

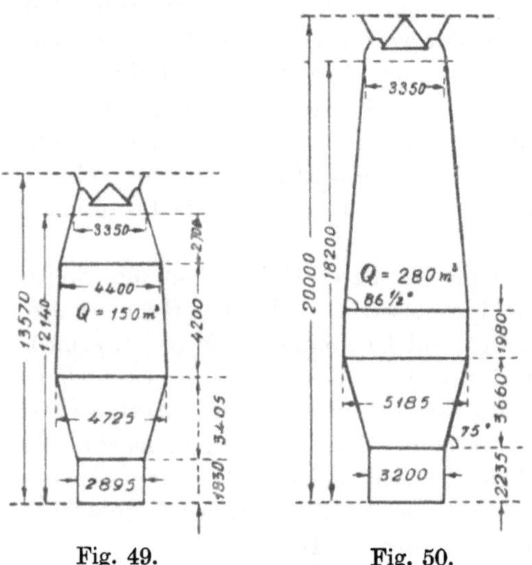

Fig. 49. Fig. 50.
Südrussische Anthrazithochöfen.

Eigentümlich für das Profil dieses Ofens ist das für jene Zeit bedeutende Verhältnis des Gestelldurchmessers zur Höhe des Ofens; es beträgt 1 : 4,68, was auf die geringe Höhe des Ofens (13,67 m) und den großen Gestelldurchmesser (2,9 m) zurückzuführen ist; diese Abmessungen sind für den Betrieb mit Anthrazit überhaupt kennzeichnend, da er ein Brennmaterial vorstellt, das ein enges Gestell nicht zuläßt (schnelles Ausbrennen infolge konzentrierter Hitze), insbesondere aber gelten sie für russischen Anthrazit, der durch seine Eigenschaft, in dünne Platten zu zerfallen und den Ofen zu verstopfen, die Höhendimensionen des Ofens beschränkt.

Der Hochofen Nr. 3 der Sulinwerke (Fig. 50) ist vom Verfasser für einen bedeutenden Zusatz von Koks ($^1/_3$ bis $^1/_2$) entworfen worden, da man die Notwendigkeit voraussah, beim Steigen der Anthrazitpreise zeitweilig mit reinem Koks zu arbeiten (in kleinen Öfen ist der Koksverbrauch bei gleichem Garfrischen größer als der Anthrazitverbrauch). Seiner Aufgabe entsprechend ist dieser Ofen bedeutend höher als Nr. 1 (20 m), jedoch nicht so hoch, daß ein Zusatz von Anthrazit unmöglich wäre. Einem Anthrazitgehalt in der Brennstoffgicht ist dadurch Rechnung getragen, daß das Gestell breiter gebaut ist als in derzeitigen Kokshochöfen derselben Höhe, Kohlensack und Gicht dagegen enger.

Die pennsylvanischen Anthrazitöfen, die noch am Ende der neunziger

Jahre betrieben wurden, hatten Profile, wie in Fig. 51, 52 und 53 dargestellt; diese Abbildungen beziehen sich auf Öfen der Werke Warwick, Bethlehem und Andover.

Die beiden ersten haben bei einer mittleren Leistung von 150 t eine maximale Höhe (vom Standpunkte der besten Ausnutzung des Inhalts); eine weitere Vergrößerung der Höhe von Anthrazitöfen (sie wurde in Pennsylvanien versucht) ergab weder eine Steigerung der Tagesleistung noch eine Verminderung des Brennstoffverbrauchs (zum mindesten 1,0 bis 1,1 für eine Mischung mit $^1/_4$ bis $^1/_2$ Koks). Alle 3 Öfen, deren Profile hier angegeben sind, gehören (nach persönlichen Beobachtungen des Verfassers) zu den besten mit Anthrazit betriebenen Hochöfen. Der Ofen der Andover-Werke (Fig. 53) gab bloß

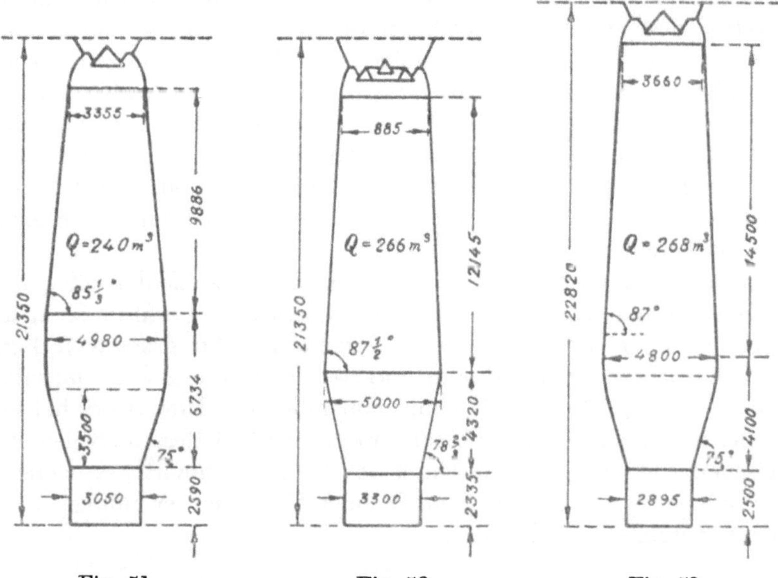

Fig. 51. Fig. 52. Fig. 53.
Pennsylvanische Anthrazithochöfen (Warwick, Bethlehem, Andover).

125 t im Mittel, doch war seine geringere Leistung dadurch bedingt, daß in ihm nur Magneteisenerz verhüttet wurde, und zwar nicht geröstetes; hierauf ist auch der enge Kohlensack und das enge Gestell zurückzuführen.

Da die Nutzinhalte der beiden ersten Öfen 240 cbm und 265 cbm betragen, so kommt in ihnen im Mittel auf 1 t täglichen Ausbringens von Roheisen 1,6 und 1,8 cbm Inhalt, was jedenfalls bei Anthrazitbetrieb als sehr gute Leistung anzusehen ist und nur von wenigen Koksöfen übertroffen wird. Im Hochofen der Andover-Werke wurde das Verhältnis durch ausschließliche Benutzung von Magneteisenerz auf 2 gesteigert. In den Öfen der Sulinwerke, die ein durch die Brennstoffqualität bedingtes weniger schlankes Profil hatten, kam auf 1 t Roheisen ungefähr $2^1/_2$ cbm Inhalt. Vergleicht man die Profile der in Pennsylvanien mit Anthrazit betriebenen Öfen mit gleichzeitig dort betriebenen Kokshochöfen, so bemerkt man unter anderem, daß in den

Anthrazitöfen das Verhältnis vom Gestelldurchmesser zur Ofenhöhe größer und vom Kohlensackdurchmesser zur Höhe kleiner ist als in Kokshochöfen; mit anderen Worten: die Anthrazitöfen haben ein schlankeres Profil und verhältnismäßig weites Gestell, obgleich letzteres natürlich enger ist als bei Kokshochöfen großer Leistung.

10. Die mit roher Steinkohle („splint coal“) betriebenen schottischen Öfen, soweit sie sich bis jetzt erhalten haben, weisen stets eine geringe Höhe auf (15 bis 16 m), denn man fürchtete, möglicherweise unnütz, daß der aus Splint gewonnene lockere und schwere Koks sonst zu Gries oder gar Staub zerfallen könnte. Der 18 m hohe Hochofen des Werkes Glengarnock ist als Ausnahme anzusehen.

Die Profile dieser Öfen bieten keinerlei Eigenheiten, welche durch die Eigenschaften des Brennstoffes bedingt wären.

In letzter Zeit hat man den erfolgreichen Versuch gemacht, in uraler Holzkohlenöfen Roheisen mit sibirischer roher Steinkohle der Wolkowschicht des Kemmerowski-Fundortes und später der Schicht „Moschtschni“ des Prokopjew-Bergwerks (Kusnezkgebiet) zu erschmelzen. Die russischen Hüttenleute sehen sich vor eine neue Aufgabe gestellt: für den Betrieb mit dieser Kohle die maximalen Abmessungen festzustellen und das Hochofenprofil auszuarbeiten.

Einstweilen sind sie genötigt, sich mit alten Holzkohlenhochöfen zu begnügen (in 4 Werken des mittleren Urals), bei denen das Profil im Kohlensack und Gestell erweitert ist (soweit es die eiserne Armatur gestattet). Fig. 12, Tafel II (der Hochofen von Nishne-Salda) stellt einen dieser Öfen dar mit den Abmessungen, die er für Betrieb mit mineralischem Brennstoff hat sowie unlängst bei Holzkohlenfeuerung besaß. Er gab bis 75 t Bessemerroheisen aus Magneteisenerz des Berges Wyssokaja (58 Proz. erschmolzenes Roheisen). Bei Verwendung von mineralischem Brennstoff erzeugt er infolge des unzulänglichen Gebläses nur 100 t.

II. Bestimmung der Abmessungen von Hochöfen.

Bei Bestimmung der Hochofenabmessungen hat man sich vor allem klar zu werden, welchen Nutzinhalt der Ofen für die gegebene oder erwünschte Leistung haben muß, oder umgekehrt: wie groß die wahrscheinliche Leistung eines Ofens von rationellem Profil und größter resp. vorteilhaftester Höhe unter den gegebenen Umständen sein wird.

In jedem Einzelfall ist die richtige Entscheidung dieser Frage nur dann möglich, wenn das Verhältnis zwischen Inhalt und Leistung von unter ähnlichen Bedingungen arbeitenden Hochöfen bekannt ist; unter Arbeitsbedingungen sind hierbei nicht nur die Eigenschaften der Rohmaterialien, sondern auch die Zusammensetzung des erschmolzenen Roheisens zu verstehen.

1. Inhalt des Hochofens.

1. Das Verhältnis von Nutzinhalt zur Tagesleistung der Öfen. Unter Berücksichtigung der mittleren (keinesfalls der Rekordleistungen) Betriebsresultate guter europäischer und amerikanischer Öfen mit moderner Ausrüstung und rationellem Profil ist untenstehende Tabelle zusammengestellt, die das Verhältnis zwischen Inhalt und Leistung von Hochöfen verschiedener Hüttenbezirke enthält.

Tabelle 1. Nutzinhalt für 1 t Tagesleistung.

		cbm
	a) Holzkohlenöfen.	
1.	Roteisenerz, vom Oberen See, enthaltend 52 bis 54 Proz. Fe. . . .	0,9 bis 1,2
2.	Roteisenerz und Brauneisenerz von Alabama, selbstschmelzig oder fast selbstschmelzig, enthaltend im Mittel etwa 40 Proz. Fe	1,4 „ 1,7
3.	Gerösteter Spateisenstein des Erzberges von Steiermark, enthaltend ca. 53 Proz. Fe und Mangan	1,5 „ 1,75
4.	Süduraler reicher Brauneisenstein und Siderit, in geröstetem Zustande etwa 55 bis 58 Proz. Fe enthaltend	1,5 „ 1,75
5.	Uraler Magnetit, gemischt mit Brauneisenstein, die Mischung mit einem Eisengehalt von 50 bis 56 Proz.	1,75 „ 2,0
6.	Uraler Magnetit, ungemischt, enthaltend 54 bis 58 Proz. Fe	2,0 „ 2,25
7.	Schwedisches Magneteisenerz, gut geröstet, mit einem Eisengehalt von 50 bis 60 Proz.	2,5 „ 3,0
8.	Uraler Brauneisenstein und Siderit mit 45 bis 48 Proz. Fe.	2,5
9.	Dieselben mit 38 bis 40 Proz. Fe	3,0
	b) Kokshochöfen.	
1.	Roteisenerz vom Oberen See, Eisengehalt 50 bis 54 Proz., Erzeugung von Martin- und Bessemerroheisen	1,2 bis 1,3
2.	Dasselbe, Erzeugung von Gießereiroheisen	1,4 „ 1,6

	cbm
3. Gerösteter Spateisenstein des Erzberges, gemischt mit ungeröstetem, enthaltend 50 bis 53 Proz. Fe, Erzeugung von Martinroheisen . . .	1,5 bis 1,6
4. Roteisenerz von Kriwoi Rog, 56 bis 58 Proz. Fe, Erzeugung von Martinroheisen . . .	1,3 „ 1,5
5. Dasselbe, Erzeugung von Bessemerroheisen . . .	1,6 „ 1,8
6. Roteisenerz und Brauneisenerz von Alabama, selbstschmelzig oder fast selbstschmelzig, mittlerer Eisengehalt 35 bis 40 Proz., Erzeugung von Martinroheisen . . .	1,4 „ 1,7
7. Brauneisenerz (Minette) mit Zuschlag von reichen Erzen und Schlacken, enthaltend 45 bis 50 Proz. Fe in der Mischung, Erzeugung von Thomasroheisen . . .	1,25 „ 1,50
8. Roteisenerz von Kriwoi Rog, 54 bis 56 Proz. Fe, Erzeugung von Gießereiroheisen . . .	1,8 „ 2,0
9. Roteisenerz und Brauneisenerz von Alabama, 35 bis 40 Proz. Fe in der Mischung, Erzeugung von Gießereiroheisen . . .	1,6 „ 1,8
10. Spanisches geröstetes Spateisenerz und Brauneisenerz („Rubio“), mittlerer Eisengehalt 50 Proz., Erzeugung von Hämatit . . .	1,4 „ 1,5
11. Selbstschmelzige Mischung, ausschließlich aus Minette bestehend, enthaltend etwa 28 bis 30 Proz. Fe, Erzeugung von Thomasroheisen .	2,50 „ 2,75
12. Toneisenstein von Cleveland in geröstetem Zustande, 38 bis 40 Proz. Fe enthaltend, Erzeugung von basischem Martinroheisen und Gießereiroheisen . . .	2,5 „ 2,75

In dieser Tabelle beziehen sich die kleineren Zahlen auf Öfen mit einem größeren Verhältnis der Höhe zum Kohlensackdurchmesser, was immer ein größeres Ausbringen von Roheisen auf die Volumeneinheit ergibt.

An Hand der gegebenen Daten läßt sich unschwer der Nutzinhalt bestimmen, der zum Erblasen der gewünschten Roheisenmenge unter bestimmten örtlichen Bedingungen erforderlich ist.

2. Mit Nutzinhalt bezeichnet der Verfasser den am Prozeß teilnehmenden Inhalt, d. h. das Volumen, das mit Rohmaterialien und Erzeugnissen der Schmelzung angefüllt ist (von der Beschickungsebene an der Gicht bis zum Stichloch). Seine Abhängigkeit von zwei Hauptabmessungen — Kohlensackdurchmesser und Höhe — kann durch die Formel

$$V = k \cdot D^2 H$$

ausgedrückt werden, wo H die Gesamthöhe, d. h. der Abstand zwischen Roheisenabstich und Gichtbühne ist, D der Durchmesser des Kohlensacks, k ein Koeffizient, der gewöhnlich im Bereich 0,47 bis 0,55 liegt und sich mit dem Profil und den Abmessungen der Hochöfen ändert: für hohe Öfen mit schlankem Profil ist k größer, für solche mit breitem Profil geringer.

Bei großen amerikanischen Öfen erreicht der Koeffizient den angegebenen Maximalwert infolge ihres sehr weiten Gestells, der steilen Rast und des zylindrischen, recht hohen Kohlensacks; ebenso bei kleinen schwedischen Öfen, die ein sehr hohes Verhältnis $H : D$ haben, und bei denen der zylindrische Kohlensack eine noch bedeutendere Höhenentwicklung aufweist als bei den amerikanischen Öfen. Die kleinsten Werte von k kommen Profilen mit weitem Kohlensack, relativ engem Gestell und geringer Entwicklung des zylindrischen Teils des Kohlensacks zu (die Mehrzahl der von deutschen Hüttenleuten erbauten Hochöfen).

Für eine vorläufige Bestimmung des Nutzinhaltes von Hochöfen eines rationellen Profiles kann man $k = 0{,}50$ annehmen, so daß

$$V = 0{,}5 \cdot D^2 H .$$

Das Nutzvolumen und die Leistung von zeitgenössischen Öfen schwanken in Anbetracht ihrer Abhängigkeit von örtlichen Bedingungen in sehr weiten Grenzen. Eine Vorstellung hiervon geben die oben angeführten Profile und die kurz geschilderten Arbeitsbedingungen von in Europa und in den Vereinigten Staaten bestehenden Hochöfen.

2. Die Höhe des Hochofens.

Die Bemessung der Hochofenhöhe ist beim Entwurf eines Hochofens eine der wichtigsten Fragen, insbesondere wenn man, wie dies gewöhnlich auch zutrifft, mehrere Hochöfen der maximal zu erzielenden Leistung zu bauen hat. Eine Verringerung der Höhe ergibt einen Ofen von geringerer Leistung, was später den Betrieb verteuert; eine übermäßige Vergrößerung zieht unregelmäßigen Gang nach sich, der die mittlere Leistung erniedrigt und große Mengen von Produkten geringerer Qualität gibt.

Ein anderer, selten vorkommender Fall liegt beim Bau eines Ofens mit beschränkter Leistung vor. Man sucht beim Entwurf eines solchen Ofens einen mehr oder weniger bedeutenden Spielraum in der Leistung durch entsprechende Wahl der Abmessungen zu ermöglichen. Die Ausrüstung des Ofens muß in diesem Falle unbedingt der maximalen Leistung und nicht der beschränkten entsprechen. In der Praxis stößt man sogar in der Gegenwart oft auf Fälle, wo gegen diese beiden Forderungen gesündigt worden ist.

3. Die Nutzhöhe des Ofens, d. h. der Abstand zwischen der Beschickungsebene in der Gicht und dem Stichloch fürs Roheisen, wird hauptsächlich bedingt durch die Festigkeit des Brennstoffes oder richtiger seiner Fähigkeit, beim Niedergehen der Gicht dem Zerreiben zu widerstehen; zum Teil hat man auch auf die Eigenschaften der Erze Rücksicht zu nehmen. Obgleich die Eigenschaften der Brennstoffe der Hochöfen nicht konstant sind, nicht einmal in demselben Hüttenbezirk, kann man doch unter Zugrundelegung von Brennstoff mittlerer Güte auf Grund der Erfahrung an unlängst erbauten Hochöfen folgende Grenzen für die Nutzhöhe von Hochöfen angeben.

Tabelle 2. Nutzhöhe und Eigenschaften des Brennstoffes.

a) Holzkohlenhochöfen.

15,0 m für gewöhnliche Ofenkohle aus gemischten Holzarten (vorwiegend Fichtenkohle),
16,5 m für gute, mit Ofenkohle gemischte Meilerkohle,
18,0 m für beste harte Mischkohle.

b) Kokshochöfen.

18 bis 20,0 m für sehr schwachen schlesischen und südrussischen Koks,
21 „ 23,0 m für gewöhnlichen Koks verschiedener Hüttenbezirke und besten südrussischen Koks,
24 „ 25,5 m für besten westfälischen, Clevelander und pennsylvanischen Koks.

Was die Holzkohle betrifft, so wäre hier noch darauf hinzuweisen, daß in letzter Zeit im Ural einige Öfen gebaut worden sind, deren Nutzhöhe die oben gegebenen Grenzen überschreitet. Die Arbeitsbedingungen dieser Öfen erlauben jedoch bis jetzt noch keinen bündigen Schluß, ob diese Überschreitung von Vorteil gewesen ist.

Was den Koks betrifft, so wird die maximale, durch die Festigkeit der besten Kokssorten (Connesville, Durham) bedingte und bereits erprobte Nutzhöhe (27 bis 28 m) in gegenwärtiger Zeit bei neugebauten Hochöfen nicht ausgenutzt, da schon Öfen von 25 m Nutzhöhe eine tägliche Produktion von 700 t ermöglichen.

Sog. Anthrazitöfen, die noch in den neunziger Jahren in Südrußland und Ostpennsylvanien betrieben wurden, hatten eine Höhe von 12,2 bis 22 m. Sie konnten nur mit einer Mischung von Anthrazit und Koks regelmäßig betrieben werden; der Anthrazitgehalt der Brennstoffgicht änderte sich entsprechend der Ofenhöhe von $^1/_2$ bis $^1/_7$ (bei niedrigeren Öfen waren anthrazitreichere Gichten zulässig) und je nach dem Preise beider Brennstoffe loco Hochofen[1]).

Die Erzeigenschaften üben bei Holzkohlenhochöfen kaum einen Einfluß auf die Ofenhöhe aus: auch sehr mulmige Erze lassen sich dank der außerordentlichen Porosität der Holzkohle verarbeiten, Schwierigkeiten bietet bloß das Kohlenklein. Bei Schmelzen mit Koks hat man in Berechnung zu ziehen, wieviel Staub mit dem Erz eingeführt wird oder sich aus ihm im Ofen bildet. Von den beiden in der Tabelle gegebenen Grenzwerten hat man bei Benutzung von sehr mulmigen Erzen den kleineren zu wählen. Eine übermäßige Ofenhöhe zieht stets einen unregelmäßigen Gang und Herabsetzung der mittleren Leistung bis zu der von niedrigeren Öfen nach sich.

4. Die Gesamthöhe des Ofens (H in der oben angeführten Formel) wird ermittelt, indem man zur Nutzhöhe die Entfernung zwischen Beschickungsebene und Gichtbühne hinzufügt oder den vom Beschickungsapparat und seinen Umsteuerungsvorrichtungen eingenommenen Teil der Gesamthöhe des Ofens hinzuzählt. Je nach der Bauart des Gasfanges und des Beschickungsapparates kann die Höhe des sog. „toten“ Raumes der Gicht 1,5 bis 2,1 m bei Holzkohlenöfen (Maximum 2,5 m) und 2,4—3 m bei Koksöfen (Maximum 3,5 m) betragen.

3. Das Gestell.

5. Gegenwärtig gilt beim Betrieb von Hochöfen als Axiom, daß der Gestellquerschnitt in der Formenebene nach der Brennintensität bestimmt werden muß; er muß also proportional der ins Gestell eingeführten Windmenge sein, oder, was auf dasselbe herauskommt, der in ihm in der Zeiteinheit erzeugten Gasmenge.

---

[1]) Gegenwärtig sind diese Preise derart, daß eine Anwendung von Anthrazit in Hochöfen unvorteilhaft ist, sowohl in Pennsylvanien als auch in Südrußland.

Wenn d den Gestelldurchmesser in Metern bezeichnet und q die Windmenge in der Zeiteinheit pro 1 qm Gestellquerschnitt, so erhalten wir für die gesamte Windmenge, die in der Zeiteinheit in das Gestell tritt:

$$Q = \frac{\pi d^2}{4} \cdot q .$$

Hieraus ergibt sich eine einfache Formel

$$d = n\sqrt{Q}, \tag{A}$$

in welcher Q zwecks bequemerer Anwendung durch die täglich in die Gicht eingeführte Brennstoffmenge ersetzt werden kann; nennen wir letztere C, so erhalten wir die Formel:

$$d = i\sqrt{C}. \tag{B}$$

Diese Beziehung erlaubt uns, den täglichen Brennstoffverbrauch, der dem Gestelldurchmesser eines bestehenden Ofens entspricht, zu bestimmen oder den Gestelldurchmesser eines Ofens zu berechnen, der einen bestimmten täglichen Brennstoffverbrauch haben soll.

Fehland schlug seinerzeit zur Bestimmung des Gestelldurchmessers die Formel

$$d = 0{,}2\sqrt{C} \quad \text{bis} \quad d = 0{,}225\sqrt{C}$$

vor. *H. Wedding* hat diese Formel an den Abmessungen deutscher Hochöfen geprüft (Bd. III, S. 777—778) und gefunden, daß Zahlenwerte 0,28 bis 0,32 des Koeffizienten sich besser an das Bestehende anschließen. Hierzu wäre aber zu bemerken, daß er bloß Kokshochöfen sehr geringer Leistung berücksichtigt hat (von 25 Hochöfen hatten nur zwei über 100 t täglichen Koksverbrauch, nämlich 110 und 122 t).

Der Zahlenwert des Koeffizienten i, entsprechend C in Tonnen pro Tag und d in Metern, ändert sich mit der Brennintensität; wie die Praxis zeigt, schwankt letztere für Öfen verschiedener Leistung. Wird letztere als die Brennstoffmenge definiert, die stündlich auf 1 qm des Gestells verbrannt wird, so erhält man für jetztzeitige Koksöfen im Mittel 650 bis 750, max. 1000 kg ($15^1/_2$ bis 18 t, max. 24 t täglich) und für Holzkohlenöfen 400 bis 650 (9,6 bis $15^1/_2$ t täglich); die entsprechenden Werte des Koeffizienten i variieren dann von 0,286 bis 0,266, min. 0,23 bzw. 0,36 bis 0,286.

In neuester Zeit wird in Öfen verschiedenen Fassungsraumes der Unterschied im Brennintensitätskoeffizienten immer kleiner, da in allen neuerbauten Öfen großer Leistung die Gestelldurchmesser stetig vergrößert werden. Im Gestell eines der 600-t-Öfen der Illinois-Werke (South Chicago), das einen Durchmesser von 6,32 m hat, werden bei Erzeugung von Martinroheisen stündlich 700 bis 770 kg Koks pro 1 qm verbrannt, d. h. ebensoviel wie die Clevelander Öfen beim Erblasen von Gießereiroheisen und Lothringer sowie Luxemburger Öfen bei Erzeugung von Thomasroheisen ausschließlich aus Minette verbrauchen. Wenn man aber die Abmessungen und Produktion von Öfen geringster und größter Leistung betrachtet, so läßt sich doch bei ihnen ein Unterschied in der stündlich pro 1 qm Gestellquerschnitt eingeführten Brennstoffmenge bemerken: in ersteren ist sie geringer als in letzteren, d. h. die Gestelle großer Öfen arbeiten zu jetziger Zeit mit größerer Brennintensität und erhalten auf 1 qm Querschnitt mehr Wind als die Gestelle kleinerer Öfen.

Unter Berücksichtigung dieses Umstandes und Benutzung von Daten aus der modernen Praxis hat der Verfasser die nachstehende Tabelle 3 zusammengestellt, die zur Wahl der gehörigen Brennintensität und des entsprechenden Koeffizienten i in jedem gegebenen Fall dienen kann.

Tabelle 3. Brennintensität und ihre entsprechenden i-Werte.

Täglicher Brennstoffverbrauch in t C	$\sqrt{C}$	Brennintensität, kg auf 1 qm	Wert des Koeffizienten i	Täglicher Brennstoffverbrauch in t C	$\sqrt{C}$	Brennintensität, kg auf 1 qm	Wert des Koeffizienten i
25	5,00	400	0,360	250	15,81	725	0,271
50	7,07	500	0,325	275	16,58	725	0,271
75	8,66	600	0,297	300	17,32	750	0,266
100	10,00	650	0,286	350	18,71	750	0,266
125	11,18	650	0,286	400	20,00	750	0,266
150	12,25	700	0,275	450	21,21	775	0,262
175	13,29	700	0,275	500	22,36	775	0,262
200	14,18	700	0,275	550	23,45	775	0,262
225	15,00	725	0,271	600 u. m.	24,49	800	0,257

Ersetzt man bei der Berechnung aus Bequemlichkeitsrücksichten die Menge des vom Winde verbrannten Brennstoffes durch die bei der Gicht eingeführte Menge, die ersterer nicht völlig äquivalent ist, so hat man diesem Umstande bei Wahl der Brennintensität Rechnung zu tragen und je nach den Arbeitsbedingungen des Ofens die in der Tabelle gegebenen i-Werte entsprechend zu vergrößern oder zu verkleinern.

Da das heiße Silicium- und Manganroheisen und auch die ständige Arbeit mit strengflüssigen Schlacken eine größere Brennintensität erfordert, so hat man in diesem Falle die Brennintensität um etwa 50 kg höher zu wählen; wenn aber der Ofen nur siliciumarmes Roheisen, z. B. Thomasroheisen, zu erzeugen hat, so kann die Brennintensität gegenüber den Tabellenwerten verringert werden, z. B. um 50 kg. Dasselbe empfiehlt sich auch bei Verarbeitung von armen Toneisensteinen, die viel Schlacke geben, und aus denen sich mit Leichtigkeit Siliciumroheisen erschmelzen läßt (basisches Martinroheisen aus Clevelander und schottischen Toneisensteinen resp. Kohleneisensteinen).

Die geringste Brennintensität findet man bei schwedischen Holzkohlenöfen minimalster Leistung: sie sinkt in ihnen bis zu 400 kg (bei einem Tagesverbrauch von etwa 20 t Kohle) und zuweilen sogar bis 333 kg (Hochöfen mit 15 t Leistung). Dies ist auf die eigenartigen Betriebsbedingungen der Öfen und die Brennstoffqualität zurückzuführen: einerseits wird ein Roheisen mit minimalen Mengen von Silicium und Mangan erstrebt, was eine Konzentration der Hitze nicht zuläßt; andererseits gestattet die aus Nadelholz erhaltene Kohle, Gase von sehr geringer Spannkraft gleichmäßig im Gestellquerschnitt zu verteilen (für Birkenkohle sind so geringe Brennintensitäten nicht zu verwirklichen).

Einige Verfasser halten es für möglich, den Gestelldurchmesser auf Grund eines konstanten Verhältnisses desselben zur Gesamthöhe des Ofens zu bestimmen (*Ledebur* z. B. gab seinerzeit dieses Verhältnis zu 0,17 an). Natürlich ist im allgemeinen das Gestell um so weiter zu bauen, je höher der Ofen, da ja auch entsprechend mehr Brennstoff in ihm verbrannt wird; der tägliche Brennstoffverbrauch hängt jedoch nicht nur ausschließlich von den Ofendimensionen ab, sondern auch von dem Eisengehalt und der Reduzierbarkeit der Erze; letztere bestimmen die Tageserzeugung (bei gegebenen Abmessungen) und den spezifischen Brennstoffverbrauch (d. h. auf 1 t Roheisen bezogen).

Hieraus ist klar, daß eine direkte Proportionalität zwischen Gestelldurchmesser und Ofenhöhe nicht bestehen kann: Öfen mit gleichem täglichen Brennstoffverbrauch können verschieden hoch sein, und umgekehrt können Öfen gleicher Höhe verschiedene Mengen Brennstoff erfordern, wenn die Möller nicht identisch sind. Es wäre ein grober Fehler, im ersten Fall Gestelle verschiedenen Durchmessers, im zweiten gleichen Durchmessers zu wählen.

Für Öfen modernen Profils schwankt der Gestelldurchmesser in folgenden Grenzen:

a) Holzkohlenhochöfen.

$d = 1{,}5$ bis 2,75 m, letztere Abmessung bezieht sich auf Öfen maximaler Tagesleistung; für amerikanische und russische Öfen beträgt d gewöhnlich 2,0 bis 2,5 m.

b) Kokshochöfen.

$d = 3{,}5$ bis 7,0 m maximal, doch gewöhnlich: 3,75 bis 4,5 m in europäischen und 5,64 bis 6,55 m in amerikanischen Öfen maximaler Tagesleistung.

6. Die andere Abmessung des Gestells, seine Tiefe, wird zweckmäßig nicht direkt, wie man es oft auf Grund von Beispielen aus der Praxis tut, sondern aus dem Inhalt des Gestells und seinem Durchmesser bestimmt.

Es könnte scheinen, daß das Gestell unterhalb der Formenebene nur zum Aufspeichern von Roheisen und Schlacke dient und im Gang des Hochofenprozesses keine Rolle spielt; doch dem ist nicht so: sein Fassungsvermögen beeinflußt das Endprodukt des Ofens — die Gleichmäßigkeit der erhaltenen Erzeugnisse. Sind im Gestell Roheisen, Schlacke und bis zu Weißglut erhitzte Brennstoffe in großen Mengen vorhanden, so spielt das Gestell die Rolle eines Wärmeakkumulators und Reglers der Zusammensetzung von Roheisen und Schlacke; eine jegliche Qualitätsänderung von letzteren tritt um so schwächer zutage, je größer der Fassungsraum des Gestells. Andererseits kann man um so seltener abstechen, und um so geringer werden die Änderungen in der Zusammensetzung des abgestochenen Roheisens, je größer der Gestellinhalt.

Hierauf läßt sich die geschichtlich genau festgelegte Tatsache zurückführen, daß mit der Entwicklung der Bauart von Hochöfen die Gestelle nicht nur an Breite, sondern auch an Tiefe zunahmen.

Zweifellos steht jedoch fest, daß man beim Erblasen verschiedener Roheisenarten nicht denselben Fassungsraum des Gestells beibehalten kann: das heiße Bessemerroheisen zerfrißt einen hochgelegenen Bodenstein, und das kalte Thomasroheisen friert auf dem Bodenstein eines zu tiefen Gestells ein. Ausgehend von den Abmessungen der besten zeitgenössischen Öfen können zur Bestimmung des Gestellinhalts zwischen den Formenebenen und dem Roheisenabstich folgende Daten vorgeschlagen werden:

Tabelle 4. Gestellinhalt pro Tonne Tagesleistung.

a) Holzkohlenhochöfen.	
Puddel- und Martinroheisen	0,08—0,07 cbm
b) Kokshochöfen.	
Thomasroheisen	0,10—0,09 cbm
Martinroheisen	0,11—0,10 ,,
Bessemerroheisen	0,12—0,11 ,,
Gießereiroheisen	0,14—0,12 ,,

Die kleineren Zahlen entsprechen einer größeren Leistung und umgekehrt.

7. Durch Teilung des an Hand der Tabelle gefundenen Wertes für den Gestellinhalt durch den Gestellquerschnitt erhält man die Entfernung vom Stichloch bis zur Formenebene (h_1).

Aus Obigem folgt, daß diese Entfernung um so geringer ist, je schmelzbarer die Schlacke und je kälter das Roheisen ist; sie darf im äußersten Falle bei Holzkohlenhochöfen nicht unter 0,8 m betragen und wird in ihnen gewöhnlich nicht über 1,2 m gewählt; in Kokshochöfen aber nicht unter 1,5 m. Letzterer Wert wurde nur bei ständigem Betrieb auf Thomasroheisen zugelassen; gewöhnlich schwankt er von 2 m bis 2,5 m und überschreitet selbst in den größten amerikanischen Öfen nicht 2, 7 m. In Südrußland erreicht die Gestelltiefe (von der Formenebene an gerechnet) in Anbetracht der schnellen Erniedrigung des Bodensteins bis 3 m.

Die Oberkante des Gestells kann aus konstruktiven Rücksichten (bequemere Einmauerung von Kühlkästen und Formen) um 0,25 bis 0,3 m bei Holzkohlenöfen und 0,4 bis 0,5 m bei Kokshochöfen über die Formenebene gehoben werden, aber nicht höher, da die Gestellwand beim Übergang in die Rast stark angefressen wird, dank ihrer Entfernung von den Kühlvorrichtungen.

Um die gesamte Gestellhöhe zu ermitteln, hat man noch zu berücksichtigen, daß der Bodenstein um 0,20 bis 0,25 m bei Holzkohlenöfen und 0,30 bis 0,45 m bei Kokshochöfen unter dem Zentrum des Abstichlochs für Roheisen zu liegen hat, um vor Ausfressungen besser geschützt zu sein.

Einige Verfasser nehmen ein konstantes Verhältnis der Gesamthöhe des Ofens (H) zur Gesamthöhe des Gestells (h) an. Aus dem früher Gesagten folgt jedoch, daß dieses Verhältnis nicht konstant sein kann, und es erübrigt sich mitzuteilen, in welchen Grenzen es sich in Wirklichkeit ändert (nach *Ledebur* ist im Mittel $h = H : 10$).

Die Höhe der Schlackenformen über dem Bodenstein kann rechnerisch nicht genau ermittelt werden, obgleich einige Verfasser vorschlagen, sie aus der maximalen Roheisenansammlung im Gestell zu bestimmen; die tatsächliche Höhe der Schlackenformen wird jedoch bedeutend größer gewählt, als die zwischen zwei Abstichen auf dem Bodenstein sich ansammelnde Roheisenmenge erfordern würde. Öfter wird diese Höhe durch die Lage der Windformen bestimmt, und zwar ist sie in Koksöfen um 0,6 bis 1,0 m niedriger als die Windformen und beträgt ungefähr zwei Drittel der gesamten Gestelltiefe, sowohl in Koks- als auch in Holzkohlenöfen. Abweichend von alten Öfen wird in den modernen der Wind stets auf den trockenen Brennstoff geleitet, d. h. die Schlacke steigt im Gestell nicht bis zu den Windformen an.

4. Kohlensack und Rast.

Die Kohlensackdimensionen und ihr Verhältnis zur Ofenhöhe und zum Gestelldurchmesser spielen beim Betrieb des Ofens eine wesentliche Rolle; von ihnen hängt die Regelmäßigkeit des Niedergehens der Gichten im Ofen ab, sowie auch die Verteilung der Gase zwischen dem festen Material und folglich der Ausnutzungsgrad ihrer thermischen und chemischen Energie. Ohne hier die Theorie des Prozesses zu berühren, erwähnen wir nur, daß die jahrhundertlange Arbeit der Hüttenleute, die sich mit der Verbesserung der Hochofenprofile beschäftigt haben, in der Feststellung von rationellen Verhältnissen von $H : D$ und $D : d$ ihren Niederschlag gefunden hat.

8. Der Kohlensackdurchmesser wird auf Grund des Verhältnisses $H : D$ gefunden, wobei die Eigenschaften des Erzes, sowie das für den gegebenen Fall geeignetste Verhältnis $D : d$ zu berücksichtigen sind.

a) Das Verhältnis der Ofenhöhe zum Kohlendurchmesser schwankt bei den besten modernen Öfen in folgenden Grenzen:

$H : D = 4^1/_4$ bis 5 in Holzkohlenöfen; der maximale Wert, $5^1/_2$, findet sich bloß bei schwedischen Öfen, die ausschließlich Magneteisenerz verhütten und den minimalen Kohlensackdurchmesser (höchstens 3 m) aufweisen.

$H : D = 4$ bis $4^1/_4$ in Koksöfen; das Minimum, $3^1/_2$, ist nur für die niedrigsten unter den modernen Öfen zulässig, die mit schwachem Brennstoff oder sehr mulmigem Erz betrieben werden.

Das höhere Verhältnis von $H : D$ ist immer vorzuziehen, doch kann es bisweilen aus ökonomischen Gründen nicht ausgeführt werden. Wenn schwacher Brennstoff oder höchst mulmiges Erz die für die angegebene Leistung errechnete Höhe nicht zulassen, so wählt man die unter den gegebenen Bedingungen maximale Höhe und zugleich einen niedrigeren Wert für das Verhältnis $H : D$, um einen größeren Inhalt und größere Leistung des Hochofens zu erhalten, selbst auf die Gefahr hin, daß das Ausbringen des Roheisens auf die Volumeneinheit fällt.

b) Bei Betrieb mit schwerreduzierbaren Erzen (ausschließlich Magneteisenerz oder Möller mit bedeutendem Gehalt an Schweißofenschlacke) ist man genötigt, einen engeren Kohlensack zu wählen; ein leichtreduzierbares Erz gestattet umgekehrt einen weiteren Kohlensack; den maximalen Durchmesser erhält der Kohlensack beim Durchschmelzen nicht nur leichtreduzierbarer, sondern auch noch dazu leicht schmelzbarer und selbstschmelziger Erze (Herstellung von Thomasroheisen aus Minette).

c) Das Verhältnis des Kohlensackdurchmessers zum Gestelldurchmesser beträgt in modernen Öfen:

$D : d = 1{,}25$ bis 1,5 bei Koksöfen mit intensivem Gang, d. h. maximalem Roheisenausbringen auf die Volumeneinheit, und engem Kohlensack.

Der erstere von den angeführten Werten ist der normale für amerikanische Öfen (Minimum 1,14 im Ofen Nr. 5 des South Chicago-Werkes, der ein sehr weites Gestell hat), der zweite Wert läßt sich in neueren besten europäischen Öfen beobachten.

$D : d = 1{,}5$ bis 1,67 in gewöhnlichen europäischen Kokshochöfen mit gemäßigt intensivem Gang.

Bei gegenwärtig betriebenen Öfen hält sich die Größe des Kohlensacks gewöhnlich in folgenden Grenzen:

$D = 3{,}0$ bis 4,2 m in Holzkohlenöfen, wobei der minimale Wert sich auf schwedische Öfen, der maximale auf russische von größter Höhe bezieht; ein Mittelwert (3,66 m) ist für die amerikanischen Öfen kennzeichnend.

$D = 5{,}0$ bis 7,5 m in Kokshochöfen, wobei am häufigsten der Kohlensack im Durchmesser nicht unter 6,0 m und nicht über 7,0 m mißt.

9. Die Lage des Kohlensacks und die Gestalt der Rast können in verschiedener Weise festgelegt werden. Einige Hüttenleute schreiben dem Rastwinkel eine ausschließliche Bedeutung zu; andere halten die Einhaltung eines bestimmten Abstandes zwischen Kohlensack und Bodenstein für sehr wichtig und nehmen an, daß bei richtiger Angabe dieses Abstandes die Rast einen gebührenden Winkel erhält. Der Verfasser ist der Ansicht, daß ein Rastwinkel angegeben werden kann und zugleich die Entfernung zwischen Kohlensackebene und Formenebene. Gegenwärtig wird die Rast im allgemeinen steil gebaut, und es lassen sich keine großen Unterschiede der Rastausgestaltung in Öfen feststellen, die unter verschiedenen Bedingungen und in verschiedenen Ländern betrieben werden; es kann für festgestellt gelten, daß in Grenzen von 76 bis 80° liegende Rastwinkel niemals eine unzuträgliche Rastform geben; der Winkel von 76° kann immer dann benutzt werden, wenn keinerlei Beweggründe für seine Vergrößerung vorliegen. Diesem Winkel entspricht eine Neigung der Wände von 0,2493. Eine etwas größere Neigung, 0,25, wird bei einem Winkel erhalten, der um 2′ kleiner ist als 76°. Hieraus läßt sich folgern, daß die Neigung der Rastwände gewöhnlich ein Viertel ihrer Höhe beträgt; für viele Fälle der Praxis ist die Höhe der Rast gleich der verdoppelten Differenz zwischen Kohlensackdurchmesser und Gestelldurchmesser.

Doch auch ein geringerer Neigungswinkel, bis 72° (Neigung der Wände 0,3249), ist bei Arbeit mit leichtreduzierbaren oder leichtschmelzbaren Erzen zulässig oder wenn man überhaupt genötigt ist, den Kohlensack niedriger zu legen; man muß in diesem Falle dafür Sorge tragen, daß die Rast vermittels einer bauchigen Fläche sich allmählich an den Kohlensack anschließt und so Versetzungen im toten Raume beim Kohlensack vermieden werden. Ein elegantes und gleichzeitig rationelles Profil wird erhalten, wenn der Krümmungsradius gleich 2 D gewählt wird (nach dem Verfahren von *Frank Roberts*, siehe Fig. 54, auch 24, 51, 53).

Bei entgegengesetzten Bedingungen, d. h. wenn ausschließlich Magneteisenerz oder hauptsächlich Schlacke verhüttet wird, sowie beim Schmelzen von Manganroheisen, oder wenn man überhaupt einen höher belegenen Kohlensack für erforderlich hält, kann man den Rastwinkel bis zu 80° wählen (Neigung der Wände 0,1763). Die steilste Rast (82°) haben amerikanische Öfen mit den allerweitesten Gestellen, aber sehr niedrig belegenem Kohlensack, bloß 3,6 m über der Formenebene, sowie schwedische mit den engsten Kohlensäcken.

10. Als Höhe des Kohlensacks (h_2) hat man die Entfernung zwischen der Formenebene (nicht dem Bodenstein, wie oft angegeben wird) und dem maximalen Schachtdurchmesser anzusehen; sie kann berechnet oder graphisch aus den Abmessungen des Gestells, des Kohlensacks und der Neigung der Rast ermittelt werden. Entsprechend diesen Abmessungen wächst sie mit der Höhe des Ofens ein wenig an; das Anwachsen soll gewisse, durch örtliche Betriebsbedingungen festgelegte Grenzen nicht überschreiten. Einer der älteren Hüttenleute, *Valerius*, wies schon in den sechziger Jahren des 19. Jahrhunderts daraufhin, daß Hochöfen, die mit denselben Rohmaterialien beschickt werden und dieselbe Roheisenart erschmelzen, auch gleich hoch belegene Kohlensäcke haben müssen, trotzdem sie verschiedene Leistung und Höhe besitzen können. Dieser erstaunlich zutreffende Hinweis ist später in Vergessenheit geraten; in Leitfäden der Hüttenkunde und in Handbüchern fand sich die Regel, die Höhe des Kohlensacks (gerechnet vom Bodenstein) zu einem Drittel der Gesamthöhe des Ofens anzusetzen, eine Regel, die theoretisch nicht begründet und praktisch unhaltbar ist. Bei kleinen europäischen Öfen früherer Zeit lag der Kohlensack wohl oft auf einem Drittel der Ofenhöhe über dem Bodenstein; doch war in noch älteren Öfen geringerer Höhe diese Entfernung gleich der Hälfte der Höhe, in modernen Öfen von maximalen Abmessungen aber fällt sie bis zu einem Fünftel. Somit ist sie keinesfalls der Höhe proportional.

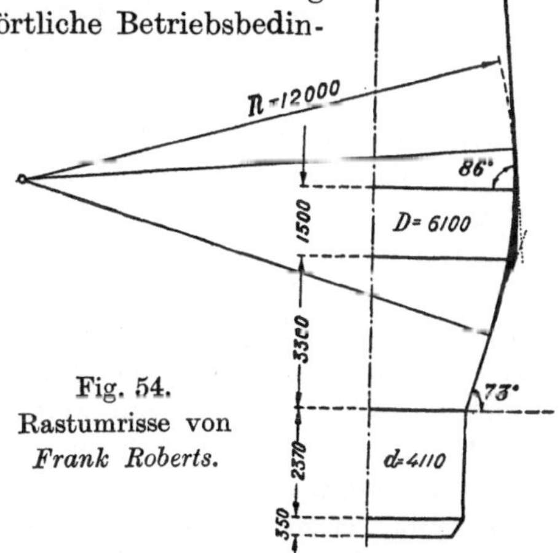

Fig. 54. Rastumrisse von *Frank Roberts*.

5. Der Schacht.

Der Schachtdurchmesser in der Beschickungsebene oder der sog. Gichtdurchmesser (d_1) war bei den älteren Öfen übermäßig gering; als man späterhin den Nutzen einer Vergrößerung des Fassungsvermögens des oberen Teils des Schachtes durch Verbreiterung der Gicht einsah, nahm der Gichtdurchmesser bisweilen solche Dimensionen an, daß in einigen Öfen, wie z. B. noch jetzt bestehenden Öfen in Cleveland, die Schachtwände fast senkrecht wurden; wie die Praxis der Neuzeit ergeben hat, beeinflußte dies in vielen Fällen den Gang des Ofens ungünstig oder war im günstigsten Falle nutzlos.

11. Nachdem man Versuche mit engen und weiten Gichten gemacht hatte, kam man zur Überzeugung, daß die alte Regel, nach welcher der Gichtdurchmesser zwei Drittel bis drei Viertel des Kohlensackdurchmessers betragen muß, befriedigende Profile zu erhalten erlaubt; für Holzkohlen- und Koksöfen können folgende Grenzen für dieses Verhältnis gegeben werden:

$d_1 : D = 0{,}66$ bis $0{,}70$ für Holzkohlenhochöfen,

$d_1 : D = 0{,}70$ bis $0{,}75$ für Kokshochöfen.

Die kleineren der angegebenen Werte hat man zu wählen für reiche, jedoch mulmige Erze, die bei einer weiten Gicht sich in einer zu dünnen Schicht ausbreiten; ein zwischen beiden Extremen liegender Wert entspricht reichen und gleichzeitig harten Stückerzen oder armen mulmigen Erzen; die maximalen Werte von $d_1 : D$ beziehen sich auf arme Stückerze, bei deren Verhüttung das Schüttvolumen seinen maximalen Wert erreicht.

Im Anschluß an den Gichtdurchmesser kann auch der Durchmesser des Kegels von *Parry* angegeben werden, dessen Abmessung aus seiner Differenz mit dem Gichtdurchmesser in der Beschickungsebene festgestellt wird. Diese Differenz kann für die erdrückende Mehrzahl von Kokshochöfen gleich 1,2 m sein; bloß für Öfen mit sehr weiten Gichten ist sie größer, 1,35 m. Die Regel von *de Vathaire*, nach der die Grundfläche des Kegels die Hälfte der Gichtfläche in der Beschickungsebene zu betragen hat, gibt ein konstantes Verhältnis der Durchmesser = 1,414, das nur für kleine Koksöfen Anwendung finden kann. Für Holzkohlenhochöfen werden nach *de Vathaire* sehr weite Kegel erhalten, die einen zu engen Spalt ergeben, und für amerikanische Kokshochöfen schmale Kegel, mit weiterem Spalt als nötig.

12. Die Höhe des Schachtes (h_4) wird aus der Differenz der Gesamthöhe des Ofens und der Summe der anderen früher angegebenen Höhen bestimmt. Wenn die Abmessungen des Kohlensacks und der Gicht richtig gewählt sind, so erhalten in Öfen mittlerer Höhe die Schachtwände gewöhnlich schon die entsprechende Neigung; diese Neigung hat die Hochofenkonstrukteure längere Zeit nicht näher interessiert. In letzter Zeit hat sich jedoch deutlich erwiesen, besonders bei der Verwendung von weichen und mulmigen Erzen in sehr hohen Hochöfen, daß die Neigung der Schachtwände das Niedergehen der Gichten sehr stark beeinflußt; die Praxis der Neuzeit zeigt, daß folgende Neigungswinkel zu wählen sind:

85° für sehr mulmige Erze,

86° für das gewöhnliche Gemisch von grobem und feinem Erz, weichem und hartem,

87° für festes Stückerz ausschließlich (Magneteisenerz) und guten Koks oder gute Holzkohle.

Für die meisten Fälle der Praxis hat dieser Winkel, wie wir im geschichtlichen Überblick der Entwicklung der Hochofenprofile erwähnt haben, nicht mehr als $86^1/_2$° zu betragen.

Man erhält leicht die erwünschte Neigung der Schachtwände durch Änderung der Höhe des zylindrischen Teiles des Schachts an der Gicht (h_5) und beim Gestell (h_3), da diese und jene von 0 bis 3 m variieren können. Nur bei Öfen maximaler Höhe, die einen sehr hohen Schacht haben müssen, ist eine Neigung von 85° nicht bequem zu realisieren (man müßte hier den zylindrischen Teil des Schachtes an der Gicht sehr hoch bauen).

Aus obigem ergibt sich, daß der Schacht nur in kleinen Öfen vom Kohlensack bis zur Beschickungsebene konisch sein kann; in zeitgenössischen großen Hochöfen besteht er aus 3 Teilen: 1. einem konischen oder dem eigentlichen Schacht, 2. einem zylindrischen beim Kohlensack (der zu Unrecht „zylindrischer Kohlensack" genannt wird) und 3. einem zylindrischen bei der Gicht oder der zylindrischen Gicht (vgl. Fig. 55).

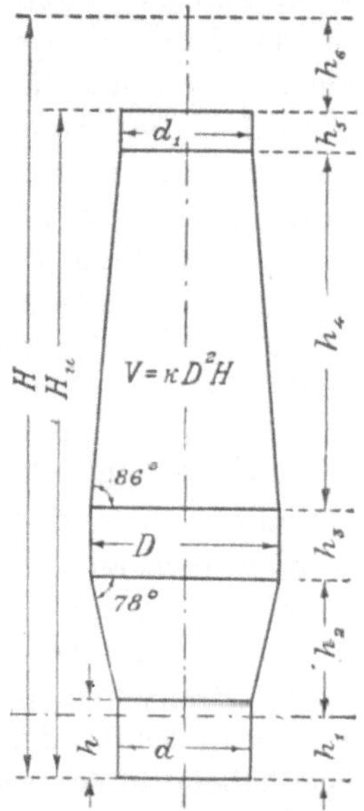

Fig. 55. Bezeichnungen der einzelnen Profilteile.

Die Höhe des konischen Schachtteiles (h_4) wird aus dem Neigungswinkel der Schachtwände berechnet; für einen der zylindrischen Teile des Schachtes ist die Höhe gegeben, der andere wird aus der Differenz bestimmt. Man erhält ein gutes Profil, wenn der zylindrische Teil des Schachtes am Kohlensack 1,5 bis 2,5 m hoch ist; wenn aber hierbei mehr als 2,5 bis 3 m für den zylindrischen Teil der Gicht verbleiben (was nur bei sehr hohen Öfen vorkommen kann), so kann man den Zylinder am Kohlensack etwas erhöhen. Durch Verteilung der zylindrischen Schachtteile auf Kohlensack und Gicht läßt sich in gewissen Grenzen der Ofeninhalt regulieren.

6. Berechnungsbeispiele.

13. Wie schon oben erwähnt, können beim Entwurf von Hochöfen 2 Fälle vorliegen: die Abmessungen eines Ofens können ermittelt werden, ausgehend a) von der Leistung oder b) von der Höhe, die den Eigenschaften der örtlichen Rohmaterialien am meisten entspricht. Der Gang der Berechnungen für diesen und jenen Fall ist nur zu Anfang verschieden.

a) Wenn die Leistung gegeben ist, so bestimmt man an Hand der Tabelle 1 angenähert den Nutzinhalt V. Sodann nimmt man ein entsprechendes Verhältnis $H : D$ an und berechnet aus der Formel $V = k D^2 H$ das unbekannte H; darauf werden die Durchmesser von Kohlensack und Gestell ermittelt (der spezifische Brennstoffverbrauch wird als bekannt angenommen) und endlich die übrigen Abmessungen des Ofens.

Bei verschiedenen Werten $H : D$ wird folgende Abhängigkeit der Höhe des Ofens vom Nutzinhalt gefunden:

$H:D=$	$3^3/_4$	4	$4^1/_4$	$4^1/_2$	$4^3/_4$	5
$H=$	$3{,}03\sqrt[3]{V}$	$3{,}17\sqrt[3]{V}$	$3{,}30\sqrt[3]{V}$	$3{,}43\sqrt[3]{V}$	$3{,}56\sqrt[3]{V}$	$3{,}68\sqrt[3]{V}$

b) Wenn aus den örtlichen Bedingungen sich bestimmte Hinweise auf die maximale Höhe des Ofens ergeben, so wählt man vor allem einen entsprechenden Wert des Verhältnisses $H : D$ und bestimmt darauf D (für Holzkohlenöfen kann man die absolute Größe des Kohlensacks direkt wählen, da die Grenzen für den Durchmesser des Kohlensacks sehr eng sind; dasselbe trifft übrigens auch in einigen Fällen für Koksöfen zu). Darauf wird nach der angegebenen Formel das Nutzvolumen des projektierten Ofens berechnet und mit Hilfe von Tabelle 1 die wahrscheinliche Leistung ermittelt; hierauf werden der Gestelldurchmesser und alle übrigen Abmessungen bestimmt. Die in Tafel I zusammengestellten Werte der Abmessungen moderner Öfen erlauben die errechneten Abmessungen mit Abmessungen bestehender Öfen zu vergleichen, die unter den für jeden Ofen kurz gekennzeichneten Arbeitsbedingungen betrieben werden. Ein solcher Vergleich muß stets die Ermittlung der Abmessungen begleiten, einerseits zur Selbstkontrolle des Entwerfenden, andererseits deshalb, weil die oben aufgestellten Regeln und Hinweise nichts Absolutes enthalten: sie sind der Praxis entnommen und für die Praxis gegeben und werden auch an ihr kontrolliert.

Wenden wir nun die beiden erwähnten Berechnungsmethoden auf verschiedene Fälle der Bestimmung der Abmessungen von Hochöfen an.

14. Bestimmen wir zunächst die Abmessungen eines Hochofens, der mit Holzkohle unter den im südlichen Ural üblichen Bedingungen betrieben wird. Die örtliche Praxis wies auf die Möglichkeit hin, eine Nutzhöhe von 18,0 m anzunehmen, die das Maximum für Holzkohle vorstellt. Die übrigen Abmessungen bestimmen wir unter Erstrebung der größtmöglichen Leistung bei Betrieb mit manganhaltigem Brauneisenstein von Bakal, der 56 Proz. Roheisen gibt.

Die in den Satkinsk- und Slatoustwerken erreichten Betriebsergebnisse gestatten uns, mit einem täglichen Holzkohlenverbrauch von 100 t zu rechnen, der (bei einem spezifischen Verbrauch von 0,83) das Erblasen von 120 t Martinroheisen ermöglicht, was einen Inhalt (laut Tabelle 1) von $1{,}5 \cdot 120 = 180$ cbm erfordert[1]).

Nehmen wir die Grenzwerte (für Holzkohlenöfen) von $H : D = 4^1/_2$ und 5, so ergibt sich die Höhe des Ofens zu:

$$H : D = 3{,}43\sqrt[3]{180} = 19{,}36\,\text{m} \quad \text{bzw.} \quad H = 3{,}68\sqrt[3]{180} = 20{,}78\,\text{m}\,.$$

Zieht man von der Gesamthöhe den nicht ausgenutzten Teil ab (2,1 m), so erhält man beim Verhältnis $H : D = 4^1/_2$ eine Nutzhöhe von weniger als 18 m und bei $H : D = 5$ eine diesen Grenzwert überschreitende Nutzhöhe; der mittlere Wert von $H : D = 4^3/_4$ dürfte wohl den gestellten Anforderungen am besten genügen.

Mit diesem Wert ergibt die Berechnung:

$$H = 3{,}56\sqrt[3]{180} = 3{,}56 \cdot 5{,}646 = 20{,}1\,\text{m}$$
$$D = 20{,}1 : 4^3/_4 = 4{,}22\,\text{m}\,.$$

---

1) Der unlängst angeblasene Ofen des Aschawerks, mit Bakalerz betrieben, erzeugt bei einem Nutzinhalt von 143 cbm (siehe das Profil in Tafel II) 100 t.

Man kann diese beiden Abmessungen abrunden, indem man die erstere etwas verkleinert und die zweite etwas vergrößert, und setzt:

$$H = 20\text{ m} \quad \text{bzw.} \quad D = 4{,}25\text{ m}.$$

Wird das Gestell für einen täglichen Holzkohlenverbrauch von 100 t oder einen stündlichen von 4167 kg berechnet, so ergibt sich für eine normale Brennintensität von 650 kg (Tabelle 3) der Gestellquerschnitt und sein Durchmesser zu:

$$4167 : 650 = 6{,}4\text{ qm}; \qquad d = 2{,}85\text{ m}.$$

Der Abstand zwischen Formenebene und Stichloch beträgt:

$$h_1 = 120 \cdot 0{,}07 : 6{,}4 = 1{,}3\text{ m}.$$

Die Gesamthöhe des Gestells (von der Oberkante bis zum Bodenstein) ist:

$$1{,}3 + 0{,}30 + 0{,}25 = 1{,}85\text{ m}.$$

Die Rasthöhe (Rastwinkel 78°) beträgt

$$(4{,}25 - 2{,}85) : 2 \cdot 0{,}213 = 3{,}3\text{ m}.$$

Da das Bakalerz reich, jedoch nicht mulmig ist, so kann für das Verhältnis $d_1 : D$ der größere Wert, d. h. 0,7, gewählt werden und es wird:

$$d_1 = 0{,}7 \cdot 4{,}25 = 2{,}975 \quad \text{oder} \quad 3{,}0\text{ m (abgerundet)}.$$

Bei einem passenden Neigungswinkel der Schachtwände (86°) wird die Höhe des konischen Teiles des Schachtes wie folgt ermittelt:

$$h_4 = (4{,}25 - 3{,}00) : 2 \cdot 0{,}069 = 8{,}94\text{ m}.$$

Für die zylindrischen Teile im Kohlensack und an der Gicht verbleiben:

$$20{,}0 - (1{,}6 + 3{,}3 + 8{,}94 + 2{,}1) = 4{,}06\text{ m},$$

davon verteilen wir auf den Kohlensack (h_3) 2,0 m und erhalten für den zylindrischen Teil der Gicht (h_5) 2,06 m.

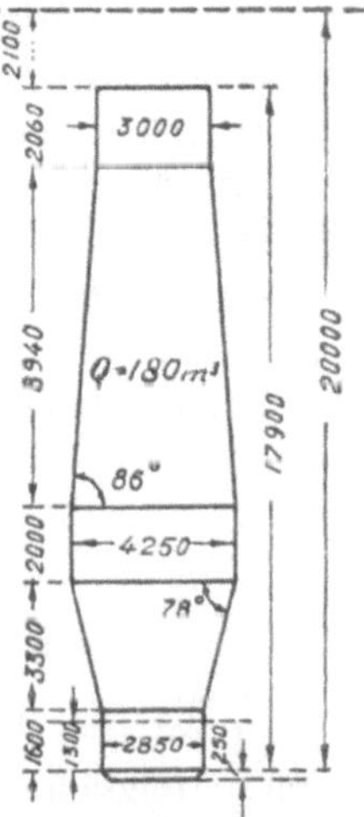

Fig. 56. 120-t-Holzkohlenhochofen des Slatouster Bezirks.

Die ermittelten Abmessungen ergeben das in Fig. 56 dargestellte Profil. Der Nutzinhalt, berechnet nach den Abmessungen, entspricht genau dem eingangs gegebenen.

Gestell	Rast	Kohlensack	Schacht	Gicht	Nutzinhalt
10,21	33,75	28,38	93,22	14,56	180,12

Der kürzlich in Slatoust errichtete Hochofen Nr. 2 nähert sich in seinen Hauptabmessungen den hier errechneten, wie folgende Zusammenstellung zeigt:

	H_u	D	d	d_1	h_2	h_3	h_4	h_5	V_u
Slatouster Hochofen Nr. 2	17,88	4,195	2,75	3,16	4,09	2,50	8,03	1,76	179,2
Berechneter Hochofen .	17,90	4,250	2,85	3,00	3,60	2,06	8,94	2,06	180,12

Nur die Entfernung zwischen Kohlensack und Formenebene (h_2) ist im Slatouster Hochofen größer, als wir hier berechnet haben. Da sie auch größer ist als beim Ofen Nr. 1 (siehe Fig. 19), der mehrere Ofenreisen durchgemacht hat, so ist die Vergrößerung dieser Abmessung, obgleich sie unbedeutend ist, als Mangel des neuen Ofens anzusehen, der größere Gichtdurchmesser kann jedoch bei einer Neigung der Schachtwände von nur 86° nicht schädlich sein.

15. Als zweites Beispiel der Berechnung von Hochöfen wählen wir die Erzeugung von Hämatit aus spanischem Brauneisenerz. Diese Arbeitsbedingungen liegen auf vielen Hochöfen des europäischen Kontinents vor und stellen eine Spezialität einiger englischer Werke dar, die sich in letzter Zeit erfolgreich mit der Herstellung von Hämatit beschäftigen. Trotz des recht engen Gestells und der flachen Rast (73°) hat die tägliche Leistung 400 t erreicht und beim Ofen Victoria Nr. 5 (Ebbw Vale Werk, Fig. 58) laut Mitteilungen von *F. Clements*[1]) den genannten Wert sogar überschritten.

Wir gehen von einer Leistung von 425 t täglich aus, die in der Tat schon erreicht ist und die von uns errechneten Abmessungen mit denen des Ofens Victoria Nr. 5 zu vergleichen gestattet.

Beim Betrieb englischer Öfen mit spanischem Erz erwies sich die Möglichkeit, auf $1^1/_2$ cbm Nutzinhalt 1 t Hämatit täglich zu erzeugen; wir können uns daher auf 637 cbm Nutzinhalt beschränken. Unter Zugrundelegung des normalen Verhältnisses $H : D = 4$ ergeben sich der Kohlensackdurchmesser und die Ofenhöhe zu

$$H = 3{,}17 \sqrt[3]{637} = 3{,}17 \cdot 8{,}606 = 27{,}24 \text{ m},$$
$$D = 27{,}24 : 4 = 6{,}8 \text{ m}.$$

Der relative Koksverbrauch kann in diesem Fall zu 0,95 angenommen werden; folglich verbraucht der Ofen stündlich

$$425 \cdot 0{,}95 : 24 = 16{,}82 \text{ t} \quad \text{oder} \quad 16820 \text{ kg}.$$

Laut Tabelle 3 müssen auf 1 qm des Gestells 750 kg verbrannt werden; Querschnitt und Durchmesser des Gestells müssen daher betragen:

$$16820 : 750 = 20{,}24 \text{ qm}; \qquad d = 5{,}08 \text{ m}.$$

Als Gestellinhalt können wir 0,11 cbm für 1 t wählen, insgesamt also $425 \cdot 0{,}11 = 46{,}75$ cbm, woraus sich der Abstand zwischen Abstich und Formenebene zu

$$46{,}75 : 20{,}24 = 2{,}3 \text{ m}$$

ergibt.

Fügt man 0,45 m als Abstand zwischen Formenebene und Oberkante des Gestells hinzu und hebt den Gußeisenabstich um 0,4 m über den Bodenstein, so ergibt sich die gesamte Gestellhöhe zu

$$2{,}3 + 0{,}45 + 0{,}40 = 3{,}15 \text{ m}.$$

Die ausnutzbare (oder arbeitende) Gestellhöhe beträgt

$$2{,}3 + 0{,}45 = 2{,}75 \text{ m}.$$

---

[1]) St. u. E. 1924, 6. Nov., S. 1418 bis 1422.

Aus der gebräuchlichen Neigung der Rastwände, d. i. 76°, ergibt sich die Höhe des Kohlensacks über der Gestelloberkante resp. der Formenebene zu

$$(6{,}8 - 5{,}08) : 2 \cdot 0{,}2493 = 3{,}45 \text{ m}$$

$$h_2 = 3{,}45 + 0{,}45 = 3{,}90 \text{ m}.$$

Zur Bestimmung des Gichtdurchmessers wählen wir das Verhältnis $d_1 : D = 0{,}70$, welches sich mit den Angaben der spanischen „Rubio“ vergichtenden Werke deckt. Somit ist

$$d_1 = 0{,}7 \cdot 6{,}8 = 4{,}75 \text{ m}.$$

Der gewöhnliche Neigungswinkel der Schachtwände für hohe Öfen — 86° — muß auch für diesen Fall gelten. Er gibt für den konischen Teil des Schachtes

$$h_4 = (6{,}8 - 4{,}75) : 0{,}139 = 14{,}75 \text{ m}.$$

Für die zylindrischen Teile der Gicht und des Kohlensacks verbleiben (wenn man den nicht ausgenutzten Teil der Höhe zu 10′ = 3,05 m ansetzt)

$$h_3 + h_5 = 27{,}24 - (2{,}75 + 3{,}45 + 14{,}25 + 3{,}05) = 3{,}24 \text{ m}$$

Wir wählen den zylindrischen Teil des Kohlensacks zu 2 m und erhalten für den zylindrischen Teil der Gicht unter der Beschickungsebene 1,24 m.

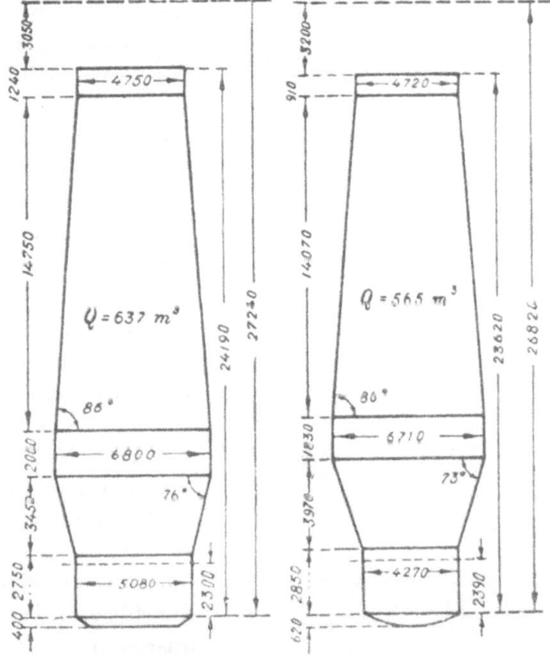

Fig. 57. Fig. 58.
425-t-Kokshochöfen (spanische Erze, Hämatitroheisen).

Bestimmt man jetzt den Inhalt jedes Profilteiles, so erhält man einen Nutzinhalt des Hochofens, der dem zugrunde gelegten sehr nahe kommt:

Gestell	Rast	Kohlensack	Schacht	Gicht	V_u
65,74	96,28	72,64	380,32	21,97	636,95 cbm

In der Fig. 57 ist das errechnete Profil abgebildet, daneben in Fig. 58 das Profil des Ofens Victoria Nr. 5 nach Angaben von *F. Clements.* Man bemerkt eine gute Übereinstimmung zwischen den Profilen in Schacht, Kohlensack und Gicht; unsere Umrisse des Gestells und der Rast beheben die Mängel des englischen Profils und weichen deshalb natürlich von ihm ab. *F. Clements* kommt bei Verbesserung desselben Profils zu einem Gestelldurchmesser von 5,03 m, was vollständig annehmbar ist; doch im Bestreben, den Kohlensack niedriger zu legen, hat er einen Rastwinkel von 75° zugelassen. Unsres Erachtens entspricht ein Winkel von 76° eher dem gegebenen Falle, um so mehr, als die Rasthöhe bei uns um 0,5 m niedriger ausgefallen ist als im englischen Ofen. Der Nutzinhalt ist (bei fast derselben Höhe) in letzterem bedeutend geringer[1]) dank engerem Gestell und flacherer Rast; wenn daher der Ofen Victoria wirklich im Mittel 425 t Hämatit täglich erzeugt, so muß der von uns entworfene Ofen 450 t ergeben (1,4 cbm pro 1 t).

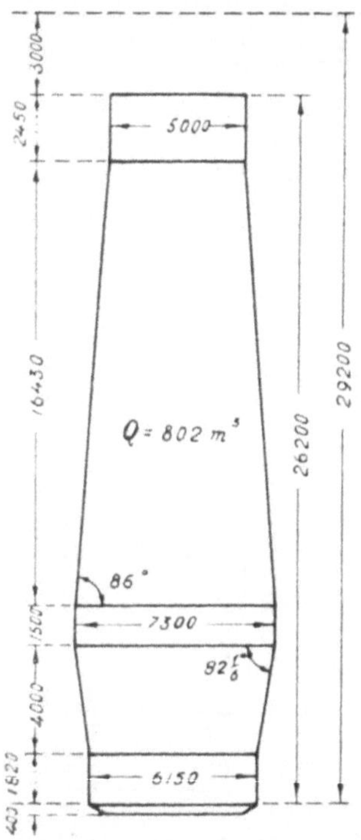

Fig. 59. 600-t-Kokshochofen des rheinisch-westfälischen Bezirks.

16. Als drittes Zahlenbeispiel wählen wir die Bestimmung der Abmessungen eines Hochofens, der unter im rheinisch-westfälischen Bezirk üblichen Bedingungen täglich 600 t Thomasroheisen erschmilzt. Eine solche Leistung wird dort schon erreicht (und sogar überschritten), wobei es sich erwiesen hat, daß für Öfen solcher Leistung keine früher unerprobten Abmessungen erforderlich sind. So kann unbedenklich eine Höhe von 29,2 m gewählt werden, wenn man aus Steinkohle des Ruhrbeckens gewonnenen Koks benutzt. Das Verhältnis $H : D = 4$ gibt für den Rastdurchmesser 7,3 m, eine Abmessung, die auch in größeren deutschen Hochöfen vorkommt. Nach einer Privatmitteilung an den Verfasser ist beim 600 t-Ofen der Dortmunder Union der Kohlensackdurchmesser zu 7,5 m angesetzt, was unseres Erachtens übermäßig groß ist. Die Formel $V = kD^2H$, in welcher im gegebenen Falle k etwas größer als 0,5 ist, ergibt einen Nutzinhalt von etwa 800 cbm, der für eine Tagesleistung von 600 t vollständig ausreicht (800 : 600 = 1,33 cbm pro 1 t, während einige rheinisch-westfälische Öfen ein noch größeres Ausbringen auf die Volumeneinheit haben).

Der Brennstoffverbrauch muß im gegebenen Falle höchstens 0,9 auf 1 t Thomasroheisen betragen; täglich hat man höchstens 550 t Koks in den Hochofen zu bringen und der Gestelldurchmesser hat (laut Tabelle 3) zu betragen:

$$d = 23{,}45 \cdot 0{,}262 = 6{,}15 \text{ m} \quad (\text{Querschnitt } 29{,}71 \text{ qm}).$$

Der Gestellinhalt und der Abstand zwischen Abstich und Formenebene machen beim angegebenen Durchmesser

$$600 \cdot 0{,}09 = 54 \text{ cbm}; \quad h_1 = 54 : 29{,}71 = 1{,}82 \text{ m aus.}$$

Die Höhe des Kohlensacks über der Formenebene wählen wir etwas geringer, als für örtliche Hochöfen gebräuchlich, nämlich zu 4 m, da

[1]) Durch fehlerhafte Berechnung ist er bei *F. Clements* auf 555 cbm verringert.

hierbei ein Rastwinkel von nahezu 82° (81° 50′) erhalten wird und eine weitere Steigerung durch Hebung des Kohlensacks sich nicht empfiehlt.

Für den Gichtdurchmesser genügen 5 m, was rund 0,7 D entspricht.

Die Höhe des konischen Schachtteils erhält man ausgehend von der für hohe Öfen gebräuchlichen Neigung der Wände von 86°:

$$h_4 = (7,3 - 5,0) : 2 \cdot 0,07 = 16,43 \text{ m}.$$

Setzt man den nicht nutzbaren Teil der Gesamthöhe zu 3 m an, so ergibt sich der Rest zu

$$h_3 + h_5 = 29,2 - (1,82 + 4,00 + 16,43 + 3,00) = 3,95 \text{ m},$$

der sich auf den zylindrischen Teil des Kohlensackes — 1,5 m — und auf die Gicht — 2,45 m — verteilen läßt. Der Nutzinhalt des Ofens wird zu 802 cbm erhalten; sein Profil ist in Fig. 59 dargestellt.

17. Wenden wir nun die oben erläuterte Berechnungsmethode und die angegebenen Daten zur Kontrolle der Abmessungen des Profiles einiger Hochöfen an.

a) Die Hochöfen des Werkes von Thyssen in Bruckhausen (Rheinprovinz) waren die ersten in Europa, die bei den alten Abmessungen eine Tagesleistung von 500 t und bis 550 t erreichten, jedoch nur beim Erblasen von Thomasroheisen. Ihre Abmessungen und Profile sind von Prof. *B. Osann* in seinem Lehrbuch der Eisenhüttenkunde, Bd. I, 2. Aufl. 1923, S. 199, Abb. 97, gegeben und hier in Fig. 60 zu finden; sie entsprechen aber nicht den Arbeitsbedingungen, genauer der Leistung. Die Abmessungen des Gestells sind offenbar zu gering, und zwar nicht nur der Durchmesser, sondern auch der Inhalt. Bei einer Maximalleistung von 550 t kommt auf 1 t im ganzen nur 0,058 cbm Gestellinhalt, d. h. $1^1/_2$mal weniger als die Norm.

Da diese Öfen auf 1 t Roheisen kaum mehr als 1 t und nicht weniger als 0,95 t Koks verbrauchen dürften, so beträgt der angenommene Tagesverbrauch von Koks in einem Bruckhausener Ofen etwa 487,5 t, also stündlich 20312 kg; bei einer Brennintensität von 775 kg ist ein Gestellquerschnitt von 26,21 qm erforderlich, entsprechend einem Gestelldurchmesser gleich 5,75 m.

Die flache Rast (73°) stimmt schlecht zu dem schnellen Niedergehen der Gichten, wie es für die Bruckhausener Öfen angegeben wird (im Mittel verweilt das Erz 10 Stunden im Ofen, bisweilen aber nur 8); die Rast bildet offensichtlich einen „toten Raum" mit den Schachtwänden, die eine Neigung von 85° haben.

Wenn der Kohlensack in der früheren Höhe belassen wird, so gibt ein Gestell von 5,75 m Durchmesser einen Rastwinkel von $79^1/_2$°, was für einen schnellen Gang genügend wäre. Die Dimension des Kohlensacks, 7,3 m, weist auf normale Gichtabmessungen hin (der Möller ist nicht sehr reich);

$$d_1 = 0,7 \cdot 7,3 = 5,1 \text{ m}.$$

Man kann diese Abmessung bis zu 5 m verkleinern, doch der angegebene Gichtdurchmesser 4,4 m ist zu gering. Der erstrebte Neigungswinkel der Schachtwände von 85° kann leicht bei einer Gicht von 5 m erreicht werden, wenn die Höhe des konischen Schachtteiles gleich

$$h_4 = (7,3 - 5,0) : 2 \cdot 0,087 = 13,22 \text{ m}$$

gesetzt wird und der Rest der Nutzhöhe zwischen Kohlensack (die Abwesenheit eines zylindrischen Kohlensacks ist als Mangel des Profils anzusehen) und Gicht verteilt wird.

Das durch die Umrechnung erhaltene Profil (mit ursprünglicher Höhe und Kohlensack) ist in Fig. 61 abgebildet. Der Nutzinhalt ist durch die Änderung des Profils auf 692 cbm angewachsen, was bei mittlerer Tagesleistung von 550 t Thomasroheisen 1,26 cbm Inhalt für 1 t Roheisen entspricht; dies Verhältnis wird jetzt oft von anderen rheinischen Öfen erreicht und weist auf die Möglichkeit, 600 t zu erblasen, hin (1,15 cbm auf 1 t), wozu übrigens der Gestelldurchmesser bis zu 6,15 m vergrößert werden muß[1]).

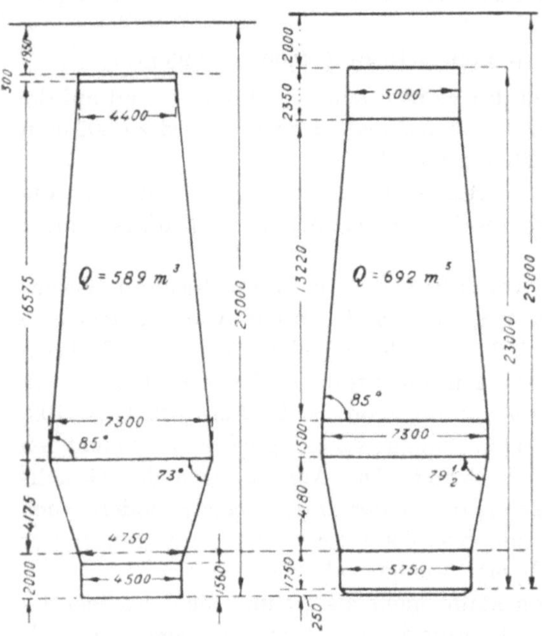

Fig. 60. Fig. 61.
Kokshochöfen der Thyssen-A.-G. Verfassers Profile.

b) Zwei Öfen, die während des Krieges in der Normandie zur Verhüttung von örtlichen Brauneisensteinen (ungefähr 45 Proz. Roheisenausbringen) und Sideriten auf Thomasroheisen erbaut wurden, gehören zu den besten, die von französischen Technikern in letzter Zeit erbaut worden sind. Sie haben die Abmessungen:

H_u	D	d_4	d	h_1	h_2	h_3	h_4	h_5	Rast	Schacht	V_u
24,12	7,1	4,7	4,6	1,9	4,15	0,3	13,72	4,05	74°	85°	602

Man hoffte bis 400 t täglich zu erblasen, erhielt aber im Mittel etwa 350 t bei gleichem Koksverbrauch.

Der Gestelldurchmesser muß nach unserer Tabelle 3 für den tatsächlichen Koksverbrauch etwa 5 m betragen, der wirkliche unterscheidet sich hiervon nur unmerklich, für 400 t jedoch ist er ungenügend (er müßte 5,4 m betragen).

Der Hauptmangel des Profils liegt erstens im „toten Raum", den die ziemlich flache Rast mit den Schachtwänden, deren Neigungswinkel 85° beträgt, bildet, und zweitens in der etwas zu engen Gicht, die den Nutzinhalt des Hochofens unnötig herabsetzt.

---

[1]) Dem Verfasser ist nicht bekannt, wieweit die tatsächlichen Abmessungen der gegenwärtig in Bruckhausen betriebenen Hochöfen mit einer Tagesleistung von über 700 t von den bei *B. Osann* gegebenen und hier diskutierten abweichen.

Der tote Raum läßt sich leicht vermeiden, wenn man die Rast an den Schacht durch eine gekrümmte Fläche anschließt, so daß der Kohlensackdurchmesser bis zu 6,8 m verringert wird; der Nutzinhalt des Ofens wird hierbei nicht wesentlich beeinträchtigt, das Niedergehen der Gichten dagegen erleichtert. Ein Neigungswinkel der Schachtwände von 85° wird auch bei normalen Abmessungen der Gicht

$$d_1 = 0{,}7 \cdot 6{,}8 = 4{,}8 \text{ m}$$

erreicht, wenn die Höhe des konischen Schachtteiles gleich

$h_4 = (6{,}8 - 4{,}8) : 2 \cdot 0{,}087 = 11{,}5 \text{ m}$

wird und der Überschuß der Nutzhöhe dem zylindrischen Teil bei der Gicht zugute kommt. Die Ergebnisse der Verbesserungen sind hier in Fig. 63 gegeben.

18. Eine ganze Generation von Hüttenleuten hat sich zur Berechnung von Hochöfen der Formel von *Ledebur* $H = 2{,}85 \sqrt[3]{V}$ bedient, die folgendes **konstantes** Verhältnis der Abmessungen verschiedener Teile des Hochofens zu seiner gleich 1 gesetzten Höhe voraussetzt.

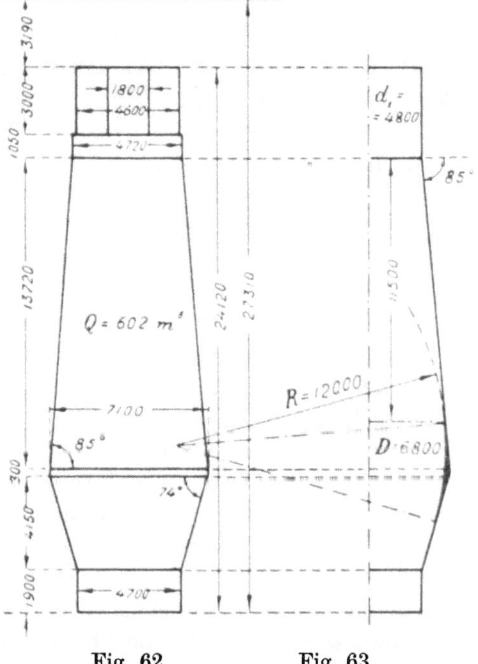

Fig. 62. Fig. 63.
Hochöfen aus der Normandie.

Höhen:

Gestell	= 0,10
Rast	= 0,21
Kohlensack	= 0,04
Schacht	= 0,65

Durchmesser:

Gestell	= 0,17
Kohlensack	= 1 : 3,5
Gicht	= 0,2

Diese Verhältnisse geben für den Rastwinkel $74^1/_2$° und für den Neigungswinkel der Schachtwände $86^1/_3$°; der Gichtdurchmesser wird gleich 0,7 *D*. Wird unter *H* die **Nutzhöhe** verstanden, so erhält man das Verhältnis der **Gesamthöhe** des Ofens zum Kohlensackdurchmesser sehr nahe zu 4, d. h. den gebräuchlichen Wert für moderne Koksöfen. Es werden daher in dieser Voraussetzung einige nach *Ledebur* berechnete Abmessungen von Kokshochöfen fast identisch mit den modernen, mit **Ausnahme des Gestelldurchmessers**, der, nach *Ledebur* berechnet, immer zu eng ausfällt, und **der Höhe des Kohlensacks** über die Formenebene, die um so mehr die jetzt zulässige Norm überschreitet, je höher der Ofen.

Eine Zusammenstellung der Abmessungen von Koksöfen (die untere Zeile entspricht den Abmessungen nach *Ledebur*) zeigt, wie weit die Abmessungen nach den Angaben des Verfassers von den nach der Formel $H = 2{,}85\sqrt[3]{V}$ resp. dem von *Ledebur* gegebenen konstanten Verhältnis aller Abmessungen zur Höhe abweichen.

H_u	D	d	d_1	Gestell-höhe	Rast-höhe	h_3	h_4	h_5	Rast-winkel	Schacht-winkel
1. Martinroheisen, Magneteisenstein von New Jersey (55 Proz.), 250 t, $V_u = 338$ cbm										
22,30	5,0	4,2	3,75	2,3	3,55	1,55	12,5	2,4	$82^1/_2$°	87°
19,86	5,67	3,38	3,97	1,99	4,17	0,8	12,9	—	$74^1/_2$°	$86^1/_3$°
2. Hämatitroheisen, span. Brauneisenstein („Rubio"), 300 t, $V_u = 450$ cbm										
21,30	6,08	4,6	4,26	2,4	3,2	2,4	11,56	1,74	77°	$85^1/_2$°
21,83	6,24	3,71	4,37	2,18	4,59	0,87	14,19	—	$74^1/_2$°	$86^1/_3$°
3. Thomasroheisen, rhein.-westfäl. Bezirk, 450 bis 500 t, $V_u = 600$ cbm										
23,8	6,5	5,4	4,6	2,2	3,5	2,5	14,0	1,6	81°	86°
24,04	6,87	4,09	4,81	2,4	5,05	0,96	15,63	—	$74^1/_2$°	$86^1/_3$°
4. Martinroheisen, Pittsburger Bezirk, 500 t, $V_u = 625$ cbm										
23,8	6,7	5,56	4,75	2,5	3,6	1,55	14,0	2,15	81°	86°
24,37	6,96	4,14	4,87	2,44	5,11	0,98	15,84	—	$74^1/_2$°	$86^1/_3$°
5. Thomasroheisen, Lothringer Minette (28 Proz.), 300 t, $V_u = 650$ cbm										
24,4	6,9	4,6	5,0	1,8	4,6	1,7	15,1	1,2	76°	$86^1/_2$°
24,69	7,05	4,19	4,94	2,47	5,18	0,99	16,05	—	$74^1/_2$°	$86^1/_3$°

In Holzkohlenhochöfen übersteigt das Verhältnis $H_u : D$ immer $3^1/_2$, und nach der Formel von *Ledebur* ergibt sich für diese Öfen eine Höhe, die wesentlich unter der gegenwärtig zulässigen liegt.

Nach den oben zusammengestellten Berechnungen des Verfassers sind die fünf ersten Figuren der Tafel II entworfen.

Wie unrationell die Bestimmung der Hochofenabmessungen nach konstanten Verhältnissen zur Höhe ist, zeigt sich am deutlichsten am Gestelldurchmesser; beim Vergleich der Öfen 3 und 5 z. B. sehen wir, daß bei einem geringeren Gestelldurchmesser des einen Ofens in ihm $1^1/_2$mal mehr Koks verbrannt wird als im anderen; bei gleicher Brennintensität müßte der Gestelldurchmesser des letzteren um 0,9 m größer sein (bei unserer Berechnung haben wir in breiteren Gestellen eine größere Brennintensität angenommen, und die Differenz der beiden Durchmesser beträgt bei uns 0,8 m). Dasselbe ergibt sich beim Vergleich der Öfen 4 und 5; der erste müßte nach *Ledebur* ein engeres Gestell besitzen, während er nach unserer Berechnung um 0,96 m weiter sein muß, was auch in der Tat zutrifft.

In Ergänzung der in Tafel I zusammengestellten Abmessungen moderner Öfen sind in 3 Tafeln (II, III und IV) 7 Profile von bestehenden Holzkohlenhochöfen (Tafel II), je 5 Profile von russischen und amerikanischen Koksöfen (Tafel III) und ebenfalls (Tafel IV) je fünf deutsche und englische Hochöfen (darunter zwei indische) gegeben. Zu den deutschen Profilen ist auch das Profil der Öfen von Hagendingen gezählt, da diese Öfen von deutschen Technikern errichtet sind (wir haben sie auch in Tafel I ebenso klassifiziert). Unter jedem Profil ist kurz der Arbeitsbezirk und -bedingungen des Hochofens angegeben.

Martinöfen.

I. Entwicklung der Abmessungen und der Konstruktion der Martinöfen.

Die Spanne von ca. 65 Jahren, die seit dem Bau des ersten Martinofens (1864) verflossen ist, kann in drei Perioden geteilt werden. Die erste ist durch die langsame Verbreitung von Martinöfen gekennzeichnet, die mit kleinen Einsätzen auf saurem Herde arbeiteten; die zweite ist eine Übergangsperiode, gekennzeichnet durch die Einführung des basischen Prozesses (seit 1880) und den Betrieb von Öfen gesteigerten Fassungsraumes; die dritte (gegenwärtige) benutzt verschiedene Frischungsverfahren auf basischem Herde und weist Öfen von bedeutend größerem Fassungsraum auf.

1. Die ersten Öfen (1865–1880).

1. Bekanntlich wurde die Aufgabe, Stahl auf dem Herde von Flammöfen herzustellen, erstmalig erfolgreich von *Pierre Emile Martin* auf dem seinem Vater *Emile Martin*[1]) gehörigen Werke in Sireuil (bei Angoulême) gelöst. Hier wurde ein Regenerativofen nach dem Entwurf von *W. Siemens* aus englischen „Dinas"-Ziegeln gebaut.

Der Arbeitsraum dieses Ofens hatte äußerst geringe Abmessungen, nicht nur absolut, sondern auch an der Arbeit gemessen, die dieser Ofen zu leisten hatte, da in ihm Einsätze von anfänglich $1^1/_2$ t und später etwas mehr verarbeitet wurden. Das Bad hatte eine Breite[2]) von 1,6 m, eine Länge von bloß 1,2 m und eine Fläche von 1,92 qm. Der Abstand vom Gewölbe bis zum Herde war so gering, daß für den freien Durchgang der Flamme über dem geschmolzenen Bade nicht mehr als 0,26 m verblieben; der Inhalt des Raumes, in dem die Flammenentwicklung stattfand, war nur 0,93 cbm, und das Verhältnis dieses Inhaltes zum Einsatz beträgt bloß 0,62, während es in modernen Öfen $2^1/_2$mal höher ist.

Die Verbrennungsbedingungen in diesem Ofen waren also recht ungünstige, besonders wenn man sie mit den gegenwärtig für normal angesehenen vergleicht. Das Gas entzündete sich wohl schon vor dem Eintritt in den Schmelz-

[1]) In seiner Geschichte des Eisens (**5**, 94, 173 bis 175, 697) nennt Dr. *Ludwig Beck* mehrfach *Pierre* und *Emile Martin* irrtümlich „Gebrüder".

[2]) Vgl. Taf. 1, 2 und 3 aus des Verfassers „Album der Zeichnungen, betreffend das Martinverfahren"; auch *L. Beck*, Geschichte des Eisens **5**, 696; *B. Osann*, Eisenhüttenkunde (2. Aufl.) **2**, 272 (nur 2 Figuren).

raum (was jetzt nicht zulässig ist), doch wurde hiermit nur ein geringer Raum für die Flammentwicklung gewonnen, um so mehr, als die auf 1 t erhitzten Stahles entfallende Abgasmenge die bei den modernen Öfen normale um ein Vielfaches überstieg, da, wie zu erwarten, der Brennstoffverbrauch beim ersten Ofen ein bedeutenderer war. So wurde im Ofen Sireuil der Verbrennungsprozeß nicht über dem Bade beendet, sondern in den Abzugskanälen für die Abgase, was dazu führte, daß die Wände dieser Kanäle bald abschmolzen.

Die Ausnutzung der Wärme der Abgase war im ersten Ofen oft sehr unvollkommen infolge des geringen Ziegelgewichts im Gitterwerk und der nicht ganz zweckmäßigen Verteilung der Gase zwischen den Ziegeln des Gitterwerks. Der Gitterwerkinhalt in einem Wärmespeicherpaar (3,39 cbm) betrug im ganzen nur 2,26 cbm auf 1 t Stahl auf dem Herde, d. h. etwa $1^1/_2$mal weniger als das von der gegenwärtigen Praxis zugelassene Minimum.

Der Mangel in den Abmessungen des ersten Martinofens lag sonst im geringen Volumen erstens des Herdraumes und zweitens der Wärmespeicher.

Da das geschmolzene Metall und Schlacke auf dem Herde etwa 0,25 cbm einnahmen, so betrug die mittlere (ideale) Schichtdicke (oder Badtiefe) im ganzen etwa 0,13 m und die wirkliche maximale (in der Mitte des Bades) überschritt nicht 0,3 m. Dieser Umstand gewährleistete ein schnelles Durchwärmen des Metalles und eine erfolgreiche Oxydation der im Eisen enthaltenen Beimengungen. Auf solche Weise wurde die Verringerung des Herdraumes im ersten Ofen nicht durch Verkleinerung der Herdfläche (worin späterhin viele Erbauer von Martinöfen sündigten) erreicht, sondern durch übermäßige Verringerung des Abstandes zwischen Gewölbe und Sohle; zum Teil läßt sich dies durch die irrige Ansicht der Hüttenleute erklären, daß in Flammöfen zwecks besserer Wärmeübertragung und Beschleunigung des Prozesses, sowie zur Erzielung einer möglichst nahe der Badoberfläche verlaufenden Flammenführung das Gewölbe die Form eines in der Längsachse des Ofens nach unten gerichteten Sektors haben müsse.

Außer baulichen Unzulänglichkeiten (Schwierigkeiten beim Aufmauern und die Gefahr des Einsturzes bei nicht sorgfältiger Arbeit) verursachte ein solches Gewölbe auch eine bedeutende Unzuträglichkeit bei der Arbeit: in den Ofen paßte nicht gleich von vornherein die Menge Eisenspäne, die durch die Chargenzusammensetzung bedingt war, was zu mehrfachem Metallnachsatz nötigte, je nachdem, wie die Charge sich setzte. Ein kuppelförmiges Gewölbe, 0,9 m über der Sohlenmitte, hätte den wesentlichsten Mangel dieses Ofens behoben.

Die Wärmespeicher hatten eine unbedeutende Höhe, obgleich schon *W. Siemens* den Nutzen ihrer Vergrößerung einsah; man hielt jedoch früher die Höherlegung der Arbeitsbühne und Hebung der Schmelzmaterialien auf dieselbe für unwirtschaftlich, weswegen späterhin die Wärmespeicher in der Horizontalrichtung vergrößert wurden, um so mehr, als man allgemein überzeugt war, daß in breiten untersetzten Wärmespeichern die Wärmeübergabe vollkommener wäre, da die Gase langsamer strömen. Wir wissen jetzt, daß in Wirklichkeit der Vorgang anders verläuft: von zwei Wärmespeichern von gleichem Inhalt und gleicher Verweilungsdauer findet eine vollkommenere Wärmeübertragung in dem höheren statt.

An der Konstruktion des ersten Martinofens wäre noch in 2 Wärmespeichern die Anordnung der Kanäle zwischen dem Ofen und den Wechselklappen zu bemängeln: die Kanalmündungen sind von seiten der Wärmespeicher unter dem senkrechten Flammenzug angeordnet, wodurch eine gleichmäßige Verteilung der Abgase resp. der zu erhitzenden Luft und Gase längs dem ganzen Querschnitt der Wärmespeicher erschwert wird. Im anderen Wärmespeicherpaar (dem linken im Vertikalschnitt des Ofens) durchsetzen die Gase den Raum diagonal, was eine gleichmäßigere Durchwärmung nach sich zieht.

Diese Anordnung der Wärmespeicher und Wechselklappen (an der kurzen Ofenwand) wurde bald aufgegeben; die Wärmespeicher wurden um 90° gedreht, und die Wechselklappen inmitten der Längswand des Ofens angebracht, wodurch der Zug in beiden Wärmespeicherpaaren ganz identisch wurde. Diese Anordnungen wurden schon im ersten amerikanischen Ofen verwirklicht, den *S. Wellman* 1867 nach den Hinweisen von *W. Siemens* baute.

2. Dieser Ofen (vgl. Tafel I, Fig. 7, 8, 9 des „Albums" des Verfassers) war vorbildlich für amerikanische Öfen, die in der Folge auf vielen Werken gebaut wurden; seine Abmessungen waren bedeutend vergrößert und er wies einige Verbesserungen der ursprünglichen Konstruktion auf. Der Ofen war für einen Einsatz von 5 t berechnet, und seine Herdfläche wurde bis auf 6,60 qm vergrößert, was 1,32 qm auf 1 t ausmacht, also etwas mehr als im Ofen Sireuil (1,28 qm). Die Entfernung vom Gewölbe bis zur Sohle war sehr wenig vergrößert, und der freie Herdraum zur Entwicklung der Flamme stieg wohl bis auf 4 cbm, doch war er, auf 1 t Stahl bezogen, bedeutend geringer, als jetzt bei Arbeit nach dem Schrottverfahren üblich ist. Das in diesem Ofen beibehaltene, nach unten ausgebuchtete Gewölbe hatte unter der Nähe des Brennfokus zu leiden, da die Flamme in den Schmelzraum in vier horizontalen Strömen eintrat, die nicht nur die Badfläche, sondern auch das Gewölbe selbst bespülten.

Eine wesentliche Neuerung wurde auch an diesem Ofen in der Art der Zuleitung des Gases und der Luft vorgenommen: statt eines Gas- und Luftkanales waren in den kurzen Wänden des Arbeitsraumes 5 enge Luftkanäle und 4 Gaskanäle untergebracht, was natürlich einer innigen Durchmischung des Gases mit der Luft und einer hohen Brenngeschwindigkeit förderlich war. Zur Verhütung eines vorzeitigen Entflammens des Gases waren die senkrechten Gaszüge durch eine dünne, horizontal angeordnete Schicht Ziegelstein abgedeckt. Hierin sind die ersten Anfänge des Baues von „Brennern" zu sehen, die später vorherrschend wurden (die erste Type der Brenner).

Auch in den Ausmaßen der Wärmespeicher ging man beim ersten amerikanischen Ofen weiter als beim ersten französischen: der Gitterwerkinhalt des Wärmespeicherpaares erreichte 15 cbm; das ergab erstmalig 3 cbm auf 1 t eingesetzten Stahls, was man für gut betriebene Öfen gegenwärtig als Minimum ansieht, das aber übrigens auch in der Neuzeit bei weitem nicht in allen englischen und amerikanischen Großraumöfen erreicht ist. Auch die Verteilung der Gase zwischen den Ziegeln des Gitterwerks wurde bei der angewandten Anordnung des Zu- und Abflusses derselben verbessert; diese Anordnung wurde dann später allgemein üblich.

Außer dem niedrig gehaltenen und nach unten durchgebogenen Gewölbe hatte der Ofen noch einen anderen Konstruktionsmangel. Dank der großen Menge von Gas- und Luftkanälen war man genötigt, zwischen ihnen dünne Zwischenwände anzuordnen, was ein schnelles Durchbrennen derselben nach sich zog, sobald die Ziegel der dünnen Abdeckung der Gaskanäle abzuschmelzen begannen. War auch nur ein Teil der Zwischenwand verletzt, so nahm die Flamme eine vertikale Richtung an, bespülte das Gewölbe und machte es in kurzer Zeit untauglich. So hatte die Anwendung eines guten Grundgedankens, der eine vollkommene Verbrennung des Gases bezweckte, ein häufigeres Ausbessern des Ofens zur Folge.

3. Der erste russische Ofen, der 1869 von *A. A. Isnoskow* nach Zeichnungen von *W. Siemens* auf dem Sormowo-Werke gebaut wurde, unterschied sich vorteilhaft vom amerikanischen, sowohl durch seine Abmessungen als auch in konstruktiven Einzelheiten. Vorgesehen waren Einsätze von $2^1/_2$ t (davon 30 Proz. Roheisen und 70 Proz. Eisenschrott). Die Herdfläche wurde nur wenig geringer (5,15 qm, vgl. Tafel I, Fig. 4, 5, 6 des „Albums“ des Verfassers) dimensioniert als beim amerikanischen Ofen, und daher ergab sich eine geringere Badtiefe und schnellerer Betrieb.

Die Entfernung zwischen Gewölbe und Sohle war im Sormower Ofen (bei nach unten durchgebogenem Gewölbe) bis auf 1 m gesteigert worden, so daß der freie Raum zur Flammenentwicklung über der Badfläche bis auf 3,91 cbm anstieg, und das Verhältnis dieses Raumes zum Einsatz bis auf 1,56, d. h. etwa zweimal mehr als im amerikanischen Ofen; infolgedessen war auch die Wärmeausnutzung im Arbeitsraum des Sormower Ofens bedeutend größer. Da außerdem vom Gitterwerk der Wärmespeicher (das im Paar 7,78 cbm betrug) auf 1 t Stahleinsatz 3,1 cbm kamen, so wurden die Abgase gut abgekühlt. So bezeugt *N. N. Kusnezow*, daß die gußeisernen Trommeln der Wechselklappen von *W. Siemens* im Laufe von 11 Jahren Ofenbetrieb nicht ausgebessert worden sind.

Verbraucht wurden täglich 17 cbm lufttrockenes Fichtenholz, was einer Erzeugung von 4 t Stahl pro 10 cbm entspricht. Zieht man die geringen Abmessungen des Ofens und die daher relativ beträchtlichen Verluste durch Wärmestrahlung und Abkühlung durch die Luft in Betracht, so muß man diese Ergebnisse als sehr gut ansehen.

Im Bau der Brenner bietet der Ofen von Sormowo einen weiteren Fortschritt; an Stelle von 9 Kanälen, wie sie der amerikanische Ofen aufwies, und 7, wie im ersten Entwurf des vorliegenden Ofens vorgesehen war, wurden endgültig nur 5 Kanäle in die Schmalseite des Ofens eingebaut, 3 Luft- und 2 Gaskanäle; dadurch konnten die Zwischenwände zwischen den Kanälen einen Ziegelstein dick gebaut werden und waren daher dauerhafter. Die Abdeckungen der Gaskanäle waren jedoch auch in diesem Ofen dünn und ursprünglich horizontal gerichtet, wie die Originalzeichnung zeigt; beim Betrieb des Ofens hielt man es aber für zweckmäßig, die die Gaskanäle abdeckende Zwischenwand zum Herdraum hin g e n e i g t auszugestalten, und führte dies bei der ersten Ausbesserung des Ofens mit Erfolg aus.

Der Sormower Ofen litt an einem Mangel, der allen ersten Öfen gemeinsam war: die Lage der Pfeiler, auf denen die Sohlenplatten und folglich auch das Gewicht des Bades und der Ausmauerung des Ofens mit ihrer Armatur ruhen. Diese Pfeiler sind teils auf den Gewölben der Wärmespeicher, teils an den Widerlagern angeordnet. Dieses hatte zur Folge, daß man die Gewölbe der Wärmespeicher nicht ausbessern konnte, ohne die Sohle abzumontieren, und außerdem übertrug sich eine jede Verschiebung des Gewölbegemäuers, bedingt durch seine Temperaturänderung, auf die Sohle. Dieser Konstruktionsmangel wäre leicht auszumerzen, doch wurde er von den Erbauern der ersten Öfen wenig beachtet.

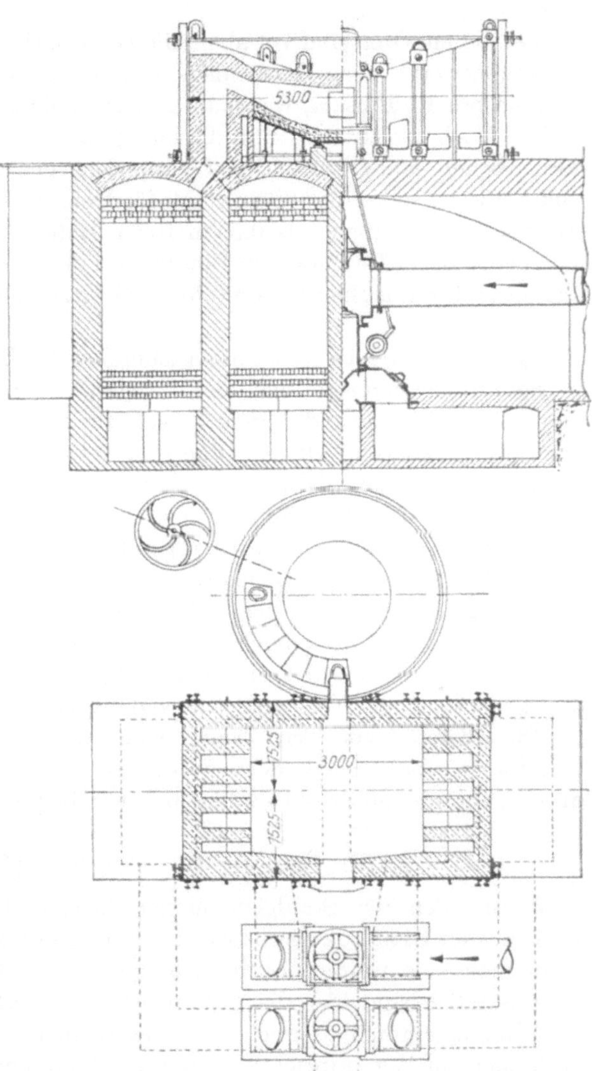

Fig. 64 u. 65. Martinofen der Terre-Noire-Werke ($5^1/_2$ t).

Der Ofen von Sormowo wurde mit Erfolg in Betrieb genommen und hat darauf gut gearbeitet, so daß er für andere Öfen von größerem Fassungsraum, die später in russischen Werken errichtet wurden, maßgebend wurde.

4. In Frankreich wurden Verbesserungen der ursprünglichen Konstruktion des Sireuil-Ofens auf den Werken von Firminy und Terre-Noire ausgeführt.

Auf letzterem wurde nach dem Entwurfe von *Valton* in der Mitte der siebziger Jahre ein Ofen für $5^1/_2$ t gebaut, der für Öfen, die in anderen Ländern für Arbeit nach dem Schrottverfahren gebaut wurden (siehe Fig. 64, 65), vorbildlich wurde.

Bei diesem Ofen sind vor allem die Dimensionen der Wärmespeicher bemerkenswert; eine Überschlagsrechnung gibt 29,3 cbm Gitterwerk oder 5,3 cbm pro 1 t Einsatz, was man an nur wenigen modernen Öfen beobachten kann. Doch gleichzeitig mit diesem großen Vorzug müssen wir auf einen wesentlichen Mangel des Ofens verweisen: der Abstand zwischen Gewölbe und Sohle ist so gering (0,7 m), daß für freie Flammentfaltung über der Badoberfläche nicht mehr als 0,55 m freier Höhe verbleibt; das Verhältnis des Volumens dieses Raumes zum Einsatz (bei derselben Herdfläche wie im amerikanischen Ofen) ist hier bis auf 0,6 erniedrigt, d. h. ist ebenso groß geblieben wie im Ofen Sireuil.

An diesem Ofen ist ferner die Ausbildung der Brenner bemerkenswert. Wie im Sormower Ofen sind auch hier 5 Züge (3 für Luft und 2 für Gas), wodurch man die Zwischenwände einen Ziegel stark bauen konnte und dadurch die feuerfeste Mauerung dieses Ofenteils, jetzt „Kopf“ genannt, dauerhafter machte. Alle Züge, die Gas und Luft in den Arbeitsraum leiten, haben die gleiche Höhe, d. h. ihre Achsen liegen in derselben Ebene, die zum Bade geneigt ist, und dadurch wird bei genügender Geschwindigkeit der Gase der Brennfokus an der Oberfläche der Wanne gehalten und das Gewölbe vor Ausbrennen geschützt. Auf dem Werke Terre-Noire erreichte man hierdurch, daß das Gewölbe 100 Schmelzungen aushielt; man sah das damals als großen Erfolg an, doch wurde ein ebensolches Resultat in Sormowo erzielt, nachdem die Abdeckung der Gaskanäle geneigt ausgeführt worden war.

Die „Köpfe“ von Terre-Noire bilden die zweite Type, die sich bis zur Gegenwart erhalten hat, doch werden sie in letzter Zeit von der ersten verdrängt, die ein höheres Gewölbe bei den Köpfen ermöglicht[1]).

2. Die Öfen der Übergangszeit (1880—1895).

5. Im Ofen der Stahlgießerei der Barrow Hematite Co. (England), der 1887 für den Erzprozeß mit Einsätzen von 14 t auf saurem Herde erbaut ist, kann man eine weitere Ausbildung der Köpfe der ersten Type feststellen. Grundsätzlich sind hier die „Brenner“ ebenso angeordnet, wie es erstmalig *W. Siemens* empfohlen und *N. Kusnezow* in Sormowo vervollkommnet hat, doch sind in der Einrichtung Details vorgesehen, die ein gutes Brennen der Gase ermöglichen, ohne die feuerfesten Kopfwände wesentlich zu schädigen, was eine Ersparnis an Zeit und Ausbesserungskosten mit sich brachte.

---

[1]) Am Anfang der 80er Jahre wurde in den Öfen dieses Werkes das Gewölbe kuppelförmig gestaltet, und die Öfen von Terre-Noire wurden dank der beibehaltenen Konstruktion ihrer Köpfe und bedeutenden Höhe der Wärmespeicher zu den besten in Europa. Auf dem Alexander-Werk in Petersburg waren Öfen von dieser verbesserten Bauart in Betrieb (St. u. E. 1882, 478). In St. u. E. 1891, 451, ist der Ofen von Terre-Noire von *A. Ledebur* kurz beschrieben; auch *B. Osann*, Eisenhüttenkunde **2**, 375.

Die Zwischenwand zwischen den Luft- und Gaskanälen wurde massiv ausgestaltet (vgl. Tafel I, Fig. 14 bis 17 des „Albums“ des Verfassers); ihre obere und untere Fläche, die die Sohle des Luftzuges und das Gewölbe des Gaszuges bilden, sind nicht in gleicher Weise zur Horizontalebene geneigt, sondern derart, daß der Luftstrom die Flamme an die Badoberfläche drückt; die Länge der Zwischenwand ist verhältnismäßig bedeutend, so daß sie bei entsprechender Gasgeschwindigkeit der Flamme die Möglichkeit gibt, ihre Richtung im Arbeitsraum beizubehalten.

Eine weitere Neuerung in der Konstruktion der Köpfe stellt das Anordnen der vertikalen Gaszüge hinter den Luftzügen dar, oder ihre Anordnung in zwei verschiedenen Vertikalebenen. Dadurch wurde der geneigte Teil des Gaszuges verlängert, die Lebensdauer der Zwischenwände zwischen Gas- und Luftkanälen gesteigert, die Möglichkeit eines Eindringens von Gas in die Luftkanäle und eines vorzeitigen Entflammens bedeutend vermindert und durch all das die Benutzungsdauer der Köpfe verlängert.

Die Bauart der Sohle blieb unverändert, doch wurde die Badtiefe oder richtiger der Fassungsraum für Schlacke und Metall vergrößert, denn das Verhältnis der Herdfläche zum Einsatz 16,23 : 14 = 1,16 blieb in normalen Grenzen; bedeutend größer aber, als früher üblich, war der Vertikalabstand zwischen der Schwelle des Gaszuges und dem Herde in seiner Mitte, in Anbetracht dessen, daß beim Erzverfahren mit einem bedeutenden Steigen des Bades während der Kochperiode zu rechnen ist. Da hierbei die Schlacke stürmisch auseinandergeworfen wird, so wurde auch das Gewölbe des Arbeitsraumes, um einem schnellen Ausbrennen desselben vorzubeugen, auf eine früher nicht zulassige Höhe, 1,6 m, erhoben. Der freie Raum für Flammenentwicklung erreichte in diesem Ofen 21,1 cbm, was 1,5 cbm pro 1 t Stahleinsatz ergibt, d. h. die in der Gegenwart für den Schrottprozeß geltende Norm.

Die Wärmespeicher dieses Ofens haben typisch englische Dimensionen und Bauart, das Verhältnis des Gitterwerks zum Einsatzgewicht entspricht dem von *W. Siemens* gegebenen, also 42 : 14 = 3. Die Gewölbe der Wärmespeicher sind im englischen sowie in allen unten angeführten Öfen von dem Gewicht der Sohle durch Anwendung von Querträgern entlastet, die dieses Gewicht auf die Längswände der Wärmespeicher übertragen.

Mit diesem Ofen beenden wir unseren Überblick über die Öfen mit saurem Herde; bevor wir zu basischen übergehen, berühren wir kurz die Öfen mit neutralem Herde, d. h. einem Herde aus Chromit, wie er im Jahre 1875 erstmalig in Terre-Noire auf Veranlassung von *A. Pourcel* in Benutzung genommen wurde. Die Ingenieure dieses Werkes, *Valton* und *Remaury*, erbauten einen Ofen, dessen Herd wie ein Teil der Längswände aus Quadern von Chromit gebaut sind (Fig. 66, 67). Seine Anwendung als feuerfestes und von sauren und basischen Schlacken nicht angreifbares Material bezweckte, die Ausbesserungskosten des Herdes und der dem Ausfressen ausgesetzten Teile der Wand zu vermindern; die Erfahrung zeigte jedoch, daß das Chromoxyd bei Berührung mit dem Metall, wenn auch unbedeutend, so doch reduziert wird, was die Qualität des Metalles schädigt (besonders des Weichmetalles). Die ursprüngliche

Konstruktion von *Valton* und *Remaury* hat sich daher nicht durchgesetzt, doch baut man, wo Chromit zu mäßigen Preisen zu haben ist (z. B. im Ural), aus ihm den Herd und einen Teil der Wände und verkleidet sie mit einer Schicht basischen Materials, das man je nach der Abnutzung stetig erneuert.

6. In der Geschichte der Entwicklung des Baues von Martinöfen verdient der Ofen des schwedischen Ingenieurs *E. G. Odelstjerna* 1890[1]) hervorgehoben zu werden.

Die Bauart der Köpfe dieses Ofens ist für schwedische Martinöfen typisch geworden; sie ist eine Verbesserung der zweiten Type (Galerieanordnung) und wird durch längere und steilere in den Herdraum geführte Kanäle gekennzeichnet, als in Terre-Noire benutzt wurden.

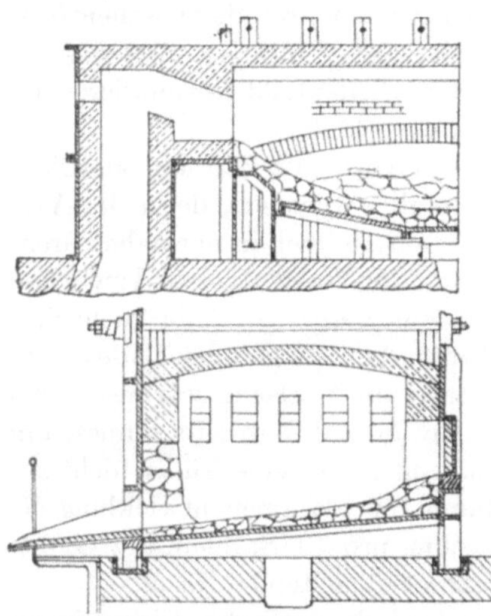

Fig. 66 u. 67. Martinofen mit neutralem Herde aus Chromit, System *Remaury-Valton*. Terre-Noire-Werke.

Das kuppelförmige Gewölbe des Ofens (schon 1883 in Schweden eingeführt) steht in seinem Scheitelpunkt 1,75 m über der Sohlenmitte, was für einen Ofen von so geringem Fassungsraum ganz außergewöhnlich ist. Der freie Raum über der Badfläche beträgt 14,2 cbm, was 1,42 cbm auf 1 t Einsatz entspricht, wenn letzterer nach dem Erbauer gleich 10 t angenommen wird; nach der Herdfläche (3,9·2,7=10,53 qm) jedoch beträgt der Einsatz 8 t für einen basischen resp. 9 t für einen sauren Herd (dieser und jener Herd ist in Öfen dieser Bauart und Dimensionen in schwedischen und Uraler Werken ausgeführt); in ihm kommen also auf 1 t Stahl in Wirklichkeit 1,77 bis 1,58 cbm. Da der Inhalt der Wärmespeicher im Ofen von *Odelstjerna* auch bedeutend ist, nämlich 40,2 cbm (4,47 bis 5,03 cbm auf 1 t Normaleinsatz), so sind die Brennbedingungen und die Wärmeausnutzung in diesem Ofen als sehr gut anzuerkennen, was auch durch den Verbrauch von 0,25 t englischer Steinkohle auf 1 t Stahlblöcke erwiesen ist; erstmalig haben die Hüttenleute 1894 aus einem Bericht von *E. G. Odelstjerna* vor der amerikanischen Gesellschaft der Bergingenieure erfahren, daß ein so niedriger Brennstoffverbrauch in Öfen geringen Fassungsraumes möglich ist[2]).

Der Ofen von *Odelstjerna* hat noch eine zu erwähnende Eigentümlichkeit, nämlich kleine Kammern zwischen den Wärmespeichern, in denen sich bei plötzlicher Richtungsänderung der Gasströme mitgeführter Staub oder

[1]) Taf. 1, Fig. 18, 19 und 20 des „Albums" des Verfassers; auch: *B. Osann*, Eisenhüttenkunde **2**, 364 (nur 2 Figuren).

[2]) *E. G. Odelstjerna*. The manufacture of open-hearth steel in Sweden. Trans. Amer. Inst. Min. Engrs. **24**, 288 bis 315 (1894); St. u. E. 1894, 697 bis 710.

Schlackentropfen setzen können. Diese Kammern haben so geringe Abmessungen, daß sie als „Schlackenfänge im Embryonalzustand" angesehen werden können. In später errichteten Öfen, besonders in solchen, die mit großem Erzzusatz arbeiteten, wurden die Schlackenfänge größer bemessen.

Odelstjerna legte bei seinen Öfen besonderen Wert auf Verminderung der Wärmeverluste an die Atmosphäre, zu welchem Zweck die Dicke der feuerfesten Wände gesteigert und zwischen ihnen mit Sand oder Ziegelbrocken gefüllte Zwischenräume vorgesehen wurden. Auf die Wärmespeichergewölbe empfahl er eine Schicht von schlechten Wärmeleitern zu schütten. Darin hat jedoch *Odelstjerna* keine Nachahmer gefunden: die massive Mauerung der Kopfwände, die in der Zeichnung angedeutet ist, trägt dank der vom Gase mitgerissenen Schlacke und Erzstaub nur zum schnellen Abschmelzen der Ziegel bei. In diesem Falle, wie auch in vielen anderen, erwies es sich vorteilhaft, durch geringere Wandstärken zu kühlen, um nicht zu öfteren Ausbesserungen des Mauerwerks genötigt zu sein. Die Zwischenräume in den Wärmespeicherwandungen dagegen sind von Nutzen: sie verbilligen das Ausbessern der inneren Teile der Wärmespeicher (der dünne feuerfeste Belag ist mit der dickeren Wand aus gewöhnlichen Ziegelsteinen nicht vermauert), und der Rißbildung in der Außenwand ist vorgebeugt, wodurch das Ansaugen atmosphärischer Luft durch Essenzug in die Wärmespeicher vermieden wird; eine Verringerung der Wärmeverluste an die Außenluft beeinträchtigt hier die Lebensdauer des Mauerwerks nicht und kann nur von Nutzen sein.

Bei Dimensionierung des Gitterwerks der Wärmespeicher hat *Odelstjerna* auf Grund der Betriebsergebnisse seiner Öfen zuerst die Regel ausgesprochen, 4 bis 5 cbm im Wärmespeicher auf je 1 t Stahleinsatz zu rechnen. Obgleich diese Regel fast allgemein bekannt wurde, ist doch in Wirklichkeit in vielen Werken bei Steigerung des Fassungsraumes der Inhalt der Wärmespeicher oft nicht proportional vergrößert worden, und das Verhältnis des Wärmespeichervolumens zum Einsatz ergab sich bei einigen umgebauten Öfen sogar niedriger als von *W. Siemens* gefordert. Besonders geringe Wärmespeicher hatten stets die amerikanischen und englischen Öfen (z. B. hatte der Ofen der Barrow Hämatite Co. von 50 t noch am Ende der neunziger Jahre Wärmespeicher von 34 cbm — ebenso große, wie der 10 t-Ofen der Aumetz-Friede-Werke in Lothringen). Bei Vergrößerung der Wärmespeicher waren die schwedischen und deutschen Werke führend, ihnen folgten die russischen.

Anläßlich des Ofens von *Odelstjerna* sei noch auf ein Abmessungsverhältnis verwiesen, das mit der Vergrößerung des Fassungsraumes der Öfen stetig anwuchs. Die große Anzahl der Züge in der Mauerung der Köpfe und die Notwendigkeit, zwischen ihnen die Zwischenwände möglichst dick auszugestalten, um ihre Lebensdauer zu verlängern, führte zur Vergrößerung der Breite des Herdraumes, woraus sich bei bestimmter Herdfläche in Öfen geringen Inhalts ein kurzer Arbeitsraum ergab. Es schwankt daher bei allen oben betrachteten Öfen das Verhältnis der Länge zur Breite der Herdfläche etwa um 1,5, und diese Zahl ist für Öfen älterer Bauart kennzeichnend.

Als die Anzahl der Züge in den Köpfen der ersten Bauart auf fünf herabgesetzt wurde, war bei Vergrößerung des Ofenfassungsraumes keine Verlängerung der Schmalseite des Arbeitsraumes erforderlich, und eine Vergrößerung der Herdfläche wurde durch Vergrößerung der Herdlänge erreicht; die guten Seiten dieser Konstruktion zeigten sich sofort, insbesondere nahm das Durchbrennen durch Abgase in den Zwischenwänden der Köpfe mehr Zeit in Anspruch, da sie vom Brennfokus weiter entfernt waren.

Bewußt ging man auf dem einmal beschrittenen Wege weiter und vergrößerte das Verhältnis der Länge zur Breite nach Maßgabe der Vergrößerung des Fassungsraumes der Öfen; dieses Verhältnis erreichte schnell den Wert 2 und darauf auch $2^1/_2$. Die anfangs gehegte Befürchtung, in Öfen mit langer Sohle eine ungleichmäßige Temperaturverteilung zu erhalten, hat sich nicht verwirklicht.

7. Der um 1895 gebaute Ofen des schwedischen Avesta-Werkes [siehe Fig. 68 bis 71][1]) weist im Vergleich zum Ofen von *Odelstjerna* einige Eigenheiten auf, die als ein Fortschritt in der Entwicklung der Abmessungen und Bauart von Martinöfen anzusehen sind. Das kuppelförmige Gewölbe dieses Ofens ist über der Sohle mehr gehoben als im Ofen von *Odelstjerna*; die Bauart der Köpfe ist im Prinzip dieselbe, doch ist man bei den Zügen von den massiven Wandungen abgegangen. Zwischen den Doppelwänden der Wärmespeicher ist gleichfalls ein Raum zum Füllen mit Schüttmaterial ausgespart. Das Gewölbe überdeckt die Wärmespeicher derart, daß seine Achse der Achse des Herdraumes parallel läuft, d. h. um einen Winkel von 90° zum gewöhnlichen Verlauf der Achse gedreht ist. Hierdurch ergeben sich gewisse konstruktive Vorzüge, da die Zwischenwand zwischen Schlackenfängen und Wärmespeicher nicht vom Gewölbe belastet wird und daher den Bau breiter Einstromöffnungen gestattet, ohne daß man eine Festigkeitsverminderung des Gewölbefußes zu befürchten hat. Der Arbeitsraum hat eine geringere Breite als im Ofen von *Odelstjerna* (an Gas- und Luftzügen hat er 2 + 3 statt 3 + 3) und ist in seiner Länge derart angewachsen, daß das Verhältnis der Länge zur Breite 3 erreicht hat. Originell ist die Bauart der Sohle: sie ruht nicht auf gegeneinander stoßenden gußeisernen Platten, wie in allen bisher beschriebenen Öfen, sondern ist in einen genieteten Blechpanzer eingeschlossen, der derart gefertigt ist, daß die Sohlendicke durchweg gleich ist und bedeutend geringer, als früher üblich. Dadurch wird eine gleichmäßige, jedoch langsamere Abnutzung der Sohle bewirkt. Die Herdsohlenfläche ist für Arbeit mit 15 t Einsätzen auf saurem Herde kleiner dimensioniert, als gegenwärtig für 15 t basische Öfen üblich, was ja auch vollständig durch den geringeren Rauminhalt der Schlacke beim sauren Prozeß gerechtfertigt ist.

Die Schlackenfänge haben im Ofen Avesta schon genügende Tiefen- und Breitenentwicklung erhalten; die Strömungsrichtung der Gase ändert sich in ihnen um 180°, wodurch ein besseres Absetzen des Staubes bewirkt wird.

---

[1]) Die Zeichnung dieses Ofens ist bisher nicht veröffentlicht.

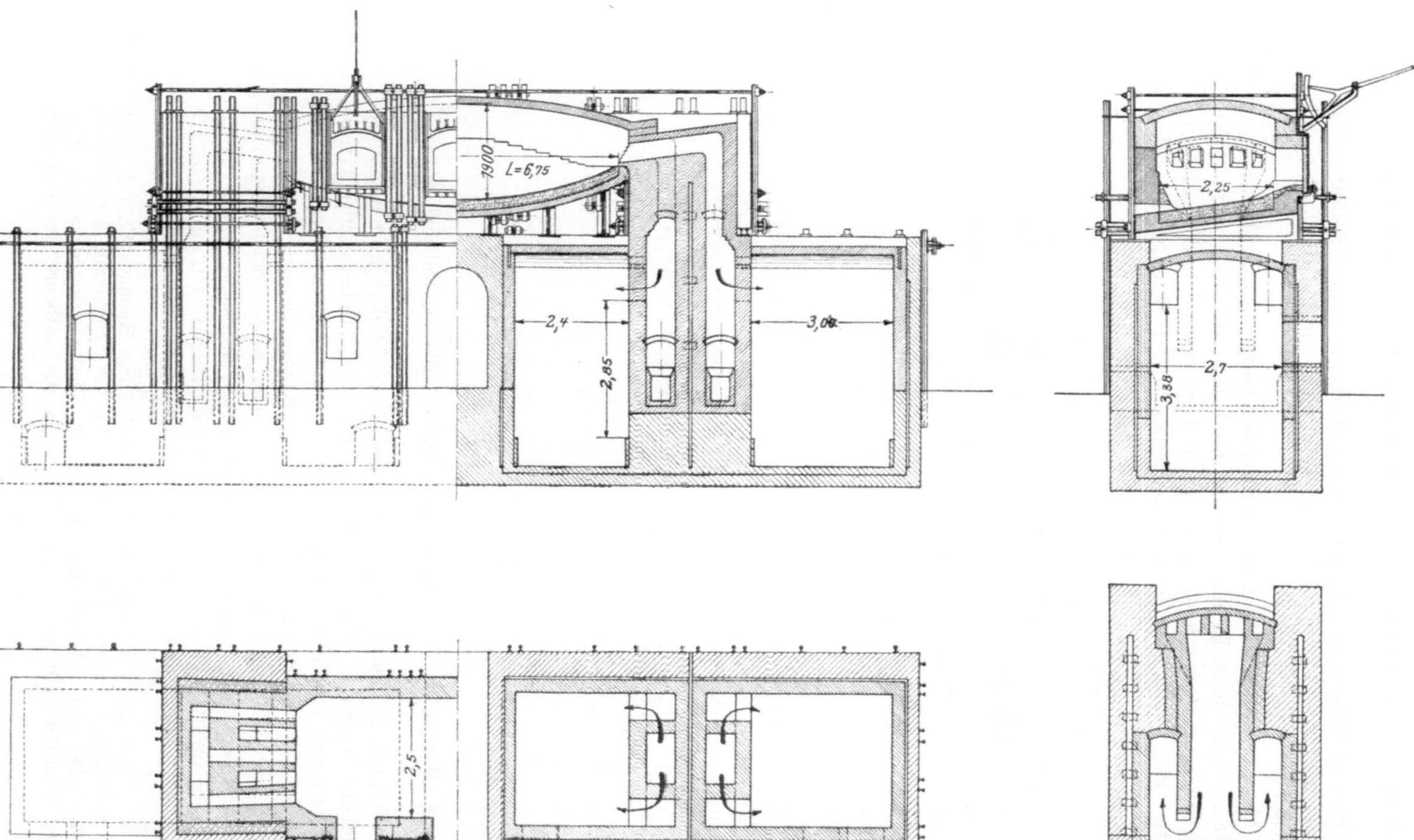

Fig. 68—71. Martinofen der Avesta-Werke, Schweden (15 t).

Dank seiner günstigen Bauart und den guten technischen Resultaten galt dieser Ofen seinerzeit für einen der besten, wenn nicht für den allerbesten aller damals betriebenen.

8. Das oben erwähnte Maximalverhältnis der Länge des Herdraumes zur Breite finden wir an einem in Schlesien auf der Friedenshütte erbauten Ofen, der bald weit bekannt wurde (infolge des in Deutschland und Südrußland in der ersten Hälfte der neunziger Jahre eingeführten Patents von *Schönwaelder*)[1]).

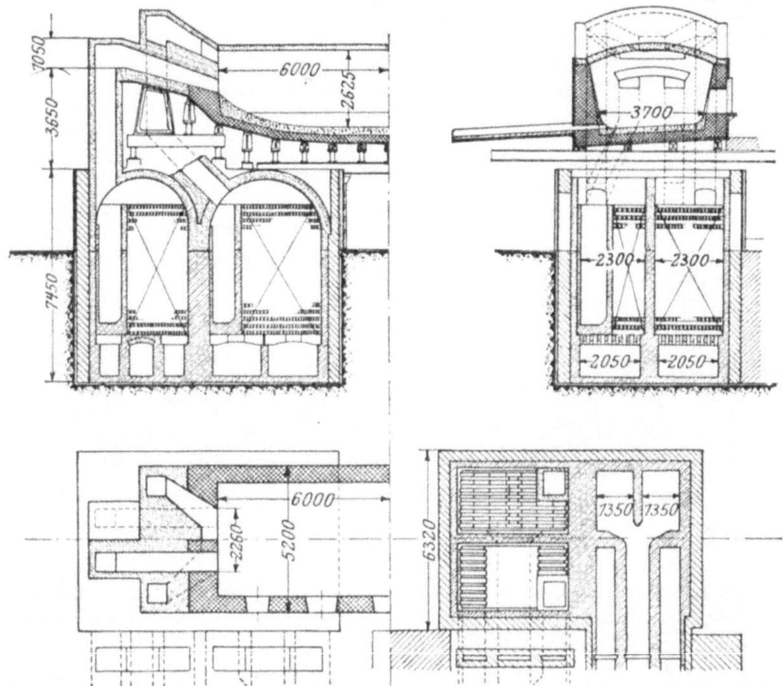

Fig. 72—74. Martinofen, Pat. Schönwaelder, Jurjewski-Werke, Rußland (60 t).

In dem Ofen von *Schönwaelder* (hier ist in Fig. 72 bis 74 ein später ausgeführter 60 t-Ofen der Jurjewski-Werke, Ukraine, dargestellt) ist eine vorbildliche Konstruktion der Köpfe der ersten Type verwirklicht, die allgemein anerkannt und schnell verbreitet wurde. Von den Köpfen der englischen Öfen unterscheiden sich die von *Schönwaelder* oder nach seinen Zeichnungen gebauten Ofenköpfe erstens durch eine steilere Führung der Züge, sowohl der für Gas als auch besonders des Luftzuges, und dann durch bedeutend größere Länge der Kanäle, was einerseits eine konstante Strömungsrichtung des

[1]) St. u. E. 1891, S. 387 (hier haben die Köpfe noch kurze Kanäle). St. u. E. 1892, S. 992 (diese Zeichnung ist auch bei *L. Beck*, **5**, 717 bis 718 angeführt); *A. Goriainoff*, St. u. E. 1898, S. 284 und 562 (der Ofen der Brjanski-Werke, Jekaterinoslaw). Eingehend ist der Ofen der Sulinwerke auf Taf. III bis IV des „Albums" des Verfassers abgebildet.

Gases und der Luft gewährleistet, sogar wenn die Zugwände durchgebrannt sind, andererseits die Arbeitsdauer der Köpfe verlängert. Die Erfahrung hat gezeigt, daß die Zwischenwand zwischen Gas- und Luftkanälen bis zur Hälfte ihrer Länge ausbrennen kann und der Ofen dabei immer noch befriedigend in Betrieb ist, obgleich der Brennfokus zweifellos längs dem Arbeitsraum verschoben wird und sich mit fortschreitendem Ausbrennen von der Mitte des Ofens entfernt.

Zweitens sind die Gaskanäle im Ofen von *Schönwaelder* so weit hinter den Luftkanälen angeordnet, daß die Mauerung ihrer vertikalen Wände ganz unabhängig von der Mauerung der Luftkanäle ist und durch eine Spezialarmatur unabhängig verankert wird.

In diesen Öfen, z. B. dem vom Patentinhaber auf dem Sulinwerke 1898 erbauten, finden wir eine Herdfläche von $6{,}5 \cdot 2{,}5 = 16{,}25$ qm, was für Einsätze von 15 t gerade genügt, und eine Entfernung zwischen Gewölbe und Sohle von 1,54 m, d. h. eine geringere als beim Ofen von *Odelstjerna* und sogar den früher betriebenen Öfen der Sulinwerke. Auf 1 t Stahl kam hier $20{,}15 : 15 = 1{,}34$ cbm Raum für freie Flammentwicklung, und man mußte das Gewölbe um 0,16 m erhöhen, um das Verhältnis 1,5 zu erhalten, das für Betriebe mit einem festen Einsatz von 15 t gerade genügt.

Die Dimensionen der Wärmespeicher (61,25 cbm im Gitterwerkpaar) ergeben 4,08 bis 3,41 cbm pro 1 t Stahl, je nachdem, ob der Ofen mit normalem oder bis 20 t vergrößertem Einsatz betrieben wird. Besondere Schlackenfänge hat der Ofen nicht, obgleich er auf dem Sulinwerk wie auf anderen südrussischen Werken mit bedeutendem Erzzuschlag (in der Charge war $^2/_3$ Roheisen) betrieben wurde. In Deutschland ordnete man in Öfen dieses Patents „innere“ Schlackenfänge an, indem man einen Teil der Kammern über den Mündungen der Gaskanäle durch vertikale Zwischenwände abtrennte und den Raum zwischen ihnen nicht mit Gitterwerk aussetzte. Fig. 72 bis 74 zeigen eine solche Bauart der Schlackenfänge eines 60 t-Siemens-Martin-Ofens der Jurjewski-Werke, Südrußland. Hierdurch wird jedoch die Ziegelmenge im Gitterwerk bedeutend verringert und seine Heizfläche schlechter ausgenutzt, da man in einem solchen Gitterwerk keine gleichmäßige Verteilung der Gase erreichen kann („toter Raum“) und endlich die Reinigung solcher Schlackenfänge nach ihrer Anfüllung mit Schlacke nicht geschehen kann, ohne das Gitterwerk abzutragen; sie wird daher bis zur Kapitalremonte des Ofens aufgeschoben, und der Ofen arbeitet zuletzt ohne Schlackenfänge.

In Zeichnungen von *Schönwaelder* sind die von ihm patentierten Abgaszüge mit 12 Schiebern dargestellt sowie die in 2 Teile geteilten Regenerativkammern; jeder der 4 Kanäle (2 Gas- und 2 Luftzüge) hat seine Heizkammer im Wärmespeicher, so daß die Verteilung der Gase in den Kammern und der Brennprozeß im Arbeitsraum durch die Schieber geregelt werden kann. Bei sachgemäßer und gewissenhafter Bedienung dieser Anordnungen wird eine übermäßige Konzentration der Wärme in diesem oder jenem Teile der feuerfesten Ausmauerung vermieden, und im Ofen können ohne Neuzurichtung bis 1000 Schmelzungen vorgenommen werden.

Von einigen Hüttenleuten wird dem eben besprochenen Ofen nachgesagt, daß man in ihm die Verteilung der Gase zwischen den Wärmespeichern bis zur

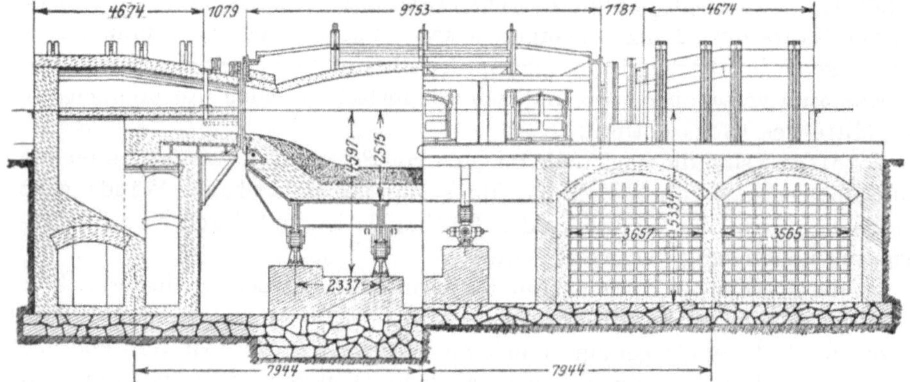

Fig. 75.

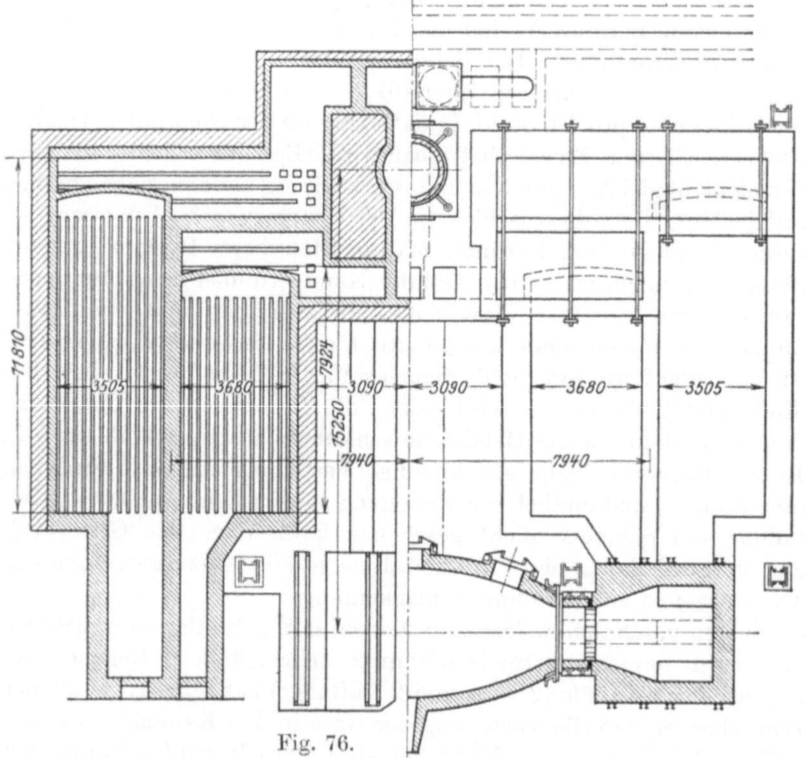

Fig. 76.

Fig. 75—77. Kippbarer Martinofen H. H. Campbell, Pennsylvania Steel Works (50 t).

Temperaturgleichheit aller Kammern regeln kann. Wenn dieses Ziel wirklich zu erreichen wäre, so würde, da die Luft- und Gaskammern in diesem

Falle gleiche Abmessungen haben, die Luft bis zu geringeren Hitzegraden als das Gas vorgewärmt werden, was keineswegs anzustreben ist. Wenn dagegen in diesem Ofen wie in jedem anderen die Gasströmung nicht gestört wird, d. h. die Schieber offen gehalten werden, so werden die Gase automatisch zwischen den Kammern derart verteilt, daß die an sie abgegebene Wärmemenge der Abgase sich proportional dem Wärmeverlust einstellt (im entgegengesetzten Falle würde dieses oder jenes Wärmespeicherpaar allmählich abkühlen).

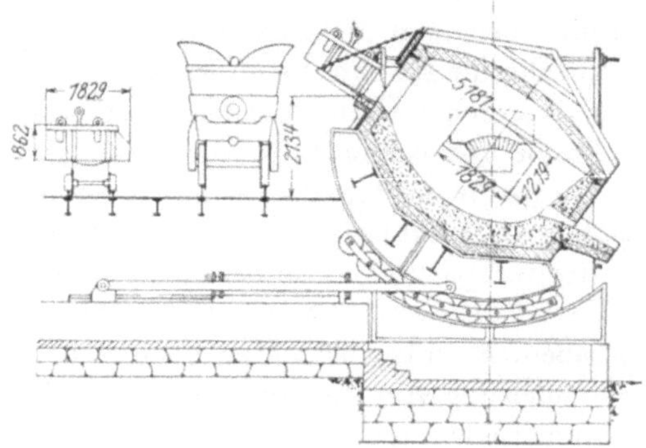

Fig. 77.

9. Am Anfang der neunziger Jahre wurde in Amerika eine neue Konstruktion der Martinöfen ausgearbeitet, die schon etwas früher (1888) von *W. Schmidhammer* in Resicza verwirklicht war. Auf dem Steelton-Werke der Pennsylvania Steel Co. baute *Harry Huse Campbell* einen drehbaren Ofen, den er in seiner bekannten Arbeit über den Martinprozeß schematisch erstmalig abgebildet hat[1]). Ein späterer 50 t-Ofen, der auf dem Steelton-Werke errichtet ist, ist hier (Fig. 75—77) abgebildet[2]).

Der tonnenförmige Herdraum, dessen feuerfeste Mauerung in einen Tragkorb aus zusammengenietetem Kesselblech und Flacheisen eingebettet ist, hat eine mit der Achse der Einströmöffnungen zusammenfallende Drehachse; er wird vermittels der Hubstange eines hydraulischen Zylinders und einer Reihe von Rollen, auf denen der bewegbare Teil des Ofens ruht, gedreht. Die auf unbedeutende Entfernung von den Schmalseiten des Ofens zurücktretenden Köpfe bleiben während der Drehung unbeweglich; durch sie fließt das brennende Gas auch dann noch, wenn der Ofen schon geneigt ist.

In dem Ofen von *Campbell* kommt 1 t Stahleinsatz auf etwa 0,6 qm Herdfläche (die letztere ist infolge ihrer eigenartigen Form bloß etwa 30 qm groß), was auf bedeutende Badtiefe hinweist; die Tiefe des Metallbades übertrifft in der Mitte der Sohle 400 mm, was auch in anderen unbeweglichen amerikanischen 50-t-Öfen beobachtet wird. Später wurde eine weitere Vergrößerung des Fassungsraumes in den Vereinigten Staaten durch wachsende Vertiefung des Metallbades (bis 500 und sogar 600 mm) erreicht, was eine Verlängerung des Prozesses und Verringerung des Tagesdurchsatzes nach sich zog. Letzterer betrug für 50-t-Öfen nicht mehr als die Leistung der um dieselbe Zeit betriebenen rheinischen und westfälischen Öfen von 20 t Fassungsraum (übrigens

1) *H. H. Campbell:* The open-hearth prozess. Trans. Amer. Inst. Min. Engrs. **22**; St. u. E. 1892, S. 1028.

2) *H. H. Campbell:* The manufacture and properties of iron and steel, S. 129, 130, 133. 4. Aufl. 1907.

enthielt der metallische Einsatz letzterer Öfen bloß ein Viertel an festem Roheisen).

Infolge der verhältnismäßig geringen Herdfläche kam trotz des bedeutend (2 m) über dem Metallbade ragenden Gewölbes im Ofen von *Campbell* auf 1 t Stahl nur 1,2 cbm freien Inhalts für die Flammenentwicklung; bei besseren amerikanischen Öfen lag dieses Verhältnis gewöhnlich höher (bei horizontalem Gewölbe und seiner Entfernung von der Mitte der Herdsohle 2,4 bis 2,5 m).

In der Wahl der Abmessungen der Wärmespeicher übertraf *H. H. Campbell* andere amerikanische Erbauer von Martinöfen: er vergrößerte den Inhalt des Gitterwerkpaares bis auf 3 cbm je 1 t Stahl und nahm diese Norm als Regel an[1]), während viele amerikanische Öfen Gitterwerke von zweimal geringerem Inhalt besaßen. Es wäre jedoch zu bemerken, daß die Ableitung der Rauchgase und die Zuleitung von Gas und Luft bei diesem Ofen im oberen Teile der liegenden Kammern vorgesehen sind, was eine unvollkommene Ausnutzung des Kammerinhaltes zur Folge hatte: die Abgase ziehen hauptsächlich im oberen Teile, und das zu erhitzende Gas und die Luft im unteren Teile des Gitterwerkes ab, worauf übrigens der Erbauer des Ofens auch selbst hinweist.

Der Vorzug der von *H. H. Campbell* konstruierten Öfen liegt in der Möglichkeit, jederzeit unvermittelt, und ohne den Arbeitern physische Anstrengungen zuzumuten, Metall oder Schlacke abzugießen; diese große Arbeitsbequemlichkeit ist aber zu teuer erkauft, da die zusätzliche Metallarmatur und die hydraulische Einrichtung die Anschaffungskosten sehr erhöhen. Diese Öfen haben daher in Europa keinen Eingang gefunden, und auch in den Vereinigten Staaten ist man auf dem Werke, wo sie erstmalig gebaut wurden, von ihrem Gebrauch abgekommen.

Ein größerer Erfolg war einem anderen amerikanischen Konstrukteur, *S. Wellman*, beschieden, der für viele Werke den nach ihm benannten Kippofen entwarf und baute.

Bei dieser Bauart neigt die Hubstange eines am Fundament des Ofens starr befestigten hydraulischen Zylinders den Herdraum, der auf geradlinigen Führungen aufliegt. Bei seiner Neigung wird der Ofen zugleich in der Abstichrichtung verschoben, so daß der Verbrennungsraum sich vom Gaszug trennt. Der Ofen erfordert eine Abstellung der Gaseinströmung während der Kippbewegung, wodurch er sich wesentlich von dem vorhererwähnten unterscheidet. *S. Wellman* hat später in der Konstruktion seiner Öfen diese Unzuträglichkeit abgestellt; durch Anwendung von Rollen statt der geradlinigen Führungsbahnen wurde eine Drehung des Ofens um eine unbewegliche Achse erzielt unter Beibehaltung des ursprünglichen Drehmechanismus und der Gestalt des Herdraums (mit rechtwinkligem und nicht bootsartigem Schnitt); ebenso blieb die Metallarmatur des drehbaren Ofenteils unverändert. In dieser verbesserten Gestalt (siehe Fig. 78, die den Querschnitt eines Ofens der Nishne-Saldinski-Werke darstellt) gewann der Ofen von *S. Wellman* in neuester Zeit Verbreitung in Europa. Die Fig. 78 bis 81 stellen den nach

---

[1]) St. u. E. 1898, S. 629; 1899, S. 536; Journ. Iron and Steel Inst. 1899, **1**, 69.

einem Entwurf der Deutschen Wellman-Gesellschaft erbauten Ofen der N. Saldinski-Werke dar.

Bei den ersten Dreh- und Kippöfen war die Bauart der Köpfe durchaus verschieden von den europäischen Herdköpfen; in amerikanischen Öfen wurde Gas und Luft nur in zwei Kanälen von bedeutendem Querschnitt zugeführt, wobei Gas im Horizontalstrahl und Luft in schwach geneigtem Strahl in die Einströmöffnung trat. Die Längsabmessungen der Köpfe schienen unbedeutend selbst im Vergleich mit Köpfen gewöhnlicher europäischer Bauart (z. B. von *Schönwaelder*) bei Öfen bedeutend geringerer Leistung. Dieses erklärt sich durch die Dimensionen der amerikanischen Öfen mit beweglichem Herd-

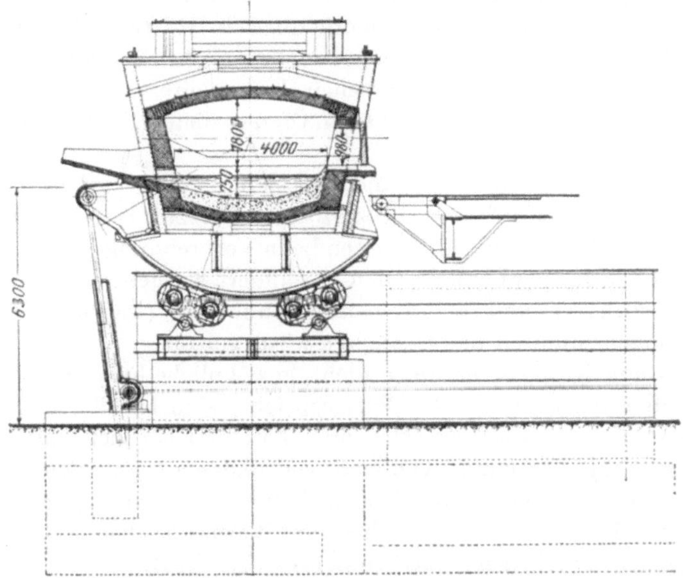

Fig. 78. Martinofen der Nishne-Saldinski-Werke, Ural.

raum: infolge des hohen Preises wurden in Amerika diese Öfen ausschließlich für hohen Fassungsraum gebaut, und die Länge des Herdraumes betrug 10 bis 12 m.

Bei einer solchen Länge des von der Flamme zurückgelegten Weges konnte die Verbrennung selbst dann vollkommen werden, wenn Gas und Luft sich nicht in den Einströmöffnungen innig vermischt hatten. Man konnte im Gegenteil befürchten, daß die in den ersten Martinöfen zu beschleunigter Verbrennung der Gase angewandten Maßregeln, nämlich Luft- und Gaszuführung in abwechselnden schwachen Strahlen oder Einführung des Luftstrahles unter einem größeren Winkel als des Gasstrahles, zu Unzuträglichkeiten führen; in einem langen Herdraum kann eine schnelle und vollkommene Verbrennung eine sehr ungleichmäßige Temperaturverteilung in der Längsachse des Ofens bewirken: eine übermäßig konzentrierte Hitze beim Einströmen des Gases und ungenügende beim Ausströmen der Abgase.

Ähnliche Betrachtungen dürften wohl zur Erklärung der Tatsache herangezogen werden, daß auch in Europa nach Maßgabe der Steigerung des Fassungsraumes der Öfen (beim Übergang von Einsätzen von 25 bis 30 t zu solchen von 50 bis 60 t) in der Bauart der Köpfe ein Rückschritt bemerkbar wurde: die Zahl der Einströmungen wurde wieder bis auf 2 gebracht (in Köpfen der ersten Type) oder öfter auf 3 (2 Gas- und 1 Lufteinströmöffnung für Köpfe der ersten Type und 1 Gas- und 2 Lufteinströmungen für die der zweiten Type), außerdem wurde die Neigung der Kanalgewölbe, besonders des Luftkanals, verringert.

Die europäische Bauart unterschied sich jedoch ständig in einer Einzelheit von der amerikanischen: die Länge der Köpfe war in Europa bedeutend größer, als man auf den Zeichnungen der amerikanischen Hüttenleute sehen kann, besonders übertraf sie die der Kippöfen ursprünglicher Bauart. Die Amerikaner folgten dem Beispiel der europäischen Hüttenleute, und bei in allerletzter Zeit in den Vereinigten Staaten errichteten Öfen schließt sich diese Abmessung der europäischen an.

Anläßlich der kurzen Zwischenwand zwischen den Gas- und Luftzügen bei der älteren Bauart der Köpfe von *Wellman* wäre nachzutragen, daß ihr Durchschmelzen nicht solche Unzuträglichkeiten beim Verbrennungsprozeß nach sich zieht, wie sie oben für gewöhnliche Öfen geschildert wurden; denn diese Köpfe wurden ausrückbar und leicht auswechselbar (was mit Hilfe eines Kranes in einigen Minuten bewerkstelligt wird) gebaut.

Die Dreh- und Kippöfen erlauben nicht, gewöhnliche hohe Wärmespeicher unter dem Ofen anzuordnen. Die Wärmespeicher sind bei diesen Öfen unter der Arbeitsbühne, zwischen Ofen und Esse, angeordnet und sind mit ersterem durch lange geräumige Kammern verbunden, die gute Schlackenfänge vorstellen und die Wärmespeicher längere Zeit vor Verunreinigung schützen. Die Fig. 79 bis 81 veranschaulichen liegende Wärmespeicher und Schlackenfänge des Ofens der Nishne-Saldinski-Werke (Ural).

Die Wärmespeicher dieser Type, die in Amerika auch für gewöhnliche Öfen angewandt werden, haben aber oftmals eine ungenügende Höhe; in vielen Öfen der Vereinigten Staaten übersteigt die Höhe des Gitterwerkes nicht 3 m und sinkt in 50-t-Öfen selbst bis auf 2,5 m. Dies nötigte bisweilen zur Anwendung von Ventilatorzug, da in solchen Wärmespeichern der natürliche Zug ungenügend war.

10. In Europa sind derartige Wärmespeicher zu Anfang der neunziger Jahre auf dem ungarischen Werk von Krompach erbaut worden, doch eine weitere Verbreitung in Europa hat diese Bauart nicht erlangt, obgleich sie zweifellos bedeutende Vorteile bei Herstellung des Ofenraumes bot: hier waren unter der Sohle Säulen angebracht, die (und nicht die Außenwände der Wärmespeicher) vermittels eines Systems von Trägern das ganze Gewicht der Mauerung, der Metallarmatur und des Bades aufnahmen.

Auf dem österreichischen Werk Donawitz hat der schwedische Ingenieur *Carl Sjögren* erstmalig eine Wärmespeicherkonstruktion angewandt, die eine Kombination der europäischen mit der amerikanischen vorstellt: das äußere

Wärmespeicherpaar (Gaswärmespeicher) ist unter die Arbeitsbühne verlegt, das innere aber unter dem Herde belassen. Diese Neuerung hat den Vorteil, daß sie die Entfernung zwischen den Öfen zu verringern gestattet oder unter Beibehaltung der Entfernungen (in alten Fabriken) Öfen größeren Fassungsraumes einzufügen erlaubt; bei Neubau wird durch Verringerung der Hütten-

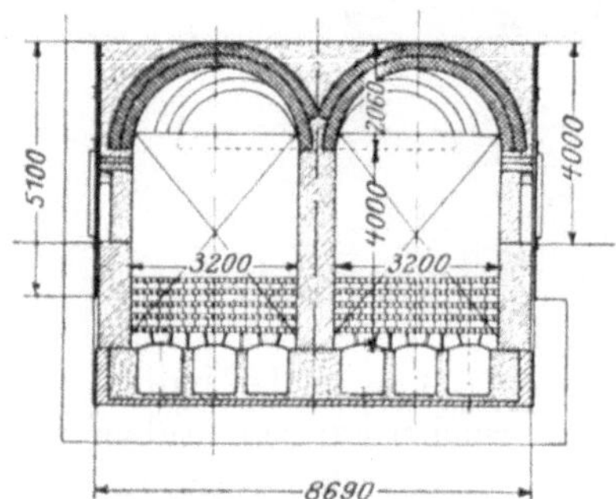

Fig. 79.

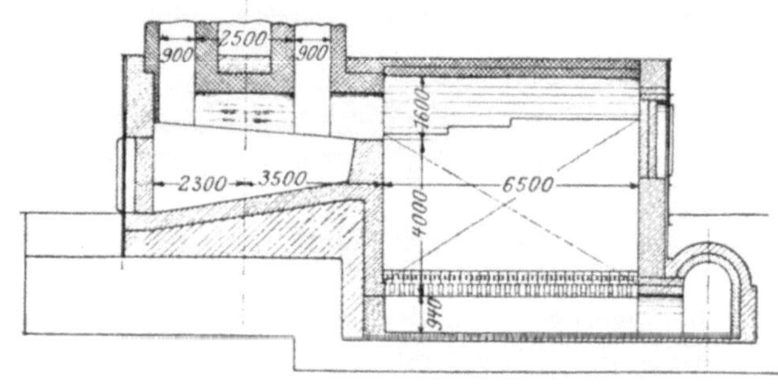

Fig. 80.

Fig. 79—81. Martinofen der Nishne-Saldinski-Werke, Ural.

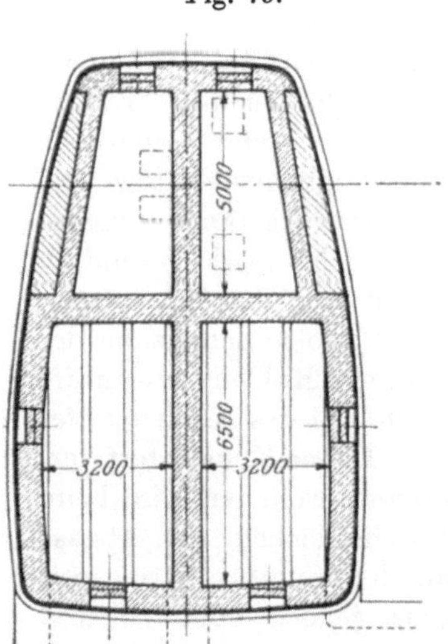

Fig. 81.

länge an Metallkonstruktionen gespart. Diese Neuerung führte sich schnell in Europa ein, und die Nadeshdinski-Werke in Rußland gehörten zu den ersten, die sie anwandten (vgl. Tafel VII, Type III).

11. Das Naturgas ist in den Vereinigten Staaten längst in die Technik eingeführt, besonders dort, wo sein Preis niedrig ist; es dient auch zum Beheizen von Martinöfen und verursacht keinerlei Änderung ihrer Bauart, außer einer gewissen Vereinfachung. Dieses Gas enthält schwere Kohlenwasserstoffe, die bei hoher Temperatur teilweise zersetzt werden; es geht daher ein bestimmter Teil des in ihm enthaltenen Kohlenstoffs verloren. Da nun das Naturgas sehr reich an brennbaren Bestandteilen ist (Abwesenheit von Stickstoff), so gibt es eine genügend hohe Temperatur, selbst wenn es unangewärmt in vorgewärmter Luft verbrennt. Es wird daher direkt den gewöhnlichen Ofenköpfen zugeführt (ohne durch die Wärmespeicher zu streichen) und entzündet sich an der in 2 Wärmespeichern vorgewärmten Luft; die Abgase werden natürlich auch gleichzeitig in 2 Wärmespeicher geleitet.

Eine solche Lösung der Frage der Verbrennung von Naturgas in Martinöfen bietet den großen Vorteil, daß sie einen leichten Übergang (d. h. ohne Zeitverlust und übermäßige Ausgaben) gestattet, z. B. zur Beheizung der Öfen mit gewöhnlichem Generatorgas, sobald sich die wirtschaftlichen Bedingungen ändern.

12. Zur Beheizung der Martinöfen hat man endlich in den Vereinigten Staaten und Rußland schon längst Naphtha und Naphtharückstände („Masut“)

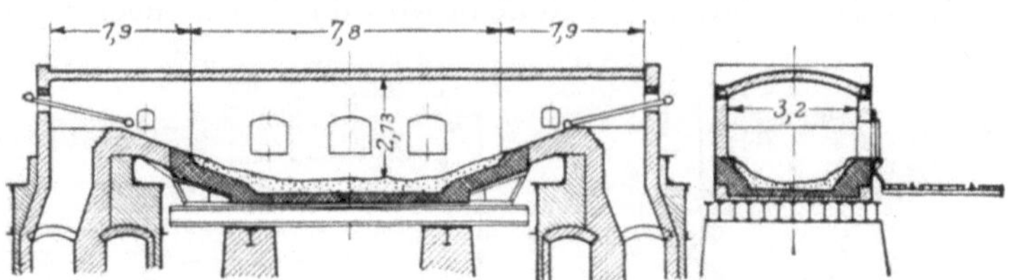

Fig. 82 u. 83. Amerikanischer Martinofen mit Ölheizung (25 t).

herangezogen. In den ersten Öfen hatte man versucht, etwa in der halben Höhe des Gitterwerks das Naphtha in den Gaswärmespeichern zu zerstäuben und sodann die Naphthadämpfe ganz wie gewöhnliches Gas in Öfen gebräuchlicher Bauart zu verbrennen. Im Laufe der Zeit trat jedoch dabei eine wesentliche Unzuträglichkeit zutage: die Naphtharückstände vergasten nicht restlos, sondern schieden in den Wärmespeichern infolge Zersetzung der schweren Kohlenwasserstoffe einen Teil des Kohlenstoffes aus. Dieser Kohlenstoff verbrannte wohl teilweise beim Durchstreichen der Abgase durch den Gaswärmespeicher, jedoch blieb ein Teil in Gestalt des sog. „Petrolkokses“ nach, und mit der Zeit wurden durch ihn die Durchgänge verstopft[1]).

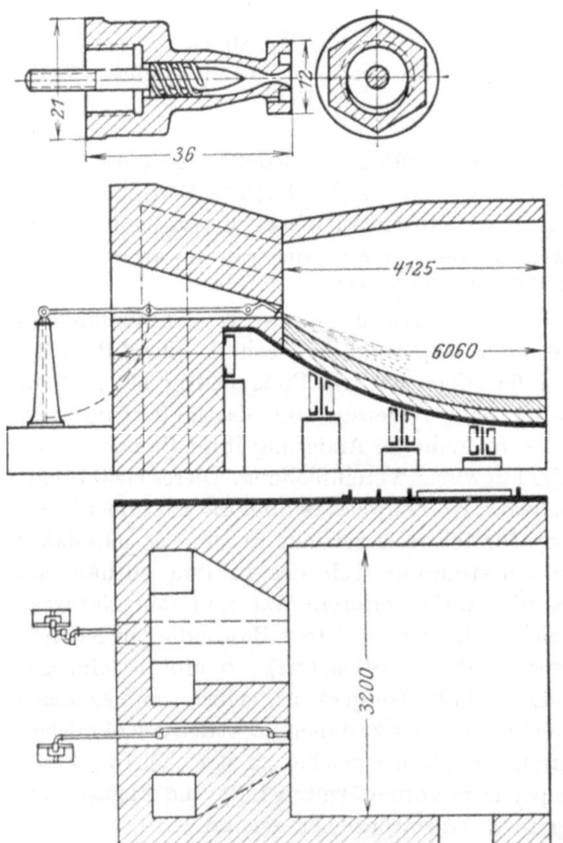

Fig. 84—86. Ölheizung des Martinofens der Kulebaki-Werke, Rußland (25 t).

Dagegen hat sich ergeben, daß bei Zerstäubung von Naphtha unmittelbar im

[1]) Das in Rußland früher gebräuchliche Verfahren der Ölheizung ist von Ing. *Kowarsky* in St. u. E. 1896, S. 915, beschrieben.

Herdraum des Ofens eine vollständige Verbrennung und gleichzeitig eine sehr hohe Temperatur erreicht werden kann. Bei solcher Arbeitsweise kommt der Ofen mit einem Wärmespeicherpaar aus — ausschließlich zur Vorwärmung der Luft.

Die Fig. 82 und 83 geben eine Vorstellung von der in Amerika gebräuchlichen Art, Naphtha in Martinöfen zu verheizen. Eine analoge Vorrichtung kann man auch in russischen Werken finden, doch läßt sich der Ölbrenner auf russischen Werken herausnehmen und verschieben, während der auf der amerikanischen Zeichnung dargestellte wassergekühlt ist und die ganze Zeit im Ofen verbleibt. In Fig. 84 bis 86 ist das Verbrennungsverfahren mit Naphtha vermittels eines Körtingölbrenners (sowie der Ölbrenner in natürlicher Größe) in 25-t-Öfen der Kulebaki-Werke (Zentralrußland) dargestellt.

Um bequemer die Abmessungen der behandelten Ofenkonstruktionen vergleichen zu können, sind in Tabelle 5 der Fassungsraum, einige Abmessungen und ihre Verhältnisse zueinander zusammengestellt.

Tabelle 5. Die Abmessungen der ersten Martinöfen und der Öfen der Übergangszeit.

	Erster französischer	Erster amerikanischer	Erster russischer	Terre-Noire-Werk	Odelstjerna, Schweden	Barrow Hämatite Co.
1. Einsatzgewicht in t	1,5	5,0	2,5	5,5	8 bas. 9 sau.	14,0
2. Herdlänge (zwischen den Pfeilern) in m	1,6	3,05	2,59	3,15	3,9	5,0
3. Herdbreite (auf Höhe d. Schwelle)	1,2	2,135	1,99	2,185	2,7	3,25
4. Herdfläche, qm	1,92	6,60	5,15	6,66	10,53	16,25
5. Gewölbehöhe über dem Bade, m	0,26	0,60	0,76	0,50	1,35	1,3
6. Inhalt des Herdraumes (freier), cbm	0,93	3,96	3,91	3,33	14,2	21,1
7. Inhalt des Gitterwerks, cbm	3,39	15,00	7,78	29,30	40,2	42,0
8. Verhältnis von 4 : 1	1,28	1,32	2,05	1,21	1,34	1,16
9. Verhältnis von 6 : 1	0,62	0,8	1,56	0,6	1,58	1,50
10. Verhältnis von 7 : 1	2,26	3,0	3,10	5,3	5,03	3,0

	Avesta-Werke, Schweden	Schönwaelder, Schlesien	Krompach, Ungarn	Donawitz, Österreich	Saratow-Rußland, Ölheizung	Campbell, Steelton
1. Einsatzgewicht in t	15,0	15,0	25,0	25,0	25,0	50,0
2. Herdlänge (zwischen den Pfeilern), m	6,75	6,5	8,0	7,8	8,0	9,75
3. Herdbreite (auf Höhe d. Schwelle)	2,25	2,5	2,9	3,05	3,1	3,05
4. Herdfläche, qm	15,20	16,25	23,2	23,79	24,8	30,0
5. Gewölbehöhe über dem Bade, m	1,5	1,24	1,5	1,6	1,55	2,0
6. Inhalt des Herdraumes (freier), cbm	22,5	20,15	34,8	38,1	38,44	60,0
7. Inhalt des Gitterwerkes, cbm	47,4	61,25	70,7	80,0	37,8	141,0
8. Verhältnis von 4 : 1	1,01	1,08	0,93	0,95	0,99	0,6
9. Verhältnis von 6 : 1	1,50	1,34	1,40	1,52	1,55	1,2
10. Verhältnis von 7 : 1	3,12	4,08	2,83	3,2	1,51	2,82

Bei Abschluß der Übersicht über die Öfen der Übergangszeit sei kurz hier zusammengefaßt, zu welchen Schlüssen ihre Erbauer nach 30jähriger Erfahrung kamen.

1. Der Fassungsraum der Öfen wurde auf dem Kontinent auf 20 bis 25 t gesteigert; in Amerika begann man mit Einsätzen bis 50 t zu arbeiten, jedoch wurden die Öfen nicht proportional vergrößert (sie fassen 35 t nach europäischen Begriffen).

2. Für die Herdfläche stellte man das Verhältnis auf: 1 qm pro 1 t eingesetzten Stahl (für Öfen geringen Fassungsraumes mehr); dieses Verhältnis ergibt in der Mitte des Bades eine Schichtdicke des Metalles von höchstens 400 mm. In amerikanischen und englischen Öfen beträgt die Tiefe des Metallbades wenigstens 400 und öfters 500 mm.

3. Die Vergrößerung des Fassungsraumes der Öfen muß hauptsächlich durch Verlängerung des Herdes bewirkt werden, und daher wird in Öfen großen Fassungsraumes das Verhältnis der Länge des Herdes zu seiner Breite nicht unter 2,5 gewählt.

4. Die Entfernung vom Gewölbe bis zur Herdsohle wurde bei zylindrischen oder kuppelförmigen Gewölben bis 2 m (in der Herdmitte) in europäischen und 2,4 m in amerikanischen Öfen gewählt, was für den freien Herdraum (über Metall und Schlacke) etwa 1,5 cbm pro 1 t Stahleinsatz ergibt. Die Bedeutung dieses Verhältnisses wird übrigens von den Erbauern der Öfen nicht eingesehen.

5. Das Volumen des Gitterwerkes wurde bis auf 4 cbm je 1 t Stahleinsatz vergrößert und jedenfalls nicht unter 3 cbm gehalten; eine Ausnahme bilden die amerikanischen und englischen Öfen mit sehr tiefem Bade.

6. Es wurde eine Bauart der Köpfe ausgearbeitet, die einen Dauerbetrieb des Ofens gewährleistete und die Möglichkeit vorzeitiger Vermischung von Gas und Luft infolge Durchbrennens der senkrechten Züge ausschloß.

7. Große Dreh- und Kippöfen wurden in die Praxis eingeführt, doch fanden sie in dem behandelten Zeitraum keine weite Verbreitung, da die von ihnen gebotenen Vorteile ihren höheren Preis nicht rechtfertigten.

8. Es wurde flüssiger Heizstoff angewandt und zu seiner Verbrennung im Martinofen die Methode der direkten Zerstäubung im Herdraum ausgearbeitet.

Die weitere Entwicklung des Frischens nach dem Martinverfahren hat in letzter Zeit: 1. die Anwendung neuer Methoden und Arbeitsverfahren gezeitigt, was eine weitere Vergrößerung der Abmessungen und Änderung der Bauart der Öfen nach sich zog; 2. die Möglichkeit erwiesen, als Heizstoffe der Martinöfen feste Stoffe gepulvert zu verwenden, die, ähnlich dem Rohöl, im Herdraum des Ofens direkt verbrannt werden; 3. die Vorteile erwiesen, die Abwärme der Rauchgase zur Dampferzeugung in unmittelbar bei den Martinöfen angeordneten Dampfkesseln auszunutzen.

3. Moderne Öfen.

1. Die Abmessungen von 60 Martinöfen sind in zwei eingeschalteten Tafeln (V und VI) nebst den Verhältnissen, die ihre Bauart kennzeichnen, gegeben; die Öfen der Vereinigten Staaten und Englands sind in Tafel VI gesondert angeführt. Im Texte geben wir bloß einige Grundabmessungen für mehrere Öfen der neuesten Zeit, die mit Einsätzen von 50 t und mehr und flachem Bade betrieben werden, sowie einige Erläuterungen über ihre Arbeitsbedingungen.

Tabelle 6. Übersicht der Abmessungen moderner Martinöfen (errichtet nach dem Jahre 1912).

	New Russian Co., Stalin-Werke, Südrußland	Amerikanisch	Drehofen, Witkowitz-Werke	Drehofen, Saldinski-Werke, Ural	Deutsche Martinöfen nicht näher bezeichneter Werke (aus dem Artikel *v. H. Bansen*)			Jurjewski-Werke, Schönwaelder, Südrußland	Breuil (Creusot)
1. Einsatzgewicht in t	50,0	50,0	50,0	50,0	50,0	54,0	55,0	60,0	60,0
2. Herdlänge (zwischen den Pfeilern), m . .	12,0	9,75	10,75	10,0	9,6	11,2	11,0	12,0	11,0
3. Herdbreite (auf Höhe der Schwelle) .	3,20	4,04	3,75	4,0	4,2	3,8	4,0	3,7	4,1
4. Herdfläche, qm . .	38,40	39,40	40,3	40,0	40,3	42,6	44,0	44,4	45,1
5. Gewölbehöhe über dem Bade, m . .	2,2	1,9	1,95	2,0	1,75	1,90	2,05	2,2	1,9
6. Inhalt des Herdraumes (freier) cbm	84,48	74,9	78,59	80,0	70,5	80,9	90,2	96,8	85,7
7. Inhalt des Gitterwerkes, cbm . . .	204,0	165,0	169,0	166,4	114,6	134,1	165,1	147,0	183,0
8. Verhältnis von 4 : 1	0,77	0,79	0,81	0,8	0,8	0,9	0,8	0,76	0,75
9. Verhältnis von 6 : 1	1,69	1,50	1,57	1,6	1,41	1,5	1,64	1,61	1,43
10. Verhältnis von 7 : 1	4,08	3,30	3,40	3,33	2,29	2,5	3,10	2,45	3,05

	Dortmunder Union	Nadeshdinski-Werke, Ural	Minnesota Steel Co. U. S. A.	Deutscher Ofen n. *Bansen*	Illinois U. S. A.	Talbotöfen	
						Witkowitz	Englisch
1. Einsatzgewicht in t . . .	70,0	70,0	75,0	78,0	100,0	200,0	200,0
2. Herdlänge (zwischen den Pfeilern), m	11,1	14,0	12,2	13,6	14,7	14,4	12,8
3. Herdbreite (auf Höhe der Schwelle)	4,25	3,85	4,88	4,15	4,76	3,95	4,88
4. Herdfläche, qm	47,18	53,90	57,50	56,44	70,0	56,88	62,46
5. Gewölbehöhe über dem Bade, m	2,1	2,0	1,88	2,25	2,1	2,2	2,5
6. Inhalt des Herdraumes (freier) cbm	99,0	107,8	111,9	127,0	147,0	125,0	156,0
7. Inhalt d. Gitterwerkes, cbm	176,0	248,0	245,0	153,5	258,7	183,3	166,0
8. Verhältnis von 4 : 1 . . .	0,67	0,77	0,77	0,723	0,7	0,28	0,31
9. Verhältnis von 6 : 1 . . .	1,41	1,52	1,49	1,63	1,47	—	—
10. Verhältnis von 7 : 1 . . .	2,51	3,54	3,27	1,97	2,59	—	—

Der Ofen der früheren New Russian Co. (jetzt Stalin-Werke) ist nach dem früher auf dem Kramatorski-Werk erprobten Typus erbaut worden und zeichnet sich durch bedeutende Dimensionen der Wärmespeicher aus; er wird nach dem Erzverfahren bei flüssigem Roheiseneinsatz betrieben und benutzt Generatorgas aus Steinkohle.

Der amerikanische 50-t-Ofen hat die typischen Abmessungen und gewöhnliche Bauart und wird mit Steinkohlengas betrieben. Die Dimensionen der Wärmespeicher sind nach europäischen Begriffen klein, nach amerikanischen groß.

Der Drehofen der Witkowitz-Werke (Tschechoslowakei), Bauart Wellman, wird auch mit flüssigem Roheisen und Steinkohlengas betrieben. Derselbe Ofen der Nishne Saldinski-Werke war für Betrieb mit Gichtgas vorgesehen (die Wärmespeicher haben gleichen Inhalt), als 100-t-Mischer eines Bessemerwerkes, er kann jedoch als gewöhnlicher 50-t-Martinofen betrieben werden und wurde es auch.

4 Martinöfen (50, 54, 55 und 78 t) nicht näher bezeichneter deutscher Werke sind der Tabelle von *H. Bansen* entnommen; die Arbeitsbedingungen sowie ihre Leistungen sind eingehend im Artikel des genannten Verfassers beschrieben[1]).

Der 60-t-Ofen der Jurjewski-Werke, Bauart Schönwaelder, war ebenso wie alle früheren Öfen dieses Werkes für den Erzprozeß mit flüssigem Einsatz errichtet; seine Wärmespeicher sind niedrig und haben einen geringen Gitterwerkinhalt (innere Schlackenfänge); dank dem reichen Kriworoger Erz wurde in diesem Ofen das Roheisen rasch gefrischt, und der spezifische Steinkohlenverbrauch war gering (0,2 und sogar noch weniger — 0,18).

Der Ofen der neuen Werke von Breuil (Creusot) ist für Einsätze von 50 bis 60 t entworfen, und hat Abmessungen, die diesem Betriebe entsprechen; als Brennstoff dient Steinkohlengas.

Der Ofen der Dortmunder Union hat die gewöhnliche Bauart von Drehöfen der letzten Zeit (er unterscheidet sich kaum von den Öfen der Nishne Saldinski-Werke) und wird mit einer Mischung von Kokerei- und Gichtgas betrieben, die vor ihrem Eintritt in den Wärmespeicher hergestellt wird; der Wärmespeicherinhalt ist für das Einsatzgewicht gering.

Der Ofen der Nadeshdinski-Werke (der größte russische Ofen) hat riesige Wärmespeicher (die Gaswärmespeicher sind größer als die Luftwärmespeicher, da der Ofen für Betrieb mit Gichtgas von Holzkohlenhochöfen entworfen ist).

Der Ofen der Minnesota Steel Co., der unlängst nach dem Typus und den Abmessungen der Öfen der riesigen Gary-Werke erbaut ist, unterscheidet sich vorteilhaft von seinem Vorbild durch bedeutende Dimensionen der Wärmespeicher. Bei Betrieb mit dem seinem Entwurf zugrunde gelegten Einsatz (75 t) hat der Ofen ein ebenso flaches Bad wie gute europäische Öfen; in Wirklichkeit werden jedoch in Amerika Öfen von solchen und sogar geringeren (in bezug auf die Herdfläche und besonders den Gitterwerkinhalt) Abmessungen

[1]) Abmessungen und Leistungen deutscher Siemens-Martinöfen. St. u. E. 1925, S. 489 bis 507.

mit Einsätzen von 100 t und mehr betrieben; dasselbe gilt auch für neu errichtete englische Öfen. Obgleich der Betrieb mit tiefem Bade den Prozeß übermäßig (12 bis 14 Stunden) verlängert, hält man in England eine solche Überlastung der Öfen für vorteilhaft, da sie Arbeitskräfte spart und die Löhne für qualifizierte Arbeiter in England äußerst hoch sind.

Der 100-t-Ofen der South Works, Illinois Steel Co., im Jahre 1922 umgebaut, ist an Herdfläche und Wärmespeicherdimensionen der größte in Amerika betriebene Ofen dieses Fassungsraumes; beheizt wird er mit Steinkohlengas.

Die nach dem ununterbrochenen Talbotprozeß betriebenen Öfen haben eine Herdfläche, die einem Ofen für 70 bis 80 t entspricht, während ihr Fassungsvermögen 200 bis 250 t beträgt, wie aus den beiden in Tabelle 6 angeführten Beispielen zu ersehen ist; die Wärmespeicher dieser Öfen sind jedoch geringer als für gewöhnliche Öfen bei gleichem Gewicht des jeweils abgestochenen Stahles. Trotzdem ist nach Angaben der Witkowitz-Werke der in Tabelle 6 gekennzeichnete Ofen einem gewöhnlichen von 50 t und einem drehbaren desselben Fassungsraumes im Betrieb überlegen, was Leistung, Brennstoffverbrauch und Abnutzung des feuerfesten Materials betrifft, besonders beim Frischen von stark phosphorhaltigem Roheisen[1]).

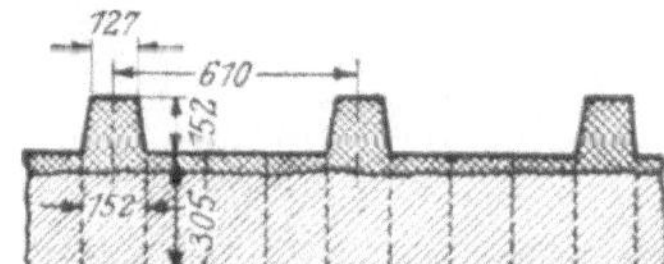

Fig. 87. Gewölbe, System *Orth.*

2. In der **Bauart** moderner Öfen sind Änderungen vorgenommen worden, die teilweise schon früher ins Auge gefaßt waren, teilweise durch neue Methoden und Betriebsbedingungen angeregt wurden. Der Amerikaner *Orth* hat eine Bauart des **Gewölbes** vorgeschlagen, die in Amerika weite Verbreitung fand; sie besteht im wesentlichen darin, daß nach einigen Bogen aus gewöhnlichen neunzölligen Ziegeln im Gewölbe ein Bogen aus zwölfzölligen Ziegeln gebaut wird (siehe Fig. 87). Dieses ergibt ein **kammförmiges** Gewölbe, das trotz Ausbrennens eines bedeutenden Teiles seiner Dicke doch dank den hervortretenden Teilen, die infolge der von drei Seiten einwirkenden Luftabkühlung nicht ausbrennen konnten, seine Festigkeit bewahrt.

Am meisten Änderungen sind in letzterer Zeit im Bau der Köpfe zu vermerken. Das Auswechseln der Köpfe während des Betriebes wurde erstmalig in Amerika an den Öfen von *Wellman* verwirklicht; unabhängig davon wurde in Europa von *Friedrich* eine einfache Bauart zum Ersatz von verbrannten Teilen der Köpfe durch Reserveteile ausgearbeitet. Der auszuwechselnde Teil wurde zwischen die Mauerung der senkrechten Züge und der kurzen Wände des Arbeitsraumes eingefügt; dazu wurde er in einem festen, jedoch leichten eisernen Gehäuse aufgemauert, in welchem der auszuwechselnde Teil leicht und bequem durch einen Brückenkran eingeführt werden kann (siehe Fig. 88 bis 90).

[1]) *F. Schuster:* St. u. E. 1914, S. 945 bis 954; 994 bis 1000; 1031 bis 1043. — *J. Puppe:* St. u. E. 1922, S. 1 bis 10; 46 bis 54.

Bei den Köpfen des Patentes von *Friedrich* ist der auswechselbare Teil massiv gehalten (sein Gewicht beträgt etwa 9 t), wodurch sein Ausbrennen beschleunigt wird. Schon längst war man bestrebt, die Mauerung der Köpfe gewöhnlicher Bauart leichter zu gestalten, indem man ihre Luftabkühlung vervollkommnet, wobei eine dünnere Ausgestaltung der Wandungen und eine längere Lebensdauer derselben erreicht wurde. Fig. 91 zeigt eine hierzu vorgeschlagene Bauart; auf ihr ist die leichtere Bauart des Mauerwerks im Vertikal-

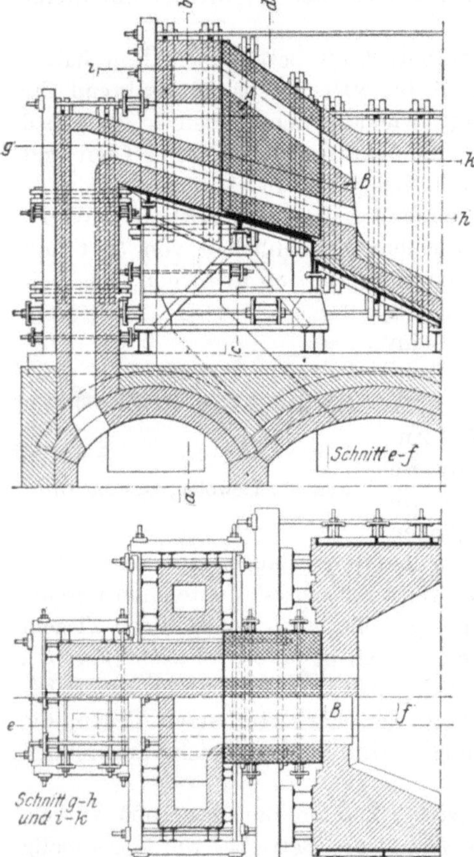

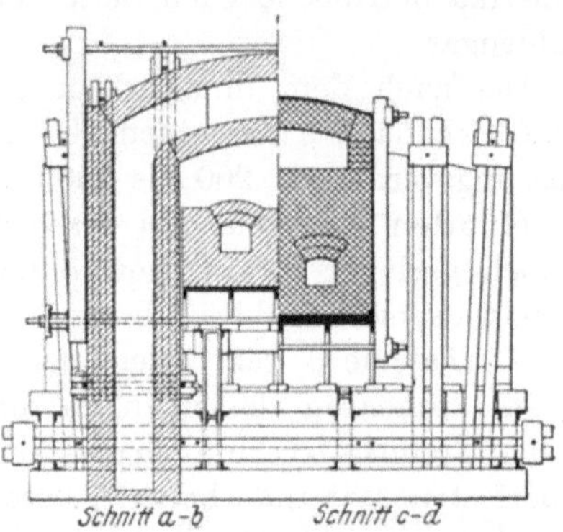

Fig. 88—90. Auswechselbarer Kopf, System *Friedrich*.

querschnitt zu sehen, doch ist sie in gleichem Maße auch in horizontaler Richtung durchgeführt; die massive Mauerung zwischen je zwei Luftzügen fällt fort, und es verbleiben bloß die einen Ziegel starken Wandungen der Luftzüge (was aus dem Querschnitt des Kopfes in Fig. 91 nicht zu ersehen ist); mit anderen Worten werden sog. „freiliegende Züge" gebaut.

Noch weiter gehen in dieser Richtung *Bernhardt* und *Maerz*, die im Kopfe bloß einen leichtgefütterten Gaszug in Metallrahmen belassen. Die vertikalen Luftzüge münden bei Öfen dieser Bauart direkt in den Herdraum, wozu sie bei *Maerz* die Sohle unweit der Gaseinströmöffnung durchbrechen und bei *Bernhardt* — das Gewölbe. Letztere Bauart[1]) ist nicht ganz glücklich gewählt, da bei ihr die Verbrennungsprodukte von der Sohle zum Gewölbe abgelenkt werden, was einerseits das Erhitzen des Bades erschwert, andererseits ein Ausbrennen des Gewölbes beschleunigt. Bei der Konstruktion von *Maerz* werden dagegen die abgesaugten Verbrennungsprodukte richtig geleitet (sie

[1]) St. u. E. 1911, S. 1117 bis 1127.

werden an das Bad gedrückt); erfahrungsgemäß ist eine vollkommene Verbrennung des Gases im Herdraum nicht behindert und die zum Bau und der Ausbesserung des Ofens benötigte Ziegelmenge bedeutend verringert. Gleich-

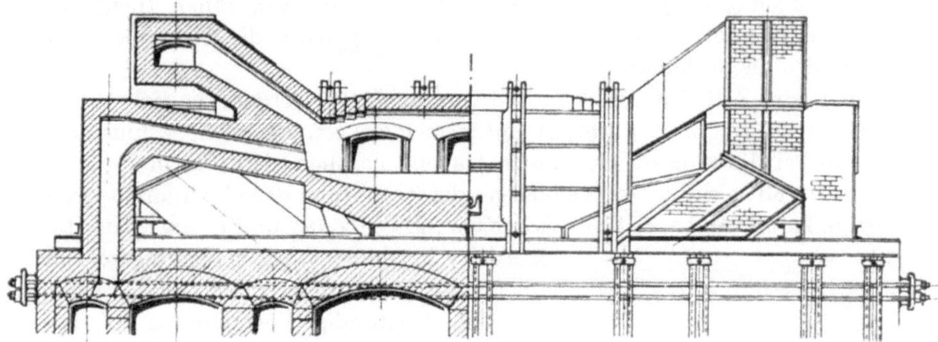

Fig. 91. Kopf leichter Bauart.

zeitig werden Dauer und Unkosten des Anheizens und Anblasens des Ofens nach erfolgter Ausbesserung niedrig gehalten. In den Fig. 92 und 93 ist der Herdraum eines russischen 40-t-Ofens, Bauart *Maerz*, abgebildet.

Die Öfen von *Maerz* werden in Deutschland und Rußland mit Erfolg betrieben, obgleich in ihren Abmessungen und ihrer Bauart, soweit sie von der Firma Maerz entworfen sind, Mängel zu bemerken sind: geringer Querschnitt der Gaseinströmöffnung, der ein Ansaugen des Gases in die Gaswärmespeicher erschwert, niedrige Kammern unter dem Gitterwerk und Fehlen von die Abgaszufuhr regelnden Klappen im Essenkanal des Luftwärmespeichers.

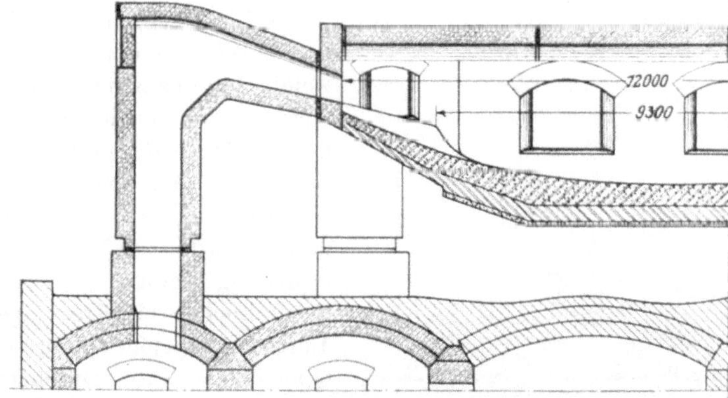

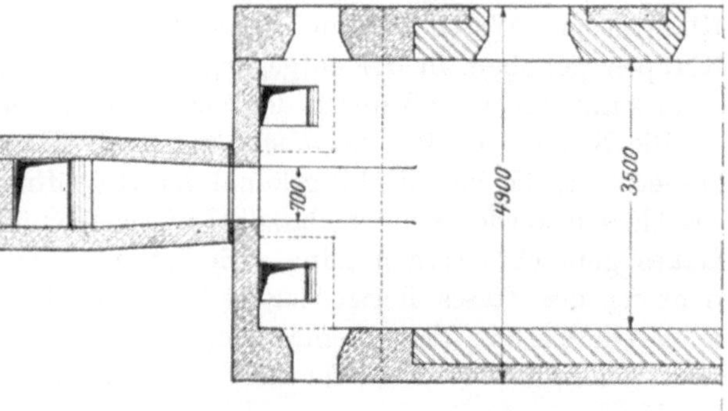

Fig. 92—93. 40-t-Maerzofen.

J. Puppe hat zur Steigerung der Haltbarkeit der feuerfesten Mauerung in den Querwänden des Ofens eine Änderung der ursprünglichen Bauart von *Maerz* vorgeschlagen; die Mündungen der vertikalen Luftzüge werden von der Gasauströmöffnung weiter abgerückt, und zwischen ihnen (beiderseits der Gasausströmöffnung) eine wischenwand eingebaut, die nicht bis an das Gewölbe des Ofens hinanragt[1]).

In neuester Zeit sind einige Köpfe vorgeschlagen worden, die sich von den üblichen nicht nur in der Bauart unterscheiden, sondern auch grundsätzlich neuen Betriebsweisen Rechnung tragen, nämlich dem Verbrennen des Gases unter Mitwirkung von Gebläsen oder Zuführung desselben unter Druck. Derartige Köpfe sind von *Egler*, *MacKune*, *Moll*, *Loftus* und *Donner* patentiert worden; in ihnen wird bei geringem Luftüberschuß und größerer Brenngeschwindigkeit eine vollständige Verbrennung des Gases erreicht, d. h. größere Mengen in demselben Herdraum verbrannt, wodurch der Wärmeeffekt des Ofens und folglich auch die Leistung vergrößert wird, was eine Verringerung des relativen Brennstoffverbrauchs zur Folge hat.

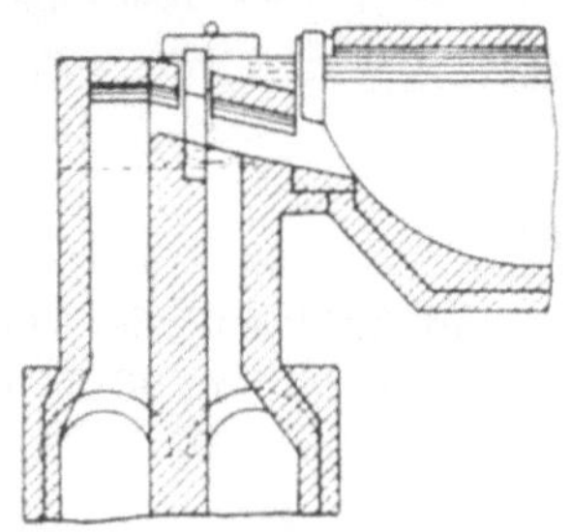

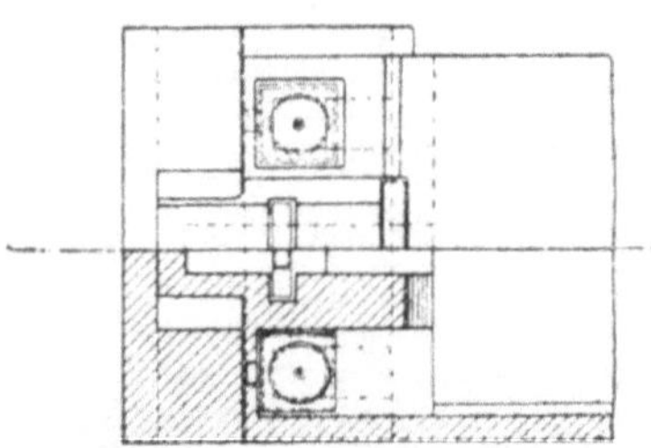

Fig. 94 u. 95. Kopf, System *Egler*.

In Fig. 94 bis 100 sind die Köpfe von *Egler* und *Moll* schematisch abgebildet und eine Zeichnung des Kopfes von *MacKune* gegeben (des Werkes South Chicago der Illinois Steel Co.). Betreffs der ersteren wäre zu bemerken, daß dank dem engen Luftzug nicht soviel Verbrennungsgase angesaugt werden können, wie von den Wärmespeichern zur Lufterhitzung benötigt werden; der Erfinder hat daher noch zwei Züge vorgesehen, die in den Luftwärmespeicher führen und genügenden Querschnitt zum Durchströmen der benötigten Mengen an Verbrennungsprodukten haben. An der Stelle, wo die geneigten Luftzüge in vertikale übergehen, sind Klappen mit Wasserkühlung angeordnet. In der Flammrichtung sind die Klappen gehoben, in der entgegengesetzten Richtung gesenkt; der Gebläsewind kann daher bloß durch den engen mittleren Kanal in den Ofen treten.

Die Köpfe von *Mac Kune* sind nicht mit Klappen, sondern mit Schiebern ausgerüstet, die im Gasabzugskanal derart geöffnet und in der Luftzuführung geschlossen werden können, daß die Lufteinströmöffnung auf $^2/_5$ des Ursprungsmaßes gebracht werden kann. Die Luftzüge haben eine in der Strömungsrichtung des Gases horizontal verlaufende Krümmung, wie in Fig. 98 zu sehen ist (letztere Figur kennzeichnet auch ebenso wie Fig. 97 das Verfahren zur Kühlung des Mauerwerks durch Röhren mit Wasserzirkulation).

[1]) St. u. E. 1920, S. 1592 bis 1598. Dort ist auch eine gute Zeichnung des Ofens mit Abmessungen gegeben — vor Abänderung durch *J. Puppe* und nach derselben.

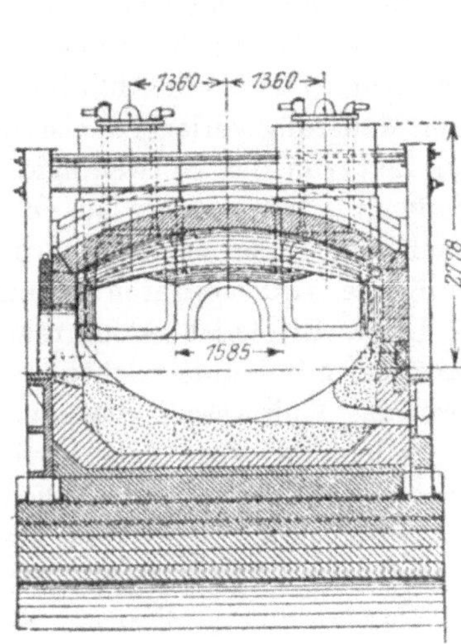

Fig. 96.

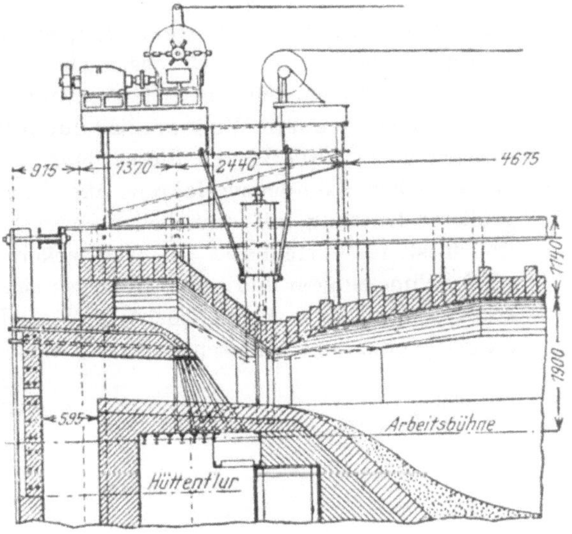

Fig. 97.

Fig. 96—98. Kopf, System *Mac Kune.* (Illinois Steel Co.)

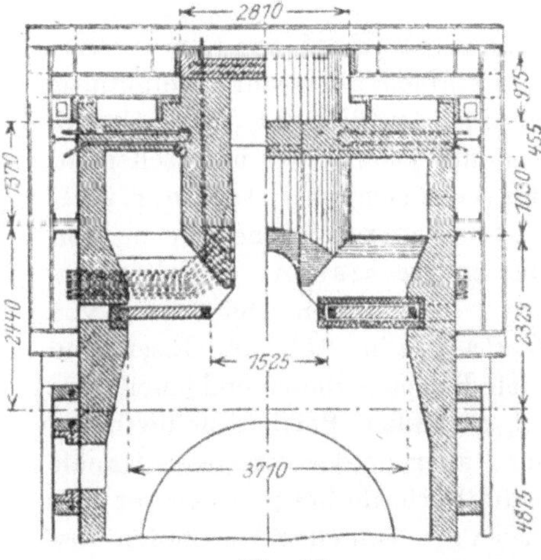

Fig. 98.

Im Kopf von *Moll* (siehe Fig. 99 und 100) wird das Gas wie gewöhnlich durch geneigte Züge in eine kleine Mischungskammer geführt und durchsetzt den breiten Luftstrom, der sich mit großer Geschwindigkeit in vertikaler Richtung bewegt. Dank der bedeutenden Geschwindigkeit des brennbaren Gemisches am Orte, wo sich Gas und Luft vermischen, findet hier laut die Anwendung dieser Köpfe betreffenden Artikeln in dem Fachschrifttum kein schnelles Ausbrennen der Mauerung statt[1]).

Zurzeit ist es noch nicht möglich, sich unbedingt **für** diese in genannten Patenten beschriebenen Kopfausführungen zu entscheiden, da es an Unterlagen für eine allseitige Bewertung ihrer Vorzüge und Nachteile mangelt.

Bei älteren und bei den meisten bestehenden Öfen wird die Mauerung der Köpfe vor dem Ausbrennen durch **Luftabkühlung** der äußeren Wandungen geschützt. In neuerer Zeit hat man vorgeschlagen, die Abkühlung einiger Teile der feuerfesten Mauerung in den Köpfen durch einen **Luftstrom** zu verstärken; er wird vom Gebläse erzeugt und umspült die **Innenwandungen** der

[1]) The Iron and Coal Trades Rev. 1921, 24. June, S. 846. — St. u. E. 1922, S. 1135 (20. Juli); 1924, S. 1193.

Mauerung, während die Verbrennungsprodukte, denen auch der Gebläsewind sich zumischen kann, sie durchstreichen. Ein solcher Schutz der Mauerung ist schon an einigen deutschen Öfen erprobt, doch verbreiteter ist die Abkühlung der Kopfwände durch Wasser, das durch in der Mauerung verlagerte eiserne Röhren oder Kupferkästen fließt. Man ist zur Zeit von der Notwendigkeit eines solchen Kühlungsverfahrens überzeugt, jedenfalls hält man es bei Öfen größerer Leistung mit sehr bedeutender Schmelzdauer, wie sie in Amerika üblich ist, für vorteilhaft. Die Haltbarkeit der Köpfe wird hierdurch bis auf 2000 Schmelzungen und sogar mehr gesteigert. Dieser Erfolg ist jedoch teuer erkauft: laut einer veröffentlichten Wärmebilanz der mit Kühleinrichtungen ausgerüsteten amerikanischen Öfen[1]) wird durch das Kühlwasser ebensoviel oder jedenfalls fast ebensoviel Wärme abgeleitet, wie dem Ofenbade zugute kommt. Selbstverständlich würden die Wandungen auch ohne Wasserkühlung Wärme abgeben, doch fraglos wären diese Verluste um ein Mehrfaches geringer.

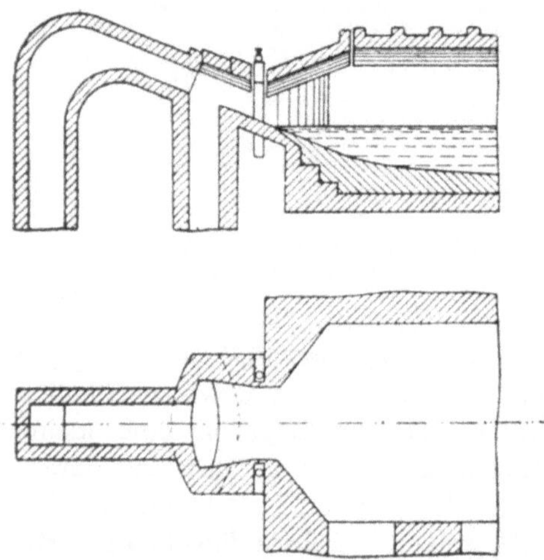

Fig. 99 u. 100. Kopf, System *Moll.*

Die amerikanischen Kühleinrichtungen der Köpfe sind im Prinzip sehr einfach, aber sehr mannigfaltig in der Ausführung; zwei Grundsysteme lassen sich unterscheiden: das eine sieht kupferne Kühlkästen verschiedener Form vor, das andere eiserne Kühlrohre. In der bekannten Abhandlung von *O. Petersen* in Stahl und Eisen sind viele Beispiele dieser und jener Type gegeben[2]); in Europa haben sie keinen Eingang gefunden. Bei den ausrückbaren Köpfen der Öfen von *Wellman* waren in der Mauerung der vertikalen Kanäle Anschlüsse (mit Sand- oder Wasserverschluß) erforderlich; in neuerer Zeit hat man begonnen, solche Anschlüsse auch bei gewöhnlichen Martinöfen auszuführen, wobei man das Gesamtgewicht der Kopfmauerung auf unterhalb der Herdsohle verlaufende horizontale Träger stützte. Hierbei ist die Mauerung der Wärmespeicher mit der der Köpfe nicht verbunden, und daher hat jede von ihnen die Möglichkeit, sich bei Temperaturänderungen unabhängig zusammenzuziehen und auszudehnen.

Es wäre zu bemerken, daß bei Anwendung eines rotierenden Herdraumes ein Ausrücken der Köpfe während der Rotationsbewegung nicht unumgänglich

[1]) *W. Dyrssen:* Journ. Iron and Steel Inst. 1924, **1**. — „Recovery of waste heat in open-hearth furnace".

[2]) St. u. E. 1910, S. 1 bis 39; 58 bis 82; die späteren Mitteilungen geben nichts wesentlich Neues.

erforderlich ist. Schon 1914 hat *J. Lambot* eine Bauart vorgeschlagen[1]), bei welcher die Köpfe an den Herdraum angeschlossen sind und mit ihm zusammen rotieren. Unlängst ist eine Bauart nach *Grum-Grjimailo* ausgeführt, bei der die Köpfe gleichfalls zusammen mit dem Ofen rotieren, wobei während der Rotation die Anschlüsse offen sind und dadurch der Gaszufluß zum Ofen unterbrochen wird. In Fig. 101 bis 103 ist ein derartiger Ofen abgebildet, der auf einem russischen Werke in Betrieb ist.

Betreffs der Wärmespeicher wäre zu bemerken, daß bis jetzt die Anordnung der Ziegel im Gitterwerk in weitaus den meisten Fällen die alte, erstmalig von *W. Siemens* angewandte ist; das Gitterwerk von *Cowper* (Fig. 104) findet keinen Eingang, obgleich es einige Vorzüge aufweist; auf

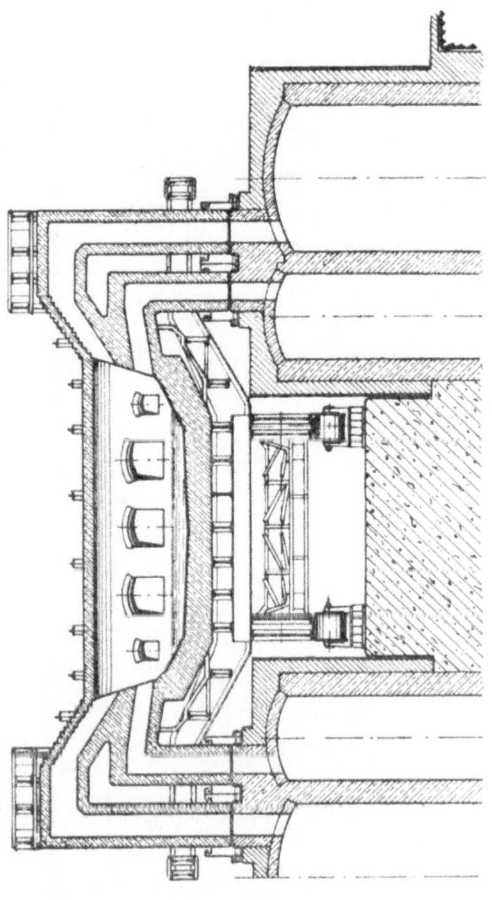

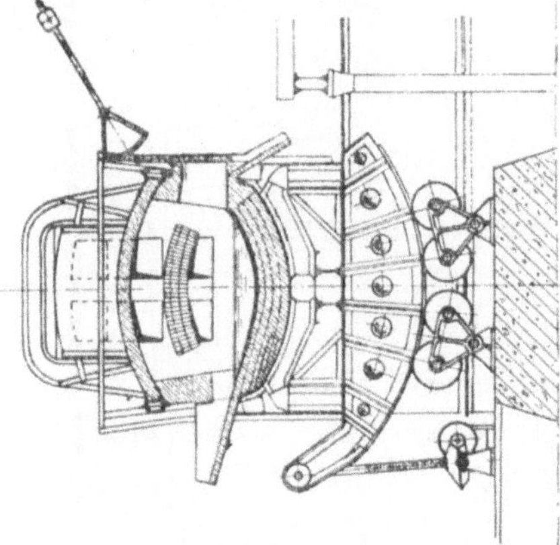

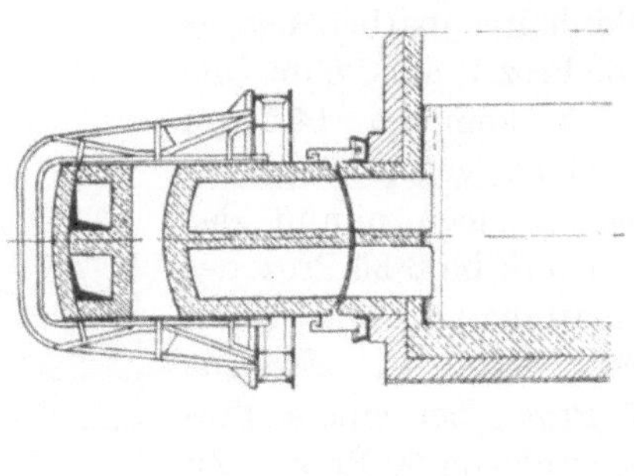

Fig. 101 bis 103. Kippbarer Ofen von *Grum-Grjimailo.*

1) St. u. E. 1914, S. 677.

Fig. 104. Gitterwerk nach *Cowper* (Grundriß).

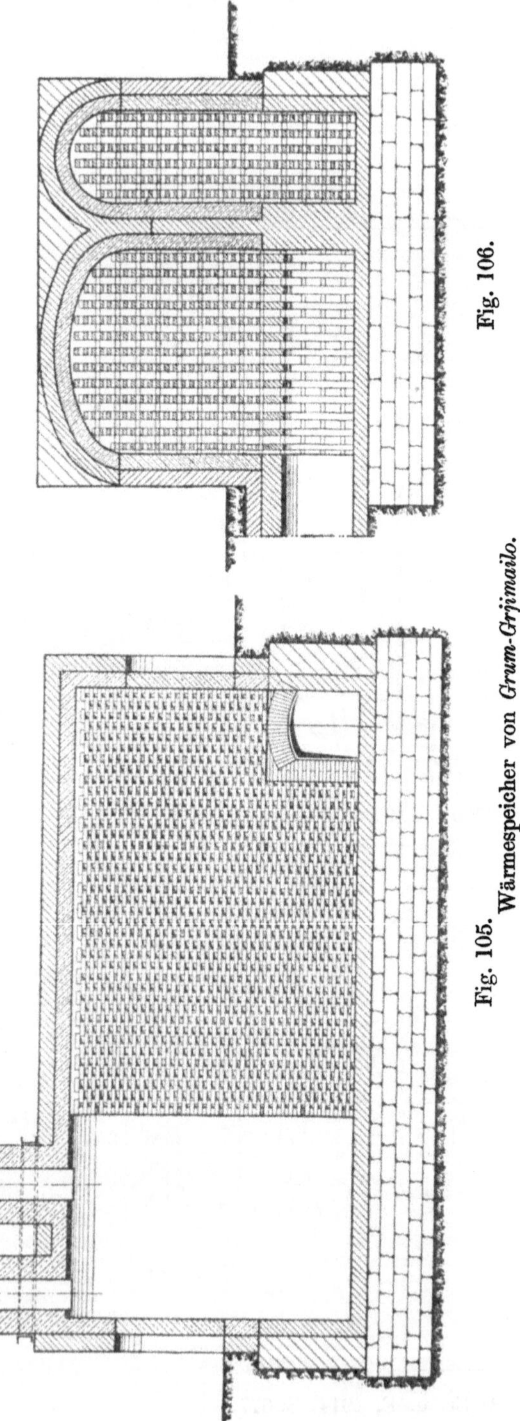

Fig. 106.

Fig. 105. Wärmespeicher von *Grum-Grjimailo.*

deutschen Werken sind nach Angaben von *H. Bansen* von 59 Öfen bloß vier mit Gitterwerken von *Cowper* versehen.

In allerletzter Zeit hat Prof. *W. Grum-Grjimailo* eine neue Verlegungsart der Ziegel in liegenden Wärmespeichern vorgeschlagen, nämlich in Form von vertikalen Wänden von der Stärke eines halben Ziegels, der mit gewissen Zwischenräumen verlegt ist (siehe Fig. 105 und 106). Der Ziegelinhalt macht im vorgeschlagenen Gitterwerk nur 37 Proz. des Gitterwerkinhaltes aus (bei *Siemens* bis 50 Proz.); auf 1 cbm Gitterwerk kommen 14,7 qm Heizfläche (gegen 22 qm bei *Siemens*), doch nimmt das Gitterwerk bloß 35 Proz. des Gesamtinhaltes der Kammern ein (bei *Siemens* 37,5 Proz., bei einem Füllungsgrad von 50 Proz.). Zu bemängeln wäre bei einer derartigen Anordnung der Ziegel die bedeutende Dicke des Gasstromes ($^1/_2$ Ziegel statt des üblichen $^1/_4$ Ziegel) und die daraus sich ergebende geringere Wärmeabgabe bei gleicher Heizfläche; als Vorzug wäre dagegen der ganz geringfügige Druckverlust der Gase durch Reibung zu nennen.

Als weitere Entwicklung des Martinverfahrens ist der Betrieb mit einem Vorfrischer anzusehen, wo das Roheisen bis zu seiner Veredelung im Martinofen verweilt und hierbei unter gleichzeitigem Einfluß des Sauerstoffes der Flamme, des Erzes und des Kalkes sein Silicium, Phosphor und teilweise Kohlenstoff verliert. Ferner ging man zum ununterbrochenen *Talbot-Prozeß*

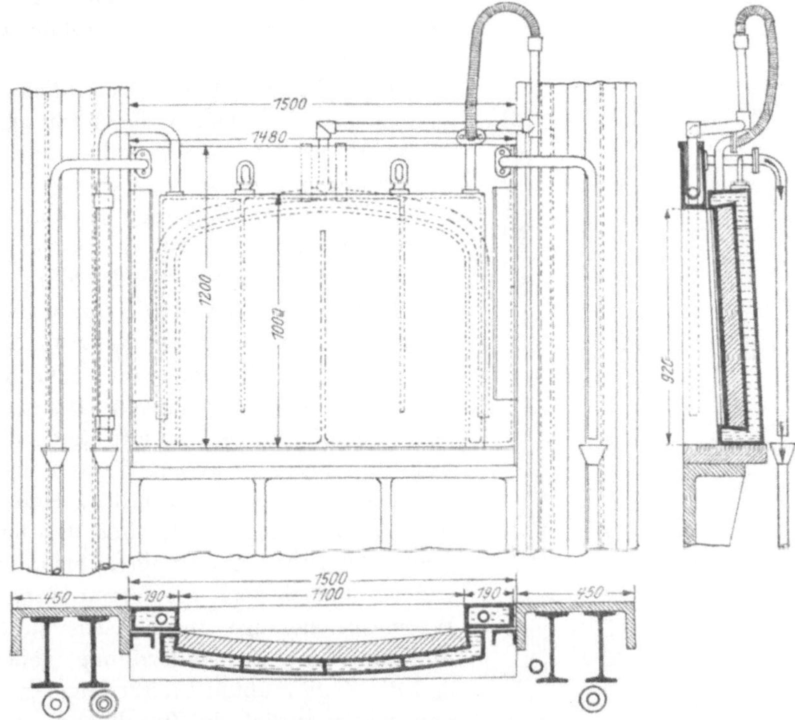

Fig. 107—109. Bronzerahmen der Einsatztüren und Schieber. (Firma Demgo-Dienenthal).

sowie zum Verfahren *Bertrand-Thiel* und *Hoesch* über, und weiter fand in Europa die verbesserte Bauart der Rotieröfen von *Wellman* (der rotierende, nicht der Schaukelofen) Eingang. Hierbei waren auch liegende Wärmespeicher erforderlich, sowie die Verankerung der Kammeraußenwände vermittels einer umfassenden genieteten Panzerung, die jetzt an allen europäischen Rotieröfen zu finden ist.

3. Von nebensächlichen baulichen Verbesserungen, die an zeitgemäßen Öfen angebracht sind, wäre vor allem die Wasserkühlung der Rahmen der Einsatztüren und ihrer Schieber zu erwähnen, wodurch ein Ansaugen von bedeutenden Luftmengen durch die Türen und Unzuträglichkeiten bei Be-

obachtung des Ofenganges vermieden werden. Die genannten Einzelteile werden jetzt entweder aus Bronze gegossen oder aus Blechstahl verfertigt (Fig. 107 bis 111). Letztere stellen sich billiger und halten trotzdem gut vor (z. B. die Schieber der Firma L. Knox drei und sogar vier Jahre). Ferner wäre zu erwähnen, daß statt der gewöhnlichen Wechselklappen, in denen das Gas mehrmals unter dem Winkel von 90° seine Richtung wechselt, flache Schieber vorgeschlagen sind, die in leicht geneigten und gleichfalls wassergekühlten Rahmen gleiten. Bei Benutzung derartiger Schieber können zwischen den Wärmespeichern und dem Kamin gerade Essenkanäle gebaut werden (ohne Richtungsänderung des Abgasstroms), und sie sind besonders für Öfen größeren Fassungsvermögens zu empfehlen, die viel zu schwerfällige Wechselklappen gewöhnlicher Bauart erfordern würden.

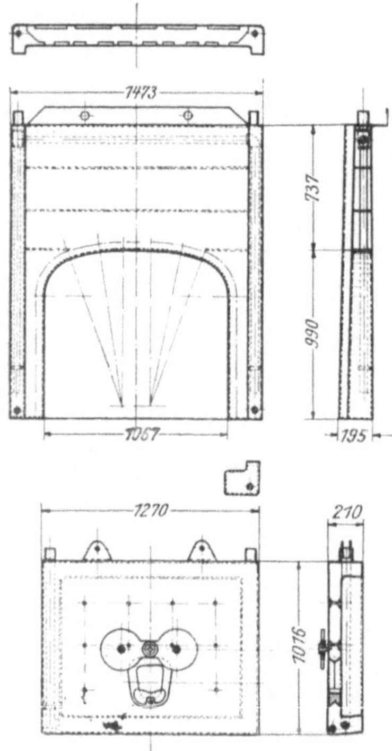

Fig. 110 u. 111. Schweißeiserne Türen und Schieber, Patent *L. Knox.*

4. Die in den Vereinigten Staaten erprobte Anwendung von Kohlenstaub zur Befeuerung von Martinöfen, der ähnlich wie Rohöl direkt in den Herdraum verstäubt wird, hat keine wesentliche Neuerung in der Bauart des Herdraumes sowie der Köpfe verursacht; es wurde dieselbe Bauart beibehalten, die bei Betrieb mit Rohöl üblich war. Auf amerikanischen Werken wurden Rohölöfen versuchsweise mit Kohlenstaub befeuert und umgekehrt, ohne daß bedeutende bauliche Änderungen erforderlich waren. Jedoch hat die Verstopfung der Wärmespeicherzüge durch Asche zu einer Änderung der Ziegelanordnung genötigt, und die Züge mußten breiter angelegt werden, was natürlich die Ziegelmenge und die Heizfläche des Gitterwerkes herabsetzte. Da hierzu noch Bedenken über den Einfluß des Schwefels und der Asche aus der Steinkohle kommen, so ist die Zurückhaltung erklärlich, mit der sich die Fachmänner zur Befeuerung der Martinöfen (sogar mit basischem Herde) mit Kohlenstaub verhielten und auch verständlich, daß die ursprünglich erprobte Bauart des Ofens nicht eine weitere Entwicklung erhielt.

Die Koksofengase haben wohl einen geringeren Brennwert als das Naturgas, können jedoch im Martinofen ganz ebenso verbrannt werden wie letzteres; somit kommt man mit 2 Wärmespeichern, ausschließlich für Lufterhitzung, sowie der Befeuerung mit Naturgas angepaßten Köpfen auch gut beim Betriebe mit Koksofengasen aus. Letztere werden übrigens in Europa gewöhnlich mit Gichtgas vermischt, und zwar in einem solchen Verhältnis, daß die

Mischung denselben oder einen höheren Brennwert hat als bestes Generatorgas; derartige Mischgase können auch zur Befeuerung eines gewöhnlichen Martinofens dienen.

5. Die amerikanischen und englischen Öfen mit ihrem kleinen Wärmespeicherinhalt und der hohen Abgastemperatur (700° und sogar höher) nutzen die fühlbare Wärme der Abgase zur Dampferzeugung in unmittelbar am Ofen befindlichen Kesseln aus.

Diese Neuerung ist vom Engländer *Th. Mackenzie* vorgeschlagen, der schon vor 30 Jahren die erste Kesselanlage zu diesem Zwecke ausgeführt hat; diese Idee ist praktisch näher ausgearbeitet und in größtem Ausmaße in den Vereinigten Staaten verwirklicht, wo gegenwärtig alle Martinöfen größerer Leistung mit Dampfkesseln (Heizfläche 450 bis 500 qm) ausgerüstet werden; auch in England nimmt ihre Anwendung ständig zu. Laut amerikanischen Erfahrungen ist eine etwa 5 HP entsprechende Dampfmenge auf je 1 t flüssigen Stahl zu erwarten.

Die Bauart der Martinöfen wird natürlich durch den Einbau von Dampfkesseln nicht beeinflußt, doch hat man bei Ausnutzung der Abgase zur Dampferzeugung besonders darauf zu achten, daß die Füchse luftdicht gemauert sind, die Schieber dicht schließen und die Luftklappen gut arbeiten. Bei den erstmaligen Verwendungen der Dampfkessel an Martinöfen hat es sich gezeigt, daß durch Spalten in den genannten Ofenteilen ungeheuere Mengen von Außenluft angesaugt werden können, wodurch die nutzbare Wärme der Abgase sinkt, da vor dem Eintritt in den Kessel schon ihre Temperatur beträchtlich fällt; dieser Verlust ist um so empfindlicher, als ja bei gewöhnlicher Mauerung der Dampfkessel oft Außenluft angesaugt wird. Es empfiehlt sich, die Mauerung mit einem leichten genieteten Panzer zu umgeben (was übrigens auch jetzt für gewöhnliche Dampfkessel vorgesehen wird), auf Siemenswechselklappen zu verzichten und sie durch Klappen mit Wasserverschlüssen zu ersetzen, und endlich statt der Schieber eine besondere hydraulisch umstellbare Dreiwegtrommel einzuschalten, in der eine Leitung mit dem Ofen, die zweite mit dem Kessel und die dritte mit dem Kamin in Verbindung steht. Durch Drehung der Zwischenwand um 120° wird der Ofen je nach Wunsch direkt mit dem Kessel oder dem Kamin verbunden (bei der Kesselreinigung, resp. Rußentfernung).

II. Abmessungen von Martinöfen nach Versuchsdaten.

Zur Zeit bilden die Ergebnisse von Versuchen die alleinige Handhabe zur Ermittlung der Abmessungen bei neuen Entwürfen von Martinöfen; sie werden durch Bearbeitung des der laufenden Martinwerkpraxis entstammenden Rohmaterials gewonnen, und stellen daher nicht unwandelbare, d. h. sichere und für längere Zeit feststehende oder sogar unbedingte, nicht anzufechtende Normen dar. Im Gegenteil, das stetige Wachsen der Abmessungen und Ofenleistungen sowie wesentliche Änderungen der Betriebsweise nötigen zu einer kritischen Überprüfung der Koeffizienten und Verhältniszahlen.

Wenn wir die konstruktiven Abmessungen gut arbeitender Öfen den Arbeitsbedingungen und Betriebsergebnissen dieser Öfen gegenüberstellen, so können wir uns sofort überzeugen, daß das im Betriebe gebräuchliche Einsatzgewicht oft von den Stahlgießereileitern bedeutend größer bemessen wird, als das Gewicht, für welches der Ofen entworfen ist. Oft wird bei Ausbesserungen der Herdraum zwecks Steigerung des Einsatzes und der Leistung vergrößert, wobei die Köpfe verkürzt werden, dagegen bleiben die Ausmaße der Wärmespeicher und bisweilen auch der Gas- und Lufteinströmungen unverändert. Es ergeben sich hierdurch nicht nur solche Verhältnisse zwischen den Abmessungen der einzelnen Teile und dem Einsatzgewicht, die der Urheber der Umbauten selbst nicht gewünscht hätte, sondern sozusagen erzwungene, durch die praktische Notwendigkeit bedingte. Solche Abmessungen und Verhältniszahlen zeigen bloß, wie weit man in der Praxis abirren kann, können jedoch nicht als Vorbild beim Bau neuer Öfen dienen.

Außerdem wäre im Auge zu behalten, daß ein neuer Ofen — selbst wenn er nach dem Entwurf bekannter Fachmänner gebaut, sogar patentiert ist — niemals in jeglicher Hinsicht vollkommen ist: entlehnt man einige gute Konstruktionseigenschaften eines solchen Ofens, so hat man peinlich auf alles das zu verzichten, was sich in der Praxis nicht bewährt hat. Dabei muß man natürlich wissen, wie sich mit der Zeit die Abmessungen geändert und die Bauart der Martinöfen vervollkommnet hat, und auch zu welchen Schlüssen gegenwärtig hierin die Fachmänner gekommen sind, die das Entwerfen solcher Öfen mit Verständnis beurteilen. Das notwendige Material hierzu ist oben in der Beschreibung der Entwicklung der Abmessungen und Bauart der Martinöfen gegeben.

A. Gewöhnliche Gasöfen.

1. Der Herdraum.

Die Abmessungen des Herdraumes sind gegeben durch 1. die Entfernung von Kopf zu Kopf in Höhe der Unterkante der Gaseinströmung (L), 2. die Herdbreite in Schaffplattenhöhe (E) und 3. die Gesamthöhe des Herdraumes (h). Das Produkt beider ersterer Größen wird vom Verfasser bedingt Herdfläche (S) genannt.

a) Die Herdfläche.

1. Die Herdfläche wird von Fachmännern nach dem Einsatz bestimmt; wenn man jedoch das Verhältnis der Herdfläche zum Einsatzgewicht beachtet, so sieht man, daß in gut proportionierten Öfen verschiedenen Fassungsraumes

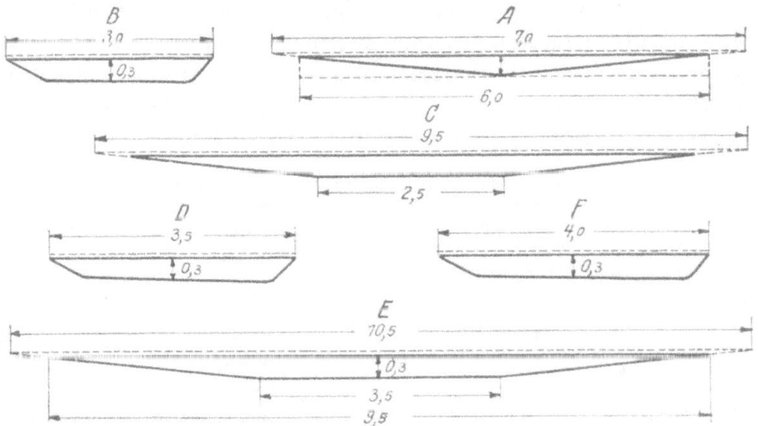

Fig. 112. Schematische Darstellung des Bades von Martinöfen verschiedenen Fassungsvermögens.

dasselbe nicht konstant bleibt, sondern ziemlich regelmäßig mit dem Fassungsvermögen der Öfen abnimmt, so daß in kleineren Öfen eine größere Herdfläche auf jede Tonne Einsatzgewicht kommt als in größeren; übrigens tritt bei den größten Öfen neuester Zeit dieser Unterschied weniger zutage als bei älteren Öfen geringerer Leistung.

Das Anwachsen des Verhältnisses der Herdfläche zum Einsatzgewicht mit Verringerung der absoluten Abmessungen bei Öfen gleicher Bauart erklärt sich durch den Einfluß der Abböschungen von Sohle und Herd, wie aus den Skizzen (Fig. 112) der Badquerschnitte mit einer Oberfläche („Badspiegel"), die 7 m, $9^1/_2$ und 10,5 m lang ist, und einer Badtiefe von 0,35 m (0,3 das Metall in der Herdmitte und 0,05 m die Schlacke) zu ersehen ist.

Da der Rauminhalt von 1 t Weicheisen 0,14 cbm beträgt, so kommt auf 1 t Metall $0{,}14 : 0{,}3 = 0{,}4667$ qm der Metallbadfläche bei einer Badtiefe von 0,3 m, wenn das Metall in einem parallelepipedalen Gefäß untergebracht ist; hat dagegen der Gefäßboden die in Fig. 112 *A* angegebene Form, so ist die Metallbadfläche für 1 t zweimal größer, d. h. 0,933 qm, und die Schlackenoberfläche oder der „Badspiegel" nimmt bei einer Dicke der Schlackenschicht von 0,05 m (sie kann bei dem Erzverfahren mit flüssigem Roheisen bis 0,075 m wachsen) schon 1,11 qm je 1 t Einsatz ein. Im zweiten Falle (Fig. 112 *C*) wird unter denselben Bedingungen ein geringeres Verhältnis erhalten, nämlich 0,80, im dritten (Fig. 112 *E*) nur 0,75.

In Wirklichkeit hat man jedoch zwecks Erzielung der genannten Badtiefe noch größere Verhältnisse zu wählen, da einerseits die Böschungen der Längswände des Ofens (siehe Fig. 112 *B, D, F*) das Fassungsvermögen des Bades verringern, andererseits auch deshalb, weil die Unterkante der Gaseinströmöffnung, deren Lage den maximalen Rauminhalt des Bades in der Kochperiode bestimmt, oberhalb der Schlackenoberfläche liegen muß. Daher ist die Herdlänge (*L*) um 1,2 bis 1,6 m länger als der Badspiegel.

Die vom Verfasser empfohlenen Verhältniszahlen der Herdfläche zum Einsatzgewicht für Öfen mit basischem Herde sind in der Tabelle 7 zugleich mit den aus diesen Verhältnissen sich ergebenden absoluten Abmessungen der Herdfläche angeführt. Für Öfen mit kleinerem Fassungsvermögen resultiert eine Metallbadtiefe von 0,4 m, für größere (über 50 t) etwa 0,35 m.

Tabelle 7. Verhältnis der Herdfläche zum Einsatz.

Einsatzgewicht der Metalle T t	Auf 1 t S/T qm	Herdfläche S qm
12,5	1,20	15,00
15	1,125	16,88
17,5	1,05	18,38
20	1,00	20,00
25	0,95	24,00
30	0,90	27,00
40	0,84	33,50
50	0,80	40,00
60	0,76	45,60
75	0,73	54,70

Der Herd saurer Öfen kann um etwa 15% kleiner gebaut werden als der basischer Öfen für denselben Einsatz, da die saure Schlacke in geringeren Mengen angewandt wird und daher auch bedeutend weniger Raum einnimmt als die basische.

Geringere Abmessungen der Herdfläche als in der Tabelle zwingen zur Arbeit mit einem tieferen Metallbade, das langsamer durchwärmt und oxydiert wird (infolge des geringeren Verhältnisses der Oberfläche zum Volumen, resp. Gewicht des Metalls), wodurch der Raffinationsprozeß verlängert wird; trotzdem sind solche Herde selbst in der jüngsten Praxis anzutreffen, da in den neueren Öfen nicht nur der Flammensauerstoff, sondern auch der Sauerstoff der Erze die Oxydation bewirkt, wobei nicht nur der Prozeß beschleunigt, sondern auch das Ausbringen gesteigert wird, so daß bei einer Überlastung des Ofens trotz Vergrößerung der Badtiefe die tägliche Produktion des Ofens nicht geringer wird und der relative Brennstoffverbrauch (auf 1 t fertiges Metall) herabgesetzt wird.

Selbst in dem Falle, daß beim Entwerfen das Verhältnis S/T richtig gewählt ist, kann der günstige Wert für T nur beim Betriebe des Ofens bestimmt werden.

2. Die linearen Abmessungen des Herdraumes (Länge und Breite) können aus der bestimmten Herdfläche ermittelt werden, indem Länge und Breite so gewählt werden, daß ihre Abmessungen in praktisch bequemen Grenzen bleiben. Diese Grenzen sind jedoch recht weit.

Die Amerikaner gehen bis zu einer Breite von 4,57 m, die sie zwingt, in jeder der Längsseiten des Ofens Einsatztüren (bis 10 an der Zahl) zu bauen, jedoch scheint kein zwingender Grund vorzuliegen, über 4,33 m hinauszugehen, sogar beim Bau der größten Öfen.

Was die Länge betrifft, so ist die Möglichkeit befriedigenden Betriebes in einem Herdraum von 16 m Länge zur Zeit erwiesen. Bei einer solchen Herdlänge, rationeller Breite und üblicher Badtiefe kann der Einsatz bis auf 100 t gebracht werden — was einer Leistung entspricht, die nur in wenigen europäischen Werken benötigt wird (natürlich unter der Voraussetzung, daß ein Martinwerk mehrere Öfen besitzen muß).

Da die Länge des Herdraumes in weiten Grenzen variieren kann, so wählt man die entsprechende Länge auf Grund des Verhältnisses von Länge zur Breite des Herdraumes (letztere in Höhe der Einsatztürschwellen). Dieses Verhältnis schwankt bei zeitgenössischen Öfen zwischen 2 und 3, für gewöhnliche europäische Öfen empfehlen sich Werte zwischen $2^1/_2$ und $2^3/_4$, nur für Öfen mit größtem Fassungsvermögen wird der Wert 3 gewählt. Bei solchem Verhältnis von $L : E$ (kurz als m bezeichnet) bleibt die Herdbreite in Grenzen, welche ein bequemes Ausbessern der Sohle ermöglichen.

Bei gegebenem S und m werden Länge und Breite des Herdraumes durch die Gleichungen

$$L \cdot \frac{L}{m} = S\,, \qquad L = \sqrt{mS}\,, \qquad E = S : L$$

bestimmt.

In folgender Tabelle 8 sind für Öfen mit verschiedenem Fassungsraum die Werte für m gegeben, und zwar derart, daß sie allmählich von 2,5 bis 3 anwachsen.

Für Öfen mit kleinem Fassungsraume sind geringere Werte von m zu wählen, um einen zu engen Herdraum zu vermeiden, der nicht gestattet, die Zwischenwände in den Zügen genügend stark (wenigstens 2 Ziegel, d. h. 500 mm dick) zu wählen — ein baulicher Mangel, der einen schnellen Verschleiß dieser Zwischenwände zur Folge hat; noch geringere Werte für m (z. B. 2) führen eine andere Unzuträglichkeit mit sich — einen kurzen Herdraum, in dem die Zwischenwände ausbrennen, da sie dem Brennpunkte zu nahe sind. In Öfen mit großem Fassungsraum ist ein niedriges Verhältnis von m nicht von den angedeuteten Folgen begleitet, jedoch erhalten sie unter diesen Umständen einen zu breiten Herdraum, der unbequem bei Ausbesserungen ist; es muß daher bei solchen Öfen der höchste Wert für m gewählt werden.

Tabelle 8. Verhältnis von Fassungsvermögen, Länge und Breite des Herdraumes von Martinöfen.

T t	$L:E$	L m	E m	S qm
12,5	2,50	6,10	2,45	15,00
15	2,50	6,50	2,60	16,88
17,5	2,52	6,80	2,70	18,38
20	2,55	7,15	2,80	20,00
	2,60	7,22	2,77	
25	2,60	7,90	3,05	24,00
	2,66	8,00	3,00	
30	2,66	8,50	3,20	27,00
	2,70	8,55	3,16	
40	2,70	9,50	3,53	33,50
	2,75	9,60	3,48	
50	2,75	10,50	3,81	40,00
	2,80	11,00	3,64	
60	2,90	11,50	3,97	45,60
75	3,00	12,80	4,27	54,70

3. Der Herd hat in der Mitte seiner Längsachse die maximale Neigung, gemessen von der Einsatztür zur Abstichöffnung; sie beträgt im allgemeinen von $^1/_{12}$ bis zu $^1/_{16}$ der Breite, im Mittel $^1/_{14}$, d. i. 0,007, entsprechend der Tangente eines Winkels von etwa 4°.

b) Rauminhalt des Herdraumes.

4. Die Höhe des Gewölbes über der Herdsohle schwankt bei gewöhnlichen europäischen Öfen zwischen 1800 und 2500 mm; in Anbetracht dessen, daß die Badtiefe der Öfen — infolge ihrer Bauart, sowie der Arbeitsbedingungen — verschieden ist und nur der freie Inhalt des Herdraumes von Einfluß auf den Verbrennungsvorgang ist, empfiehlt es sich, die Lage des Gewölbes durch den Abstand von der Badoberfläche zu bestimmen; dieser Abstand darf nicht unter 1500 mm (Öfen für 15 bis 20 t) und nicht über 2250 mm (für Öfen größten Fassungsvermögens) betragen. Bei geringem Abstand wird selbst in Öfen mit kleinem Fassungsvermögen das Gewölbe bald durch Schlackenspritzer und durch Abschmelzungen bei den hohen Temperaturen angegriffen; wählt man den Abstand größer als angegeben, so wächst selbst im Ofen mit großem Fassungsvermögen der Brennstoffverbrauch stark an.

Zur Orientierung kann das Verhältnis dienen, welches oben im Abschnitt über die Entwicklung der Martinöfenabmessungen mehrfach angegeben ist und den mittleren Abstand von der Badfläche (oder öfter von der Höhe der Einsatztürschwelle) zum Gewölbescheitel ziemlich genau angibt; es ergibt sich der Inhalt des freien Raumes über dem Bade, bestimmt durch das Produkt aus der Herdfläche und dem Abstand der Badoberfläche vom Gewölbe, zu etwa 1,5 cbm je 1 t Stahl auf dem Herde. Bei Öfen mittleren Fassungsvermögens, die nach dem Erzverfahren mit flüssigem Roheisen betrieben werden, kann aus den erwähnten Gründen der freie Inhalt bis 1,75 cbm je 1 t Stahl gesteigert werden; je größer der Einsatz, um so geringer ist dieses Verhältnis, darf jedoch nie unter 1,5 cbm fallen. Diese Regelmäßigkeit beim Herdrauminhalt läßt sich daraus erklären, daß im Martinofen, wie in jedem Flammofen, die Höhe des Gewölbes über der Badfläche ein gewisses freies Volumen des Herdraumes für die Flammenentwicklung festlegt und daher die Verbleibdauer der Gase im Herdraum, volle oder partielle Verbrennung und Abkühlung der Gase bis zu einer bestimmten Temperatur (gewöhnlich 1600°) beeinflußt.

Für jeden Martinofen besteht ein bestimmter Brennstoffverbrauch, der die besten Betriebsergebnisse und Ofengang zeitigt, d. h. diejenigen Temperaturen und Wärmezufluß in der Zeiteinheit gibt, bei denen solche Resultate erreicht werden können. Nach Betriebsdaten aus der neuesten Zeit werden den meisten gut arbeitenden Öfen je 1 qm Herdfläche Gasmengen zugeführt, die 1 t in 24 Stunden im Gaserzeuger vergaster Steinkohle entsprechen. Diese Gasmenge gibt ein derartiges Volumen Abgase, daß bei einer mittleren Temperatur von 1700° (und weiterer Abkühlung bis 1600°) sie $2^1/_2$ Sekunden im Herdraum bleibt, vorausgesetzt, daß die Abgase den ganzen Herdraum füllen; letzteres kommt natürlich in Wirklichkeit nicht vor, doch bietet die errechnete Verweilungsdauer der Gase im Herdraum die Möglichkeit, den nach anderen Methoden berechneten Abstand des Gewölbes vom Badspiegel zu kontrollieren oder einen empirisch gewählten Wert zu überprüfen.

Der Verbrennungsprozeß wird aber auch durch die Qualität des Gases, seine Zusammensetzung und den Charakter seiner Flamme mit beeinflußt. Man hat gefunden, daß mit Rohölrückständen geheizte Öfen, in denen der Brennstoff direkt in den Herdraum verstäubt wird, eine größere Entfernung von der Badfläche zum Gewölbe besitzen müssen als Gasöfen, ebenso mit Naturgas, das ohne vorherige Erwärmung in Wärmespeichern den Köpfen zugeleitet wird, betriebene Öfen; für solche Öfen hat man statt 1,5 cbm je 1 t Stahl auf dem Herde 1,75 cbm Herdraum zu wählen.

Der Einfluß der Qualität des im Herdraum verbrannten Heizmittels kann jedoch vom Erbauer des Ofens nur vermutet werden, genau läßt er sich bloß durch Versuche ermitteln; ebenso wäre die Frage zu entscheiden, ob eine Hebung des Gewölbes (über die Norm) beim Arbeiten nach dem Verfahren mit ausschließlich flüssigem Roheisen Vorteile mit sich bringt; ohne Versuche läßt sich nicht berechnen, ob die Ersparnisse durch Schonung des feuerfesten Materials nicht wettgemacht werden durch den Mehrverbrauch an Brennstoff, der gewöhnlich eine Hebung des Gewölbes begleitet.

Somit ist die Entfernung vom Gewölbe bis zum Herde eine derjenigen Abmessungen, die sich nicht erraten, sondern sich genau erst durch Versuche, in Anpassung an die örtlichen Verhältnisse, ermitteln lassen.

In allen überlasteten Öfen ist natürlich das Verhältnis des freien Raumes über dem Bade je 1 t Einsatzgewicht geringer als 1,5 cbm. Wenn trotzdem im Herdraume solcher Öfen die Verbrennung sich befriedigend abspielt und die Abgase genügend enthitzt werden, so erklärt sich dies daraus, daß eine Überlastung — sogar eine bedeutende — den freien Raum über dem Bade nur unbedeutend verringert. Ein 30-t-Ofen z. B. mit der Badfläche von bloß 27 qm kann mit 38 t Metall beschickt werden (Überlastung 26,7 Proz.), wobei die überzähligen 8 t mit einem Inhalt von 1,12 cbm den Badspiegel bloß um 50 mm heben und die Entfernung vom Gewölbe um 3 Proz. der ursprünglichen Größe (1700 mm) verringern.

Bei überlasteten Öfen kann die Höhe des Gewölbes über dem Badspiegel nach den Angaben des Verfassers kontrolliert werden, indem man von der Herdfläche dieser Öfen ausgeht, danach nach Tabelle 8 das normale Fassungsvermögen des Ofens feststellt und endlich auf Grund des letzteren das freie Volumen des Herdraumes bestimmt.

2. Köpfe.

Bei den Köpfen, deren Bauart bekanntlich einen großen Einfluß auf den Betrieb und die Haltbarkeit des Ofens ausübt, werden gewöhnlich bloß die Abmessungen der Gas- und Lufteinströmungen berechnet.

a) Einströmöffnungen.

5. Gewöhnlich wird von den Praktikern die Einströmfläche, bezogen auf 1 t des auf dem Herde umgeschmolzenen Metalls, angegeben, jedoch liegen die betreffenden Verhältniszahlen selbst für Öfen desselben Fassungsraumes, die von verschiedenen Konstrukteuren ausgeführt sind, in sehr weiten Grenzen; am häufigsten findet man in Europa Werte von 150 bis 250 qcm auf 1 t Einsatz für die Lufteinströmung und ein bis zwei Drittel hiervon für die Gaseinströmung.

Bei Öfen desselben Konstrukteurs, die verschiedenes Fassungsvermögen besitzen, ist eine regelmäßige Abnahme des Einströmquerschnitts pro 1 t Einsatz mit dem Anwachsen des Fassungsraumes zu bemerken. Folgende Tabelle enthält die Normen eines Ofenkonstrukteurs:

	10 t	20 t	30 t	45 t	150 t Mischer-Ofen
Lufteinströmung	306 qcm	246 qcm	195 qcm	180 qcm	83 qcm
Gaseinströmung	252 „	192 „	152 „	120 „	50 „
Verhältnis	1,214	1,281	1,283	1,5	1,66

Diese Regelmäßigkeit wird durch theoretische Überlegungen gerechtfertigt — der Druckverlust durch Reibung in den Zügen ist dem Verhältnis des Umfanges zur Querschnittfläche des betreffenden Zuges umgekehrt proportional; je größer also die absoluten Abmessungen des Kanales, um so größere Geschwindigkeiten können bei gleichem Druckverlust erzielt werden.

Da mit der Steigerung des Einsatzes das Verhältnis S/T sich verringert, so findet man, daß der auf die Herdfläche bezogene Einströmungsquerschnitt sich in engen Grenzen hält. Nach den Berechnungen des Verfassers kann dieses Verhältnis sogar als konstant angesehen werden, gleich 120 qcm Gaseinströmquerschnitt auf 1 qm Herdfläche bei Öfen von etwa 30 t. Für größere Öfen, z. B. über 75 t, kann man sich mit geringeren Werten — um 100 qcm — begnügen, sowohl aus dem angeführten Grunde, als auch deshalb, weil zur Erhaltung der Richtung des Gasstromes im Herdraum die Geschwindigkeit um so größer sein muß, je länger der Weg des Gases ist. Für Öfen mittleren Fassungsvermögens (30 bis 75 t) wird ein mittlerer Wert — 110 qcm je 1 qm Herdfläche — empfohlen.

Luft wird in den Ofen durch den geringeren Zug geführt, den die warmen Winderhitzer bewirken, während das Gas von den Gaserzeugern geliefert wird, die zumeist mit künstlichem Zug arbeiten, und daher bereits beim Eintritt ins Gitterwerk der Wärmespeicher einen Überdruck besitzt. Dank diesem Umstande ist genügender Gaszufluß selbst im Falle sehr enger Gaseinströmungen vorhanden (als Beispiel wären einige große amerikanische Öfen zu nennen, bei denen oft Gaszüge von etwa 60 qcm Querschnitt je 1 qm Herdfläche vorkommen), während die Strömungsverzögerungen der Luft in engen Kanälen sogar durch Anwendung von Kaminen mit bedeutender Zugkraft nicht verbessert werden können.

Jetzt läßt man sich häufig bei Bestimmung des Verhältnisses der Querschnitte von Luft- und Gaseinströmöffnungen nicht mehr von den Wärmemengen leiten, die durch die Abgase in die Gas- und die Luftkammern geführt werden; letzteres Verhältnis gibt bloß den zulässigen Mindestquerschnitt der Lufteinströmöffnungen.

Wenn z. B. die Abgase im Mengenverhältnis 1 : $1^2/_3$ die beiden Einströmöffnungen durchziehen, so muß der Mindestquerschnitt der Lufteinströmöffnung 200 qcm je 1 qm Herdfläche betragen. In Wirklichkeit erhält die Lufteinströmung einen drei- bis fünfmal größeren Querschnitt als die Gaseinströmung, und der Zufluß der Verbrennungsgase in die Luftwärmespeicher wird durch Schieber im Essenkanal geregelt.

6. Aus dem erwähnten Verhältnis, d. i. 120 qcm je 1 qm Herdfläche, ergeben sich für die Gaseinströmungen bequem ausführbare Abmessungen, falls man von der Breite des Gasstromes ausgeht und die Höhe der Einströmungsöffnung (oder zweier durch eine Zwischenwand geteilter Einströmungen) danach berechnet.

Höhe und Breite der Gaseinströmungsöffnung sind gewöhnlich annähernd gleich, öfters wählt man eine größere Breite, um die Zwischenwand zwischen Gas- und Lufteinströmung genügend stark (nicht unter $1^1/_2$ Ziegel, d. h. 380 mm) bauen zu können.

Der Querschnitt des Luftzuges wird nach dem oben gegebenen Verhältnis aus der Größe der Gaseinströmung ermittelt.

b) Gas- und Luftkanäle.

7. Gas- und Luftzüge haben bei ihrem Eintritt in den Ofen eine gewisse Neigung — bestimmt durch den Winkel der Kanalsohle mit dem Horizont —, der man stets große Bedeutung beigemessen hat. In modernen Öfen beträgt sie 6° bis 15° im Gas-, 20° bis 30° im Luftkanal; das Gewölbe des Luftkanals — und damit auch das Gewölbe des Kopfes — ist steil gebaut, bis 40°, sogar 45°. Wenn die Gas- und Luftkanäle nebeneinander belegen sind (Galerieanordnung), so erhalten sie die gleiche Neigung, die etwa in der Mitte zwischen den soeben genannten Grenzwerten liegt.

In Öfen mit kurzem Herdraum — von denen zur Zeit nur noch wenige im Betriebe sind — haben die Kanäle die größte Neigung, um eine schnelle Durchmischung von Gas und Luft und möglichst vollständige Verbrennung zu fördern. Öfen moderner Bauart, d. i. mit langem Herde, sind weniger darauf angewiesen und können flachere Kanäle besitzen; den geringsten Neigungswinkel (6°) findet man bei Öfen größten Fassungsraumes; dank dem sehr langen Herdraum dieser Öfen oder dem bedeutenden Rauminhalt derselben wird eine vollkommene Verbrennung doch erreicht, obgleich das Gas oft nur durch eine breite Einströmungsöffnung zuströmt. Solche Öfen können sehr breite Lufteinströmungsöffnungen besitzen, da zum Drücken der Flamme an die Badfläche und Ablenkung der allerheißesten Zone vom Gewölbe die Geschwindigkeit entscheidend ist, mit der der Gasstrom in den Herdraum tritt. Der Neigungswinkel des Gasstromes ist, wie gesagt, unbedeutend (bis 6°), dafür ist die Gasgeschwindigkeit sehr groß (bis 40 m und sogar 50 m bei 1100°, oder bis 8 bzw. 10 m bei 0°), dank den engen Gaseinströmöffnungen (oft unter 100 qcm je ein 1 qm Herdfläche). In deutschen Öfen beträgt die mittlere Geschwindigkeit (auf 0° reduziert) der Gase in der Einströmöffnung nach Prof. *B. Osann* 6,4 m[1]).

8. Die senkrechten Kanäle, welche in die Schlackenfänge oder direkt in die Wärmespeicher münden, haben gewöhnlich für Gas und Luft denselben Querschnitt, oder oft sogar einen kleineren als die Lufteinströmöffnung. Da kein Grund vorliegt, durch vergrößerte Geschwindigkeit die Strömung der Gase zu erschweren, so muß der Querschnitt dieser Kanäle um 25 Proz. (Öfen mit großem Fassungsraum) bis 50 Proz. (gewöhnliche Öfen von 20 bis 25 t) den Querschnitt der entsprechenden Einströmungsöffnungen übertreffen.

9. Der Abstand der senkrechten Kanäle von den Einströmungsöffnungen, durch welchen die Länge der Köpfe bestimmt wird, hängt von der Bauart der Köpfe ab und wird nicht rechnerisch ermittelt. Bei der gewöhnlichen Anordnung der Wärmespeicher (die Luftkammer innen) schwankt die Entfernung bis zu den Gaskanälen von 3 bis 4 m, bis zu den Luftkanälen von 1,5 bis 2,5 m. Bei amerikanischen Öfen sind die Luftkammern oft außen angeordnet, und dann ist die Entfernung bis zu den Gaskanälen geringer als zu den Luftkanälen, was aber unzweckmäßig ist: je länger der Gaskanal, desto größer ist die Haltbarkeit der Zwischenwand zwischen Gas- und Luftkanal.

---

[1]) Lehrbuch der Eisenhüttenkunde, 2. Aufl., 2, 376 (Leipzig: Wilhelm Engelmann 1926). In Wirklichkeit sind die von *B. Osann* berechneten Geschwindigkeiten größer, da er für 4,2 cbm Gas (4,1 cbm trockenes Gas) bloß 5,2 cbm Luft rechnet, was im ganzen 8,6 cbm Abgas ergibt. Diese Luft- und Abgasmengen sind ein wenig geringer als der Mindestwert beim Arbeiten nach dem Schrottverfahren, d. h. mit ausschließlich festem Einsatz. Der Höchstwert entspricht dem Arbeiten mit ausschließlich flüssigem Roheiseneinsatz, bei dem zum Verbrennen (Luftüberschuß 25 Proz.) und Oxydieren der Beimengungen bis zu 7,6 cbm Luft erforderlich sind und bis zu 11,5 cbm (bei 0°) Abgas erhalten werden.

3. Wärmespeicher.

Die Dimensionen der Wärmespeicher werden gewöhnlich durch den Inhalt der Kammern und das Gewicht oder den Rauminhalt des Gitterwerkes bestimmt.

a) Inhalt der Wärmespeicher.

10. In guten modernen Öfen muß nach Ansicht des Verfassers auf 1 t Einsatz 5 bis $3^1/_2$ cbm Gitterwerk eines Wärmespeicherpaares kommen; die höhere Zahl bezieht sich auf kleinere Öfen, die niedrigere auf die größten (über 50 t).

Die Abnahme des Verhältnisses des Gitterwerkinhalts zum Einsatzgewicht ist auf bauliche Sparsamkeitsgründe zurückzuführen (Schwierigkeiten, übergroße Kammern unterzubringen, hohe Kosten des Gitterwerkumbaues bei Reparaturen) und wird zum Teil durch den Umstand gerechtfertigt, daß Öfen mit vergrößertem Fassungsraum einen verhältnismäßig geringen Brennstoffverbrauch haben.

Für Öfen mit geringem Temperaturabfall zwischen je zwei Umsteuerungen (etwa 120° in der Stunde) hat man auf 1 kg stündlichen Steinkohlenverbrauch zwischen 90 bis 110 kg, im Mittel 100 kg Gitterwerk des Wärmespeicherpaares zu rechnen. Dieses Ergebnis der Berechnungen des Verfassers kann zur Kontrolle der gebräuchlichen empirischen Regel dienen, deren Ergebnis schon deshalb nachgeprüft werden muß, weil die einzelnen Öfen im Kohlenverbrauch und in der Anordnung der Gitterwerkziegel differieren (der Verfasser setzt voraus, daß der Zwischenraum zwischen den Ziegeln gleich der Dicke eines Ziegels ist, und letztere 65 mm, was aber nicht immer zutrifft, beträgt).

Infolge der Abnahme des Verhältnisses $S : T$ mit wachsendem T erweist es sich, daß bei Benutzung der oben angeführten Werte dieses Verhältnisses für Öfen verschiedenen Fassungsraumes auf 1 qm Herdfläche ein nahezu konstantes Gitterwerksvolumen des Wärmespeicherpaares kommt, nach den Berechnungen des Verfassers 4,5 cbm.

Seinerzeit hat der Verfasser vorgeschlagen, bei Berechnung der Wärmespeicher diese Beziehung zu benutzen, da dann ihre Dimensionen der Herdfläche, einer unveränderlichen und jeden Ofen eindeutig kennzeichnenden Größe, entsprechen[1]). In Tabelle 9 sind die Kammerabmessungen, die sich laut obiger Regel und dem Gewicht des Stahles auf dem Herde ergeben, gegenübergestellt.

Seit *W. Siemens* die ersten Regenerativöfen erbaut hat, wurde es üblich, zur Berechnung des Gitterwerkes die dem Kohlenverbrauch entsprechende Heizfläche anzugeben. Von *Friedrich Siemens* stammt die Regel: „von 1,25 bis 1,50 qm Heizfläche je 1 kg stündlich verbrannter Kohle." Das ist für Martinöfen zu wenig: zur Vermeidung eines jähen Temperaturabfalles der

[1]) *M. A. Pavloff:* Die Abmessungen von Martinöfen. 1. Aufl. (Berlin: Julius Springer **1911**). 14 Jahre später hat *E. Cotel* (S. u. E. 1925, **45**, S. 1357 bis 1359) denselben Vorschlag gemacht, jedoch gibt er 9,5 bis 10 cbm Gesamtkammerraum an.

Tabelle 9. Verhältnis zwischen dem Fassungsvermögen, Herdfläche und Gitterwerksinhalt der Wärmespeicher.

T t	S qm	$K \cdot T$ m	$4{,}5 \cdot S$ m
15	16,9	5 · 15 = 75	4,5 · 16,9 = 76
17,5	18,4	4,7 · 17,5 = 82,3	4,5 · 18,4 = 83
20	20	4,5 · 20 = 90	4,5 · 20 = 90
25	24	4,3 · 25 = 107,5	4,5 · 24 = 108
30	27	4,0 · 30 = 120	4,5 · 27 = 121
40	33,5	3,75 · 40 = 150	4,5 · 33,5 = 150,75
50	40	3,6 · 50 = 180	4,5 · 40 = 180
60	45,6	3,4 · 60 = 204	4,5 · 45,6 = 205
75	54,7	3,3 · 75 = 247,5	4,5 · 54,7 = 246

Gitterwerkziegel oder eines zu häufigen Umsteuerns der Wechselklappe, die Unzuträglichkeiten mit sich führt (Gasverlust, Abkühlung des Bades), muß die Heizfläche fast das anderthalbfache der Norm von *F. Siemens* betragen. Wenn man nämlich, wie oben erwähnt, je 1 kg stündlichen Kohlenverbrauch im Gaserzeuger 100 kg Gitterwerkziegel rechnen muß, so ergeben sich 2 qm effektiver Heizfläche bei Verwendung von Ziegeln normaler Größe (englisches oder deutsches Format, Dicke 65 mm).

Man kann diese Zahl — 2 qm — bei Berechnungen benutzen, jedoch nur dann, wenn, wie üblich, die Ziegeldicke nicht unter 65 mm sinkt. Die bisweilen in Gitterwerken anzutreffenden Ziegel von 75 mm Stärke ergeben ein beträchtliches, nicht nutzbares Mehrgewicht (die passive Schicht des feuerfesten Materials).

b) Lineare Abmessungen.

11. Die Linearabmessungen der Kammern werden einerseits durch das Volumen des Gitterwerkes bestimmt, das 80 Proz. (große Öfen) bis 75 Proz. (kleinere Öfen) des Kammerinhaltes beträgt — der Ziegelinhalt 40 bis 37,5 Proz. —, andererseits durch bauliche Erwägungen beeinflußt, wobei die Herd- und die Kopfkonstruktion, bequeme Orientierung der Öfen zur Hüttensohle, dem Materiallager usw. Berücksichtigung finden.

Ohne auf die Bauart der Wärmespeicher einzugehen, seien hier einige Hinweise über die Grundlagen zur Wahl von zweckmäßigen Höhen- und Querschnittabmessungen der Kammern gegeben. Gitterwerke unter 4 m Tiefe sind tunlichst zu vermeiden, 5 m und sogar 6 m bei Öfen größten Fassungsvermögens bieten gewisse Vorteile. Bei einer solchen Höhe des Gitterwerkes wächst der Querschnitt der Wärmespeicher nicht übermäßig an, die Gase verteilen sich in ihnen gleichmäßiger und werden gut enthitzt, die erhitzte Luft erhält genügenden Überdruck und kann in solchen Mengen in den Herdraum geführt werden, daß, im Verhältnis zum Gase, stets ein entsprechender Luftüberschuß vorhanden ist.

Bei gleicher Verweilungsdauer der Gase in den Wärmespeichern bewirkt die Geschwindigkeitssteigerung, verursacht durch höhere Gitterwerke, eine bessere Wärmeabgabe (der Wärmeübergangskoeffizient wächst), und daher arbeiten von gleichraumigen Wärmespeichern die hochgestreckten vorteilhafter als breite bzw. niedrige. Man teilt daher bei großen Öfen — in denen sonst die Luftkammern im Horizontalschnitt sehr groß ausfallen würden — diese Kammern in zwei Teile und ordnet zwischen ihnen einen Verbindungskanal an (ohne Gitterwerk), durch den die Essengase von unten nach oben und das zu erhitzende Gas von oben nach unten streicht, wodurch eine rationelle Verteilung der zu erhitzenden Gase und der Essengase zwischen beiden Teilen des Gitterwerkes erzielt wird. Die Verteilung des Gitterwerkes zwischen den beiden Wärmespeichern — für Gas und für Luft — wird in der Praxis vielfach willkürlich ausgeführt, d. h. ohne Berücksichtigung der Qualität (Zusammensetzung und Temperatur) des Gases und der Wärmemenge, die zur Vorwärmung des Gases und der Luft erforderlich ist.

Das Verhältnis der Gitterwerke von Luft- und Gasspeicher variiert zwischen 2 und 1, wobei das zweite Verhältnis viel häufiger angetroffen wird als das erste. Zur Rechtfertigung wird angeführt, daß in die Gaswärmespeicher viel mehr Staub und Schlacke gelangt als in die Luftwärmespeicher, da die Gaszüge an der Badfläche einmünden und die Sohle der Gaskanäle nur geringe Neigung besitzt; mit der Zeit wird daher der nutzbare Querschnitt der Gaswärmespeicher geringer und oft bedeutend kleiner als der Querschnitt der Luftwärmespeicher.

Es läßt sich nicht in Abrede stellen, daß ähnliche Vorgänge an vielen Öfen beobachtet werden; es sei jedoch nachdrücklich darauf verwiesen, daß die Staubbelästigung bekämpft werden muß und erfolgreich durch Einrichtung entsprechender Staubfänge oder Schlackenkammern bekämpft werden kann; andererseits ist oft der Bau gleich großer Gitterwerke von Unzuträglichkeiten begleitet: wenn in den Gaserzeugern trocknes Heizmaterial benutzt wird, das nur kleine Mengen flüchtiger Destillationsprodukte gibt, und sie in unmittelbarer Nähe der Öfen angeordnet sind, so tritt in die Wärmespeicher sehr hochtemperiertes Gas ein; da die Temperatur der Essengase bei ihrem Austritt aus dem Gitterwerk immer, und zwar bedeutend, die Temperatur des Gases übertrifft, so wird der untere Teil großer Wärmespeicher fast gar nicht ausgenutzt; versetzte man nun das Gitterwerk dieses Teiles in den Luftwärmespeicher, so würde eine intensivere Lufterhitzung, begleitet von beträchtlicher Abkühlung der Essengase, stattfinden; letztere würden in ähnlichen Fällen in bedeutend größerer Menge den Luftwärmespeicher durchstreichen als den Gaswärmespeicher.

Somit müssen die Gitterwerkvolumina von Gas- und Luftkammern im Verhältnis der Wärmemengen stehen, die an Gas und Luft bei ihrem Durchstreichen durchs Gitterwerk der entsprechenden Wärmespeicher abgegeben werden. Hieraus folgt, daß bei kaltem und sehr feuchtem Gas, z. B. gewöhnlichem Holzgeneratorgas, sowie sehr armem Gase, z. B. Gichtgase, sogar beide Wärmespeicher gleich groß gebaut werden können, jedoch ist auch in diesem Falle das Verhältnis 5 : 4 vorzuziehen, das man jetzt oft für Steinkohlengas benutzt. Letzteres kann jedoch, je nach der Temperatur und Qualität der Kohle, ein Verhältnis von $1^1/_2$ (kaltes, d. h. weither zugeführtes Gas von gewöhnlichen Gaserzeugern) bis $2^1/_2$ (heißes Gas von Kohle mit geringem Gehalt an flüchtigen Stoffen, z. B. Anthrazit) erfordern. Der Mittelwert — $1^3/_4$ bis 2 — dürfte in den meisten Fällen der Praxis eine bessere Ausnutzung der Ziegel des Gitterwerkes ergeben, als bisher erreicht wurde.

Eine genaue Berechnung des Ziegelgewichts für jedes Gitterwerk ist, wenn nicht ganz unmöglich, so doch jedenfalls nicht so einfach, wie das in einigen Leitfäden behauptet wird. Um sie auszuführen, ist nötig, genau festzustellen, 1. die Temperatur der Abgase beim Austritt aus Luft- und Gaskammern einerseits[1]), andererseits des Gases und der Luft beim Eintritt unter das Gitterwerk; 2. die Menge der im Wärmespeicher vorgewärmten sowie der kalten Luft, die durch Spalten in den Herdraum, die Köpfe und die Wärmespeicher dringt; 3. die Menge des vom Gase mitgeführten Wasserdampfes; endlich 4. hat man zu berücksichtigen, daß Wärmeverluste durch Strahlung und Luftabkühlung der Wärmespeicherwände nicht dem Wärmeinhalt der Abgase, sondern dem der Kühlfläche proportional sind und daher in großen Wärmespeichern einen verhältnismäßig geringeren Betrag ausmachen als in kleinen[2]).

4. Essenkanäle und Umsteuerungsvorrichtungen.

Bei Bestimmung des Querschnittes der Essenkanäle und Ventile können die bestehenden Einrichtungen nicht immer als Vorbild dienen, da diese Ofenteile gewöhnlich von den Konstrukteuren am wenigsten beachtet werden und daher ihre Maßverhältnisse oft falsch sind. Beim Umbauen der Öfen zum Vergrößern ihrer Dimensionen und Leistungsfähigkeit vergißt man öfters, die Querschnitte der Essenzüge und Ventile entsprechend zu vergrößern, und der sich hierbei ergebende mangelhafte Zug wird auf zu kleine Abmessungen des Kamins zurückgeführt. Eine solche Sachlage ist dem Verfasser auf russischen Werken vorgekommen, doch scheint es in Deutschland nicht besser gewesen zu sein, nach der Tabelle in der bekannten Arbeit von *O. Petersen*[3]) zu urteilen. In ihr findet sich an 10 Öfen von *Schönwälder* (Nr. 7, 12, 14 bis 18, 20 bis 22) derselbe kleinste Kanalquerschnitt der Umsteuerung (0,353 qm), obgleich die Herdfläche der Öfen zwischen 11 und 20,7 qm und der Einsatz von 10 bis 25 t variiert. In einem späteren Artikel von *H. Bansen*[4]) finden wir 5 Öfen mit gleichem Querschnitt des Lufteintritts in den Kanal, nämlich 1 qm, obgleich das Fassungsvermögen der Öfen von 21 t (Nr. 7) bis 60 t (Nr. 32) steigt und die Herdfläche von 18,5 qm bis 34,6 qm. Endlich stoßen wir in einer Arbeit von *F. Clements*[5]), der ein großes Zahlenmaterial über den Betrieb zeitgenössischer englischer Öfen von großem Fassungsver-

---

[1]) Sie kann nur dann gleich sein, wenn dem Ofen kaltes Gas, z. B. aus Kondensatoren oder Gasbehältern, zuströmt.

[2]) In allen 4 Punkten finden sich in dem bekannten Werk von *F. Toldt* grobe Fehler und Unstimmigkeiten der den Berechnungen zugrunde liegenden Werte.

[3]) St. u. E. 1910, **30**, 65.

[4]) St. u. E. 1925, **45**, 489—507.

[5]) British Siemens-Martin practice. Journ. Iron and Steel Inst. 1922, **1**, 429—448; St. u. E. **43**, 84—90 (1923).

mögen beibringt, auf einige Unstimmigkeiten: Öfen für 120 und 65 t haben denselben Gasventildurchmesser, 1,07 m, während die Geschwindigkeit in den (nahezu gleichen) Luftventilen 4,63 m bzw. 2,96 m (bei gewöhnlicher Temperatur) beträgt. Bei zwei anderen Öfen, für 117 und 65 t, haben die Luftventile gleichen Durchmesser (1,22 m), und die Luft strömt in sie ein mit der Geschwindigkeit 5,35 m bzw. 4,33 m. Das größte Luftventil (1,37 m Durchmesser) hat der Ofen geringsten Fassungsraumes (43 t) der Tabelle; nur in diesem Ventil ist die Luftgeschwindigkeit normal, 2,6 m.

12. Wird der engste Querschnitt des vom Luftwärmespeicher kommenden Essenkanals auf 1 qm Herdfläche bezogen, so findet man bei gut arbeitenden Öfen den Wert 250 bis 300 qcm, selten mehr; der zweite Wert führt in den Umsteuerungsvorrichtungen zu Geschwindigkeiten, die (in Anbetracht der geringen Entfernung) nicht zu hoch sind. Daher kann für die Abgase aus dem Luftwärmespeicher ein Ventilquerschnitt von je 300 qcm auf 1 qm Herdfläche gewählt werden.

Zum Wenden des Luftstromes wird gewöhnlich die Wechselklappe von *Siemens* benutzt; da ihre Glocke einen kreisrunden Querschnitt hat, so ergibt sich der Luftventildurchmesser auf Grund obiger Beziehung zu

$$d = \frac{\sqrt{S}}{5} \text{ m}\,.$$

13. Der Querschnitt des Gasventils muß im selben Verhältnis zum Luftventil verkleinert werden, in welchem die Abgasmengen zueinander stehen, die durch die entsprechenden Kammern in die Essenkanäle ziehen. Gewöhnlich ist dieses Verhältnis $1^1/_2$ bis $1^3/_4$.

In der Praxis trifft man jedoch häufig Ventile gleichen Querschnitts in den vom Luft- und Gaswarmespeicher kommenden Zügen. Ist die Gleichheit durch Vergrößerung des Gasventilquerschnittes erreicht, so nützt sie nichts, da das Gas unter einem gewissen Überdruck zum Ventil strömt und die Verminderung seiner Strömungsgeschwindigkeit keine praktische Bedeutung hat; wird jedoch das Luftventil bis zu den normalen Dimensionen des Gasventils verkleinert und dadurch der Luftdurchtritt erschwert, so äußert sich dies in einer Schwächung des vom Wärmespeicher hervorgebrachten Zuges, die um so mehr schadet, als die Einbuße an Geschwindigkeit noch durch einige Windungen, die der Luftstrom bei der Umsteuerungsvorrichtung zu machen hat, gesteigert wird.

14. Die Kanäle, welche die Ventile mit den Wärmespeichern verbinden, können unbedenklich einen größeren Querschnitt erhalten als die Ventilöffnungen. In Anbetracht der in ihnen zulässigen Strömungsgeschwindigkeiten empfiehlt der Verfasser, den Querschnitt des Luftkanals zu 500 bis 400 qcm (die kleinere Zahl für die allergrößten Öfen) je 1 qm Herdfläche zu wählen, d. h. bedeutend größer als den entsprechenden Ventildurchlaß.

Was den Kanal zum Gaswärmespeicher betrifft, so muß sein Querschnitt, will man konsequent sein, auch proportional bemessen werden. Stehen die Querschnitte der Ventile, Luft- und Gasessenkanäle sowie der Luft- und

Gaseinströmungsöffnungen im selben Verhältnis zueinander wie die Volumina der durchstreichenden Gase, so herrschen in jedem Wärmespeicher die gleichen Bedingungen für die Strömung der Gase, die Wärmeverteilung und die Erwärmung von Gas und Luft, und es ist dadurch das Regulieren des Ofenganges bedeutend erleichtert.

15. Der Essenkanal zwischen Umsteuerungsventilen und Kamin muß natürlich einen Querschnitt gleich der Summe der Querschnitte des Luft- und Gasessenkanals besitzen.

16. Mindestens denselben Querschnitt muß auch der Kamin an seinem Fuße haben. Für den Kaminquerschnitt an der Mündung, bezogen auf die schon mehrfach benutzte Einheit — 1 qm Herdfläche, — sind 550 qcm im Durchschnitt (von 575 qcm für kleine bis 525 qcm für große Öfen) vollständig ausreichend, so daß für die lichte Weite der Kaminmündung die einfache Formel gilt:

$$d = \frac{\sqrt{S}}{3,8}\ \mathrm{m}\,,$$

die durchaus befriedigende Abmessungen für den Kamin ergibt.

Die Höhe des Kamines wird oft 20- bis 25-, sogar 30mal größer als der Mündungsdurchmesser gewählt, wobei das erstere Verhältnis sich auf weitere Kamine, letzteres auf engere, Durchmesser unter 1,2 m, bezieht. Ein Kamin von 35 bis 45 m Höhe gewährleistet gewöhnlichen europäischen Öfen genügenden Zug, 50 bis 55 m sind für sehr große Öfen ausreichend. Höhere Kamine (bis 60 m) gehören zu den Ausnahmen, und für ihren Bau dürften in den meisten Fällen keine triftigen Gründe anzuführen sein.

B. Mit flüssigem Brennstoff betriebene Öfen.

In Öfen, die mit flüssigem, direkt in den Herdraum verstäubtem Brennstoff geheizt werden, liegen die Verhältnisse zum Teil anders als in gewöhnlichen Gasöfen; daher sind einige Ofenteile nach abweichenden Normen zu bemessen.

Die Herdfläche bleibt natürlich im selben Verhältnis zum Einsatzgewicht wie in den Gasöfen; da jedoch bei der besonderen Bauart der Köpfe, wie sie bei den ölbeheizten Öfen vorkommt, keine Stelle der Herdbreitseite vollkommen der Schwelle der Gaseinströmungsöffnung von Gasöfen entspricht, so ist in diesem Falle die Höhe, in der die Herdlänge L gemessen, in anderer Weise zu normieren, und zwar empfiehlt es sich, die Länge des Herdes in Höhe der Einsatztürschwelle zu messen bzw. der höheren, wenn die Schwellen in verschiedener Höhe gebaut sind.

Der Abstand der Badoberfläche vom Gewölbe muß, wie schon erwähnt, größer sein als bei Gasöfen gleichen Fassungsraumes und der Inhalt des freien Raumes etwa 1,75 m je 1 t Stahl auf dem Herde betragen — sonst würde der flüssige Heizstoff außerhalb des Herdraumes weiterbrennen. Für 30- bis 25-t-Öfen genügen 2000 bis 1800 mm, bei Öfen von 50 bis 60 t geht man nicht über 2250 mm hinaus.

Der Lufteinströmungsquerschnitt muß größer sein als in Gasöfen und 300 qcm auf 1 qm Herdfläche betragen, da keine Gasausströmungsöffnungen vorhanden sind und alle Essengase durch die Luftzüge abziehen.

Den Gitterwerkinhalt der Luftwärmespeicher bemißt man gleichfalls reichlich höher als bei den Luftkammern der Gasöfen, etwa 3,0 cbm. Man rechnet für das Gitterwerk jeder Seite 140 bis 160 kg Ziegel je 1 kg stündlich verbrannten Rohöls.

Der Querschnitt des Essenkanals zwischen Ventil und Wärmespeicher bzw. Kamin betrage etwa 500 qcm auf 1 qm Herdfläche, der Ventilquerschnitt 325 qcm (große Öfen) bis 425 qcm (kleinere Öfen) je 1 qm Herdfläche, ebensoweit sei die Mündung des Kamins.

C. Vorfrischeröfen und Öfen für kontinuierlichen Betrieb.

Wenn im regenerativen Mischer das Roheisen bloß entschwefelt und durch Heizung (Gas resp. Rohölrückstände) flüssig erhalten wird, so können zu seiner Berechnung die oben dargelegten Angaben nicht Verwendung finden. Neuerdings wird jedoch in den regenerativen Mischer der erste Teil des Martinprozesses verlegt — Silicium und Phosphor oxydiert und das Metall auf eine Temperatur gebracht, die zur energischen Oxydation des Kohlenstoffes erforderlich ist —, und in diesem Falle kann die Berechnung solcher Mischer oder Vorfrischer, wie sie neuerdings genannt werden, genau in derselben Weise erfolgen wie die Berechnung gewöhnlicher Martinöfen; dabei ist zu beachten, daß in Mischern die Metallbadtiefe 1,5 m erreicht — gewöhnlich beträgt sie etwa 1,2 m —, und daher nicht die Einsatzmenge, sondern die Herdfläche als Grundlage für Berechnung der Einströmungsquerschnitte, Luft- und Gaskanäle, endlich der Wärmespeicher zu wählen ist; unter Herdfläche versteht man hier das Produkt des Abstandes der gegenüberliegenden Pfeiler und der Breite des Herdraumes, gemessen längs der Badoberfläche.

Diese Berechnungsweise bleibt in Kraft für kontinuierlich betriebene Öfen, bei welchen die Einsatzmenge etwa 2 bis 3 mal das Gewicht eines Abstiches übersteigt.

D. Abmessungen einiger bestehender Öfen.

Schreitet man nach Feststellung der Hauptabmessungen eines Ofens zum Entwerfen der Details oder zum sog. Konstruieren, so sind außer den Zeichnungen moderner Öfen noch Tabellen ihrer Abmessungen mit solchen Zahlenangaben, die nicht ohne weiteres den Zeichnungen zu entnehmen sind, von großem Werte. Zu diesem Zwecke sollen die Tafeln V und VI dienen, die eingehende Zahlenangaben über 60 Martinöfen enthalten.

Durch römische Zahlen hinter der laufenden Nummer des Ofens ist seine Bauart angedeutet; die verschiedenen Bauarten werden durch Tafel VII, die Zeichnungen der hauptsächlichsten Arten moderner Martinöfen enthält, näher gekennzeichnet.

Fig. I zeigt einen Ofen mit Wärmespeichern unter dem Herdraum und der zur Zeit in Europa allgemein gebräuchlichen Konstruktion der Köpfe. Die Teilung der Wärmespeicher durch senkrechte Zwischenwände (von den 12 Schiebern nach *Schönwälder* nicht zu reden) ist dabei nur unwesentlich; die Bauart wird vielmehr gekennzeichnet durch Anordnung der Wärmespeicher unter der Herdsohle.

In den Öfen der zweiten Bauart ist, bei gleicher Anordnung der in der Längsachse auseinandergerückten Wärmespeicher, der Herd auf ein Trägergerüst gelagert und ruht auf besonderen Tragsäulen.

Die Konstruktion III, die gegenwärtig viel ausgeführt wird, ist gekennzeichnet durch Anordnung der äußeren zwei Wärmespeicher unter der Arbeitsbühne, abseits von der Ofenachse.

Bei Konstruktion IV liegen beide Wärmespeicherpaare unter der Arbeitsbühne; ihre Form ist jedoch unverändert (sog. stehende Wärmespeicher).

Die fünfte, in Amerika weitverbreitete Bauart hat dieselbe Anordnung der Wärmespeicher; sie sind jedoch in der Horizontalrichtung stark verlängert und werden daher oft fälschlich liegende Wärmespeicher genannt, obgleich die Gase das Gitterwerk in senkrechter Richtung durchstreichen. Unter dem Namen „liegende Wärmespeicher“ wird eine solche noch wenig verbreitete Bauart verstanden, bei welcher die Gase das Gitterwerk horizontal durchströmen; solche Wärmespeicher wären als ein wichtiger Sonderfall der Bauart V zu betrachten.

VI stellt die Bauart der mit Rohöl betriebenen Öfen, d. h. mit einem Paar Wärmespeicher dar; letztere können ebenso wie bei Gasöfen angeordnet sein (in der Tabelle gekennzeichnet z. B. als VI—I, VI —IV).

Die Buchstaben neben den Pfeilen erleichtern das Aufsuchen der einzelnen Abmessungen.

Fast noch notwendiger als die erwähnten Hilfstabellen und Zeichnungen sind beim Bestimmen der Abmessungen von Martinöfen vorläufige Berechnungen des Stoff- und Wärmehaushaltes eines zu entwerfenden Ofens; Anhalte für diese Berechnungen findet man in den Betriebsergebnissen von Öfen, die unter ähnlichen Bedingungen arbeiten wie der neu zu entwerfende. Obwohl solche Berechnungen auf mehr oder minder willkürlichen Annahmen über die Wärmeverteilung im Ofen beruhen, so ermöglichen sie doch eine sachliche Beurteilung empirischer Angaben sowie anderer gegenwärtig zur Bestimmung von Martinöfenabmessungen vorgeschlagener Methoden.

Nachstehend findet man 4 Beispiele für derartige Berechnungen, und zwar für das Schrott- sowie Erzverfahren, und endlich eine Überprüfung der Abmessungen von bestehenden resp. entworfenen 100 t basischen Martinöfen.

III. Stoff- und Wärmehaushalt des Martinprozesses.

1. Allgemeine Daten.

Die Steinkohle enthalte 72,8 Proz. vergasbaren Kohlenstoff und 12,25 Proz. Feuchtigkeit, die ins Gas übergeht.

1. Zusammensetzung und Heizwert des Gases.

CO_2	4,1 Vol.-Proz.		
CO	26,9 „	$0{,}269 \cdot 3045{,}5 =$	819 WE.
C_2H_4	0,3 „	$0{,}003 \cdot 14285 =$	43 „
CH_4	3,7 „	$0{,}037 \cdot 8589 =$	318 „
H_2	7,4 „	$0{,}074 \cdot 2580{,}6 =$	191 „
N_2	57,6 „		
	100,0 Vol.-Proz.	Heizwert von 1 cbm Gas $=$	1371 WE.

2. Die Verbrennung von 1 cbm Gas

	benötigt O_2		gibt Verbrennungserzeugnisse H_2O	CO_2	N_2
CO_2	0,041	—	—	0,0410	—
CO	0,269	0,1345	—	0,2690	—
C_2H_4	0,003	0,0090	0,0060	0,0060	—
CH_4	0,037	0,0740	0,0740	0,0370	—
H_2	0,074	0,0370	0,0740	—	—
N_2	0,576	—	—	—	0,5760
	1,000	0,2545	0,1540	0,3530	

$0{,}2545 \cdot 100 : 21 = 1{,}2119$ cbm Luft, mit dem Stickstoffgehalt
$1{,}2119 - 0{,}2545$ 0,9574

1,5334

3. Stoffhaushalt des Verbrennungsprozesses.

Gas:

$CO_2 \quad 0{,}041 \text{ cbm} = 0{,}041 \dfrac{44}{22{,}4} = 0{,}0805$ kg

$CO \quad 0{,}269$ „ $= 0{,}269 \dfrac{28}{22{,}4} = 0{,}3362$ „

$C_2H_4 \quad 0{,}003$ „ $= 0{,}003 \dfrac{28}{22{,}4} = 0{,}0038$ „

$CH_4 \quad 0{,}037$ „ $= 0{,}037 \dfrac{16}{22{,}4} = 0{,}0264$ „

$H_2 \quad 0{,}074$ „ $= 0{,}074 \dfrac{2}{22{,}4} = 0{,}0066$ „

$N_2 \quad 0{,}576$ „ $= 0{,}576 \dfrac{28{,}15}{22{,}4} = 0{,}7238$ „

Verbrennungsluft $1{,}2119 \cdot 1{,}293 = 1{,}5669$ „

2,7442 kg

Verbrennungsgase:

$H_2O \quad 0{,}154 \dfrac{18}{22{,}4} = 0{,}1238$ kg

$CO_2 \quad 0{,}353 \dfrac{44}{22{,}4} = 0{,}6934$ „

$N_2 \quad 1{,}5334 \dfrac{28{,}15}{22{,}4} = 1{,}9270$ kg

2,7442 kg

4. Mittlere spezifische Wärme des Gases[1])

	von 0° bis 350°	von 0° bis 1100°
CO_2	0,441 · 0,041 = 0,0181	0,512 · 0,041 = 0,0210
C_2H_4	0,601 · 0,003 = 0,0018	0,988 · 0,003 = 0,0030
CH_4	0,530 · 0,037 = 0,0196	0,731 · 0,037 = 0,0270
$CO + H_2 + N_2$	0,306 · 0,919 = 0,2812	0,321 · 0,919 = 0,2950
	0,3207	0,3460

Zum Erhitzen des Gases verbraucht:

0,3207 · 350 = 112 WE.
0,3460 · 1100 = 381 „

5. Mittlere spezifische Wärme der Verbrennungsgase:

	von 0° bis 450°	von 0° bis 1500°	von 0° bis 1600°
H_2O	0,370 · 0,154 = 0,0570	0,423 · 0,154 = 0,0651	0,432 · 0,154 = 0,0665
CO_2	0,453 · 0,353 = 0,1599	0,534 · 0,353 = 0,1885	0,538 · 0,353 = 0,1899
N_2	0,308 · 1,5334 = 0,4723	0,329 · 1,5334 = 0,5045	0,331 · 1,5334 = 0,5076
	0,6892	0,7581	0,7640

Wärmeinhalt der Verbrennungsgase:

0,6892 · 450 = 310 WE.
0,7581 · 1500 = 1137 „
0,7640 · 1600 = 1224 „

6. In 1 cbm ist Kohlenstoff enthalten:

(0,041 + 0,269 + 2 · 0,003 + 0,037) 12 : 22,4 = 0,1875 kg.

Aus 1 kg Steinkohle wird erhalten:

0,728 : 0,1875 = 3,8827 cbm trockenen Gases,

mit dem zugleich in den Ofen eintritt

0,1225 · 22,4 : 18 = 0,1524 cbm Wasserdampf.

2. Der basische Prozeß mit festem Einsatz.

1. Für einen gewöhnlichen Ofen mittleren Fassungsraumes, der täglich 3 Einsätze durchsetzt, kann der Kohlenverbrauch zu einem Viertel des Metalleinsatzes angenommen werden. Unter dieser Voraussetzung tritt je 1 kg Metall in den Ofen:

3,8827 : 4 = 0,9707 cbm trockenes Gas oder 0,9707 · 1,1773 = 1,1428 kg und
0,1524 : 4 = 0,0381 „ Wasserdampf mit ihm, oder . . . . 0,0306 „
im Ganzen 1,0088 cbm feuchtes Gas, gleich . . . . 1,1734 kg.

Der Luftbedarf für vollständige Verbrennung:

1,2119 · 0,9707 = 1,1764 cbm oder 1,521 kg.

[1]) Bei den Berechnungen benutzt der Verfasser die Daten über Bildungswärmen und spezifische Wärmen, die er direkt durch Bearbeitung der Quellen, d. h. der Originalabhandlungen der Forscher auf diesem Gebiet, gewonnen hat, und die zur Zeit in den Arbeiten von russischen Eisenhüttenleuten allgemeine Verwendung finden. Diese Daten weichen zum Teil von den im deutschen Schrifttum gebräuchlichen ab, doch kann dieser Umstand natürlich für die Anwendung der weiter dargelegten Berechnungsart der Öfen nicht wesentlich sein.

Wärmeinhalt des Gases bei

$t = 350°$	$t = 1100°$
$112 \cdot 0{,}9707 = 109$ WE.	$381 \cdot 0{,}9707 = 370$ WE.

Menge der Verbrennungsgase bei 25 Proz. Luftüberschuß:

$CO_2 = 0{,}353 \cdot 0{,}9707$	$= 0{,}3427$ cbm	oder	0,6731 kg
$H_2O = 0{,}0381 + 0{,}154 \cdot 0{,}9707$	$= 0{,}1876$ „	„	0,1508 „
$N_2 = 1{,}5334 \cdot 0{,}9707$	$= 1{,}4885$ „	„	1,8705 „
Luftüberschuß $= 1{,}1764 : 4$	$= 0{,}2941$ „	„	0,3803 „
	2,3129 cbm	oder	3,0747 kg

Der Möller besteht zu zwei Dritteln aus Roheisen und einem Drittel Alteisen nebst Erz, dessen Menge etwa 10 Proz. des Metallgewichtes beträgt.

	C	Si	Mn	P	S
Roheisen	3,85	0,80	1,75	0,50	0,095
Alteisen	0,15	0,05	0,40	0,038	0,050
Mittlere Zusammensetzung	2,62	0,55	1,30	0,346	0,080
Abbrand und Verschlackungsverlust	2,50	0,55	1,00	0,31	0,040
	SiO_2	Al_2O_3	Fe_2O_3	H_2O	Fe
Erz	3,0	1,0	94,3	1,7	66,0
			CaO	MgO	H_2O
Herdfutter	3,4	2,6	58,0	36,0	—
Flußmittel	2,0	1,3	54,0	—	0,3

Das Flußmittel enthält an ungebundenem Kalk

$$54{,}0 - \left(1{,}3\,\frac{56}{102} + 2\,\frac{112}{60}\right) = 49{,}56 \text{ Proz. CaO}.$$

2. Je 1 kg Metall auf dem Herde führen 10 Proz. Erz ein:

$$0{,}0943\ Fe_2O_3 (0{,}066\ Fe) + 0{,}003\ SiO_2 + 0{,}001\ Al_2O_3 + 0{,}0017\ H_2O.$$

Wir nehmen an, daß die Oxydation durch das Erz unter Reduktion von drei Vierteln seines Eisens verläuft nach der Gleichung:

$$2\,Fe_2O_3 + 5\,C = 5\,CO + 3\,Fe + FeO,$$

woraus folgt, daß
$(0{,}0943 - 0{,}066)\,{}^5/_6 = 0{,}0236$ kg O_2 aus dem Erze stammen; sie oxydieren
$0{,}0236 \cdot {}^3/_4 = 0{,}0177$ C im Möller unter Reduktion (bis zum Metall) von
$0{,}066 \cdot {}^3/_4 = 0{,}0495$ Fe und Verschlackung von
${}^{72}/_{56}\,(0{,}066 - 0{,}0459) = 0{,}0212$ FeO.

3. Die Oxydation des Möllers und die Schlackenbildung

		erfordert O_2		gibt an Oxyden	
C zu CO_2	$(0{,}0250 - 0{,}0177) \cdot 8 : 3$	$= 0{,}0195$	}	CO_2	0,0917
C „ CO_2 aus CO	$0{,}0177 \cdot 4 : 3$	$= 0{,}0236$	}		
Si „ SiO_2	$0{,}0055 \cdot 32 : 28$	$= 0{,}0063$		SiO_2	0,0118
P „ P_2O_5	$0{,}0031 \cdot 80 : 62$	$= 0{,}0040$		P_2O_5	0,0071
Mn „ MnO	$0{,}0093 \cdot 16 : 55$	$= 0{,}0027$		MnO	0,0120
MnS „ MnO [1])	—	—		MnO	0,0009
CaO „ CaS	—	—		CaS	0,0009
		0,0561 kg O_2			

$= 0{,}03927$ cbm $O_2 = 0{,}187$ cbm Luft $= 0{,}2418$ kg ($0{,}1857$ kg N_2).

[1]) 0,07 Proz. Mn binden 0,04 Proz. S, mit Kalk setzt sich MnS nach der Gleichung um:

$$MnS + CaO = MnO + CaS$$
$$0{,}11 + 0{,}07 = 0{,}09 + 0{,}09.$$

Sand auf den Roheisenmasseln (0,5 Proz.), das Gewölbe (SiO_2 — 0,2 Proz. des Einsatzgewichts), das Futter (3,5 Proz. des Einsatzgewichts) und 10 Proz. Erz geben in die Schlacke:

	Sand	Gewölbe	Futter	Erz	Summe	Bad	Insgesamt
SiO_2	0,0033	0,0020	0,0012	0,0030	0,0095	0,0118	0,0213
Al_2O_3 . . .	—	—	0,0009	0,0010	0,0019	—	0,0019
FeO	—	—	—	0,0212	0,0212	—	0,0212
MgO	—	—	0,0126	—	0,0126	—	0,0126
CaO	—	—	0,0203	—	0,0203	—	0,0203
CaS	—	—	—	—	—	0,0009	0,0009
MnO	—	—	—	—	—	0,0129	0,0129
P_2O_5	—	—	—	—	—	0,0071	0,0071

4. Die Menge des Flußmittels und die durch ihn eingeführte Kalkmenge[1]):

Si des Roheisens erfordert	0,0055 · 4	= 0,0220 CaO	(Ca_2SiO_4)
P „ „ „	0,0031 · 3,61	= 0,0112 „	$(CaO)_4P_2O_5$
S „ „ „	0,0004 · 1,75	= 0,0007 „	(CaS)
SiO_2 aus Sand, Gewölbe, Futter und Erz erfordert	0,0095 · 112 : 60	= 0,0177 „	
		0,0516 CaO	
Das Futter enthält		0,0203 „	
Durch Flußmittel sind einzuführen		0,0313 kg CaO	

Menge des Flußmittels

$$0{,}0313 : 0{,}4956 = 0{,}0632 \text{ kg};$$

darin

Si_2O	Al_2O_3	CaO	CO_2	H_2O	im ganzen
0,0013	0,0008	0,0341	0,0368	0,0002	= 0,0632 kg.

6. In die Schlacke gehen über:

SiO_2 . . .	0,0213 + 0,0013	= 0,0226 kg =	16,8 Proz.
P_2O_5 . . .	0,0071	= 0,0071 „ =	5,3 „
CaO . . .	0,0203 + 0,0341 — 0,0007	= 0,0537 „ =	40,5 „
MgO . . .	0,0126	= 0,0126 „ =	9,3 „
Al_2O_3 . . .	0,0019 + 0,0008	= 0,0027 „ =	2,0 „
MnO . . .	0,0129	= 0,0129 „ =	9,6 „
FeO . . .	0,0212	= 0,0212 „ =	15,8 „
CaS . . .	0,0009	= 0,0009 „ =	0,7 „
		0,1337 kg =	100,0 Proz.

Mehrgewicht durch suspendiertes Metall etwa 20 Proz. des Schlackengewichts, d. i. 0,0267 kg.

[1]) Der Verfasser berührt hier nicht die schwierige Frage der Möllerberechnung; seine Aufgabe beschränkt sich auf Hinweise über das wahrscheinliche oder mögliche Gewicht des Flußmittels bzw. der Schlacke, um die Wärmeverteilung zu bestimmen; letztere wird bekanntlich durch die angewandte Berechnungsart des Möllers wenig geändert.

6. Stahlausbringen:

1,0000 — (0,0250 + 0,0055 + 0,0100 + 0,0031 + 0,0050[1]))	= 0,9510
Zubrand (Eisen aus dem Erz)	= 0,0495
	1,0005
In die Schlacke geht über in suspendiertem Zustand ca. . . . 0,1337 : 5	= 0,0267
Mindestausbeute an Metall je 1 kg Metalleinsatz	0,9738

7. In die Verbrennungserzeugnisse gehen die Verbrennungsgase und flüchtigen Bestandteile des Möllers:

	Gas	Möller	Flußmittel		cbm		kg
CO_2	0,3427 +	0,0467[2]) +	0,0136[3])	=	0,4030 cbm	=	0,7916 kg
H_2O . . .	0,1876 +	0,0024[4]) —		=	0,1900 „	=	0,1527 „
N_2	1,4885 +	(0,1870	— 0,0393)	=	1,6362 „	=	2,0562 „
Luftüberschuß					0,2941 „	=	0,3803 „
					2,5233 cbm	=	3,3808 kg

8. a) Stoffhaushalt:

Roheisen und Eisen	1,0000 kg	Metall	1,0005 kg
Erz	0,1000 „	Schlacke	0,1337 „
Flußmittel	0,0632 „	Abgase: CO_2	0,7916 „
Futter u. Gewölbe	0,0353 „	„ H_2O	0,1527 „
Gas	1,1428 „	„ N_2	2,0562 „
Feuchtigkeit des Gases	0,0306 „	Luftüberschuß . . .	0,3803 „
Verbrennungsluft für Gas mit 25 Proz. Überschuß	1,9013 „		
Luft zum Oxydieren des Möllers . .	0,2418 „		
	4,5150 kg	Bilanz	4,5150 kg

b) Verteilung der Materialien:

			Metall		Schlacke		Verbrennungs-erzeugnisse	
Metalleinsatz	1,0000	=	0,9510	+	0,0240	+	0,0250	
Erz	0,1000	=	0,0495	+	0,0252	+	0,0253	0,0017 H_2O 0,0236 O_2
Flußmittel	0,0632	=	—		0,0362	+	0,0270	0,0268 CO_2 0,0002 H_2O
Futter und Gewölbe	0,0353	=	—		0,0353		—	
Gas	1,1428	=	—		—		1,1428	(0,9707 · 1,1773)
Feucht. des Gases . .	0,0306	=	—		—		0,0306	(0,0381 · 18 : 22,4)
Verbrennungsluft f. Gas mit 25 Proz. Übersch.	1,9013	=	—		—		1,9013	1,5210 Verbrennungsluft 0,3803 Überschuß
Luft zum Oxydieren des Möllers	0,2418	=	—		0,0130	+	0,1857 0,0431	N_2 O_2 in CO_2
Im ganzen	4,5150	=	1,0005	+	0,1337	+	3,3808	

[1]) Sand aus Roheisen.
[2]) Aus 0,0917 kg CO_2.
[3]) Aus 0,0268 kg CO_2.
[4]) Aus 0,0019 kg H_2O.

9. Wärmehaushalt.

a) Wärmeeinnahme.

1. Gas, Wasserdampf und Luft von 1100° enthalten:

$$
\begin{array}{r}
0{,}346 \cdot 0{,}9707 = 0{,}3359 \\
0{,}396 \cdot 0{,}0381 = 0{,}0151 \\
0{,}322 \cdot 1{,}6575 = 0{,}5337 \\
\hline
0{,}8847 \cdot 1100 = 973 \text{ WE.}
\end{array}
$$

2. Bei Verbrennen des Gases werden frei:

$$1371 \cdot 0{,}9707 = 1331 \text{ WE.}$$

3. Wärmeausscheidung bei den Umsetzungen im Bade:

$8137 \cdot 0{,}0250 = 203{,}4$ WE.	Verbrennung von C zu CO_2
$7838 \cdot 0{,}0055 = 43{,}1$ „	$S + O_2 + 2\,CaO = Ca_2SiO_4$
$8550 \cdot 0{,}0031 = 26{,}5$ „	$P + O_5 + 4\,CaO = (4\,CaO)P_2O_5$
$1650 \cdot 0{,}0093 = 15{,}3$ „	$Mn + O = MnO$
$384 \cdot 0{,}0108 = 4{,}2$ „	SiO_2 aus Sand, Gewölbe, Futter und Flußmittel $+ 2\,CaO = Ca_2SiO_4$
293 WE.	

Gesamte Wärmeeinnahme:

Gas und Luft bringen mit sich	973 WE	oder 38 Proz.
Die Verbrennung des Gases gibt	1331 „	„ 51 „
Reaktionen im Bade	293 „	„ 11 „
Im ganzen	2597 WE.	100 Proz.

b) Wärmeverteilung im Herdraum.

1. Erhitzen des Metalles und der Schlacke auf 1600° erfordert:

$$1{,}0005\,(0{,}167 \cdot 1500 + 68 + 0{,}2 \cdot 100) = 1{,}0005 \cdot 338{,}5 = 339 \text{ WE.}$$

$$0{,}1337\,(0{,}287 \cdot 1600 + 50) = 0{,}1337 \cdot 509{,}2 = 68 \text{ WE.}$$

2. Zersetzen des Flußmittels (d. i. $CaCO_3$) bindet

$$998 \cdot 0{,}0268 = 27 \text{ WE.}$$

3. Reduktion zu metallischem Eisen und zu Eisenoxydul erfordert:

$$
\begin{array}{r}
1788 \cdot 0{,}0495 = 88{,}5 \\
(1788 - 1191) \cdot 0{,}0165 = 9{,}9 \\
\hline
98 \text{ WE.}
\end{array}
$$

4. Zur Verdampfung benötigt das Wasser (letzteres wird fest, d. h. als Hydratwasser angenommen):

$$0{,}0019\,(79 + 595) = 1 \text{ WE.}$$

Insgesamt brauchen die Reaktionen im Bade, zusammen mit dem Erhitzen von Metall und Schlacke:

$$339 + 68 + 27 + 98 + 1 = 533 \text{ WE.}$$

5. Die 1600° heißen Verbrennungsgase entführen dem Herdraum:

CO_2	$0{,}538 \cdot 0{,}4030 = 0{,}2168$
H_2O	$0{,}432 \cdot 0{,}1900 = 0{,}0821$
N_2	$0{,}331 \cdot 1{,}6362 = 0{,}5416$
Luftüberschuß	$0{,}332 \cdot 0{,}2941 = 0{,}0976$
	$0{,}9381 \cdot 1600 = 1501$ WE.

6. Verbleibt für Strahlung und Luftabkühlung der Herdraumwände:

$$2597 - (533 + 1501) = 563 \text{ WE.}$$

c) Verteilung der aus dem Herdraum abgeführten Wärme.

1. Beim Eintritt mit 1500° in die Wärmespeicher enthalten die Verbrennungsgase die Wärmemenge:

CO_2	0,534 · 0,4030 = 0,2152
H_2O	0,423 · 0,1900 = 0,0804
N_2	0,329 · 1,6362 = 0,5383
Luftüberschuß	0,330 · 0,2941 = 0,0971
	0,9310 · 1500 = 1397 WE.

Folglich werden

$$1501 - 1397 = 104 \text{ WE.}$$

auf dem Wege zu den Wärmespeichern in den Köpfen verloren.

2. In die Essenzüge gehen bei 450°:

CO_2	0,453 · 0,4030 = 0,1826
H_2O	0,370 · 0,1900 = 0,0703
N_2	0,308 · 1,6362 = 0,5039
Luftüberschuß	0,309 · 0,2941 = 0,0909
	0,8477 · 450 = 381 WE.

Folglich verbleibt in den Wärmespeichern:

$$1397 - 381 = 1016 \text{ WE.}$$

3. Durch das 350° heiße Gas und die 100° heiße Luft werden den Wärmespeichern zugeführt:

Gas	112 · 0,9707	= 109 WE.
Luft	0,302 · 1,657 · 100	= 50 „
	Im ganzen	159 WE.

Das Erhitzen auf 1100° erfordert 973 WE., also stammt aus den Wärmespeichern:

$$973 - 159 = 814 \text{ WE.},$$

für Wärmeverluste in den Wärmespeichern bleiben nach

$$1016 - 814 = 202 \text{ WE.}$$

d) Zusammenfassung der Wärmeeinnahme und -ausgabe (ohne „regenerierte“ Wärme):

Einnahme

Gas von 350° und Luft von 100° führen zu	159	WE.	oder	9,0 Proz.
Die Gasverbrennung gibt	1331	„	„	74,6 „
Exothermische Reaktionen	293	„	„	16,4 „
Gesamteinnahme	1783	WE.		100 Proz.

Ausgabe

Dem Bade abgegeben	533	WE.	=	29,9 Proz.
Geht in den Essenkanal (bei 450°) . . .	381	„	=	21,2 „
Verluste insgesamt	869	„	=	48,9 „
Gesamtausgabe	1783	WE.	=	100 Proz.

3. Das Erzverfahren ausschließlich mit flüssigem Roheisen (ohne Schrott).

1. Laut Betriebsdaten des Jurjewskiwerkes sind täglich bis 4 Schmelzungen mit einem Brennstoffverbrauch von drei Viertel der Norm für festen Einsatz, d. h. $0{,}25 \cdot {}^3/_4 = 0{,}1875$ zulässig; dasselbe wurde auch im Dneprowskiwerk erreicht.

Je 1 kg Metalleinsatz (d. i. flüssigen Roheisens) sind nötig:

$0{,}9707 \cdot 3 : 4 = 0{,}7280$ cbm	oder	0,85710 kg	trockenes Gas
$0{,}0381 \cdot 3 : 4 = 0{,}0286$ „	„	0,02295 „	Wasserdampf
$1{,}1764 \cdot 3 : 4 = 0{,}8823$ „	„	1,14075 „	Verbrennungsluft
$0{,}2941 \cdot 3 : 4 = 0{,}2206$ „	„	0,2852 „	überschüssige Luft

Gas und Luft geben in die Verbrennungsgase[1]):

CO_2	$0{,}3427 \cdot 3 : 4 =$	0,2570 cbm	oder	0,5048 kg
H_2O	$0{,}1876 \cdot 3 : 4 =$	0,1407 „	„	0,1131 „
N_2	$1{,}4885 \cdot 3 : 4 =$	1,1164 „	„	1,4029 „
Luftüberschuß . . .		0,2206 „	„	0,2852 „
		1,7347 cbm	oder	2,3060 kg

Zusammensetzung:

	C	Si	Mn	P	S	
Roheisen	4,0	1,0	1,3	0,48	0,08	Proz.
Brennt aus und wird verschlackt	3,39	1,0	1,0[2])	0,45	0,04	Proz.

2. Die Oxydation durch Erz verläuft nach der Gleichung:

$$2\,Fe_2O_3 + 5\,C = 5\,CO + 3\,Fe + FeO,$$

d. h. drei Viertel des Eisens aus dem Erz wird reduziert. Nach praktischen Erfahrungen werden 22 Proz. Erz gebraucht, in ihm sind enthalten:

SiO_2	Al_2O_3	Fe_2O_3	H_2O	
0,0066	0,0022	0,2075	0,0037	= 0,22 kg

An Eisen sind im Erz:

$$0{,}22 \cdot 0{,}66 = 0{,}1452\ \text{kg}.$$

Davon als Eisenoxydul (das in die Schlacke geht)

$$0{,}1452 \cdot \frac{1}{4} \cdot \frac{72}{56} = 0{,}0467\ \text{kg}.$$

Erzsauerstoff vorhanden zur Oxydation des Bades:

$$(0{,}2075 - 0{,}1452)\ {}^5/_6 = 0{,}0519\ \text{kg}.$$

Reduziert wird Eisen

$${}^3/_4 \cdot 0{,}1422 = 0{,}1089\ \text{kg}.$$

An Kohlenstoff kann verbrennen:

$${}^3/_4 \cdot 0{,}0519 = 0{,}0389\ \text{kg}.,$$

d. i. der gesamte C in CO kann vom Erz oxydiert werden.

3. Die Oxydation des Möllers und die Schlackenbildung

---

[1]) Flußmittel, Futter und Erz sind die früheren.

[2]) 0,07 Proz. Mn sind an 0,04 S gebunden, 0,93 Proz. werden oxydiert, und 0,3 Proz. Mn bleiben im Stahl.

	erfordert O_2	gibt
C aus CO zu CO_2	$0{,}0389 \cdot 16 : 12 = 0{,}0518$ kg;	$0{,}0389 \cdot \frac{44}{12} = 0{,}1426$ kg CO_2
Si zu SiO_2	$0{,}010 \cdot 32 : 28 = 0{,}0114$ „	0,0214 „ SiO_2
P „ P_2O_5	$0{,}0045 \cdot 80 : 62 = 0{,}0058$ „	0,0103 „ P_2O_5
Mn „ MnO	$0{,}0093 \cdot 16 : 55 = 0{,}0027$ „	0,0120 „ MnO
MnS „ MnO	Nach der Reaktion: —	0,0009 „ MnO
CaO „ CaS	MnS+CaO=CaS+MnO —	0,0009 „ CaS

Gesamter Bedarf an O_2 . . . . 0,0717 kg = 0,0502 cbm
oder Luft . . . . 0,3090 „ = 0,2390 „
Zieht man von der Luft die Sauerstoffmenge ab, so erhält man die Menge des zugeführten N_2 . . . . . 0,2373 „ = 0,1888 „

Das Gewölbe (0,2 Proz. des Roheisengewichtes), Herdfutter (3,5 Proz.) und 22 Proz. Erz geben in die Schlacke:

	Gewölbe	Futter	Erz	Bad	Insgesamt
SiO_2	0,0020	0,0012	0,0066	0,0214	0,0312
Al_2O_3	—	0,0009	0,0022	—	0,0031
FeO	—	—	0,0467	—	0,0467
MgO	—	0,0126	—	—	0,0126
CaO	—	0,0203	—	—	0,0203
CaS	—	—	—	0,0009	0,0009
MnO	—	—	—	0,0129	0,0129
P_2O_5	—	—	—	0,0103	0,0103

4. Die benötigte Flußmittelmenge:

Si des Roheisens erfordert	$0{,}0100 \cdot 4$	= 0,0400 kg CaO
P „ „ „	$0{,}0045 \cdot 3{,}61$	= 0,0162 „ „
S „ „ „	$0{,}0004 \cdot 56 : 32$	= 0,0007 „ „
SiO_2 „ Gewölbes erfordert	$0{,}0020 \cdot 112 : 60$	= 0,0037 „ „
„ „ Herdfutters erfordert	$0{,}0012 \cdot 112 : 60$	= 0,0022 „ „
„ „ Erzes erfordert	$0{,}0066 \cdot 112 : 60$	= 0,0123 „ „
		0,0751 kg CaO
Abzug des im Bade befindlichen		0,0203 „ „
Muß zugesetzt werden		0,0548 kg CaO

Flußmittelmenge (Zusammensetzung wie oben):

$$0{,}0548 : 0{,}4856 = 0{,}11058 = 11{,}06 \text{ Proz.}$$

Das Flußmittel enthält:

SiO_2	Al_2O_3	CaO	CO_2	H_2O	Im Ganzen
0,0022	0,0014	0,0597	0,0469	0,0004	0,1106

5. In die Schlacke geht über:

SiO_2	Al_2O_3	P_2O_5	CaO	MgO	MnO	FeO	CaS	Im Ganzen
0,0312	0,0031	0,0103	0,0203	0,0126	0,0129	0,0467	0,0009	0,1380
0,0022	0,0014	—	0,0597	—	—	—	—	0,0626
		minus	0,0007 für CaS					
0,0334	0,0045	0,0103	0,0793	0,0126	0,0129	0,0467	0,0009	=0,2006 kg
16,7	+ 2,2	+ 5,1	+ 39,5	+ 6,3	+ 6,5	+ 23,3	+ 0,4	= 100,0 Proz.

Mehrgewicht durch in der Schlacke suspendierten Stahl bis . . = 0,0400

Schlackengewicht . . . . 0,2406 oder 24,06 Proz.

6. Stahlausbringen aus Roheisen:

1,0000 — (0,0389 + 0,01 + 0,01 + 0,0045 + 0,0004)	= 0,9362
Zubrand durch reduziertes Eisen	= 0,1089
Im ganzen Stahl auf dem Herd	= 1,0451

Tatsächliche Mindestausbeute (in Blöcken) . . . . . $= 104{,}51 - \frac{24{,}06}{6} = 100{,}5$ Proz.[1])

7. In die Verbrennungserzeugnisse geht:

aus dem Metall . .	0,1426 kg CO_2	aus dem Erz . . .	0,0037 kg H_2O
„ dem Flußmittel	0,0469 „ „	„ dem Flußmittel	0,0004 „ „
	0,1895 kg = 0,0965 cbm CO_2;		0,0041 kg = 0,0051 cbm H_2O.

Zusammen mit den aus den aus Verbrennung des Gases (mit 25 Proz. Luftüberschuß) stammenden Abgasen geben die flüchtigen Produkte des Möllers:

CO_2	0,2570 + 0,0965 = 0,3535 cbm	= 0,5048 + 0,1895 = 0,6943 kg
H_2O	0,1407 + 0,0051 = 0,1458 „	= 0,1131 + 0,0041 = 0,1172 „
N_2	1,1164 + 0,1888 = 1,3052 „	= 1,4029 + 0,2373 = 0,6402 „
Luftüberschuß	0,2206 „	0,2852 „
Insgesamt in den Verbrennungserzeugnissen	2,0251 cbm	2,7369 kg

8. Stoffhaushalt des Prozesses:

Flüssiges Roheisen	1,0000 kg	Metall auf dem Herde	1,0451 kg
Erz	0,2200 „	Schlacke	0,2006 „
Flußmittel	0,1106 „	Abgase: CO_2	0,6943 „
Herdfutter und Gewölbe . . .	0,0370 „	„ H_2O	0,1172 „
Generatorgas (trocken)	0,8571 „	„ N_2	1,6402 „
Gasfeuchtigkeit	0,02295 „	Luftüberschuß	0,2852 „
Verbrennungsluft mit 25 Proz. Überschuß	1,42595 „		
Oxydationsluft	0,3090 „		
In den Ofen	3,9826 kg	Aus dem Ofen	3,9826 kg

9. Wärmehaushalt.

a) Wärmeeinnahme.

1. 1100° warmes Gas, Wasserdampf und Verbrennungsluft (mit Überschuß) führen ins Bad:

$$0{,}7280 \cdot 0{,}346 = 0{,}2519$$
$$0{,}0268 \cdot 0{,}396 = 0{,}0113$$
$$1{,}3419 \cdot 0{,}322 = 0{,}4321$$
$$0{,}6953 \cdot 1100 = 765 \text{ WE.}$$

2. Die Verbrennung des Gases gibt:

$$1371 \cdot 0{,}728 = 998 \text{ WE.}$$

3. Das flüssige bis 1250° überhitzte Roheisen führt mit sich:

$$0{,}178 \cdot 1200 + 28 + 0{,}25\,(1250 - 1200) = 254 \text{ WE.}$$

4. Die exothermen Reaktionen des Bades geben:

8137 · 0,0389 =	316,5 WE.	Verbrennung von C zu CO_2
7838 · 0,0100 =	78,4 „	„ „ Si zu SiO_2 u. Bildung von Ca_2SiO_4
1650 · 0,0093 =	15,3 „	„ „ Mn zu MnO
384 · 0,0120 =	4,6 „	SiO_2 aus Gewölbe und Herd + 2 CaO.
	415 WE.	

[1]) In Wirklichkeit wurde nicht unter 102% (bis 105%) Stahl erhalten, da mehr als 3/4 des Eisens aus dem Erz reduziert wurde und die Schlacke unter 23% FeO enthielt.

Die gesamte Wärmeeinnahme beträgt:

$$765 + 998 + 254 + 415 = 2432 \text{ WE},$$

also 93,5 Proz. der Wärmeeinnahme des Schrottverfahrens, wobei der Brennstoffverbrauch bis auf 75 Proz. vermindert wird. Diese Wärmeersparnis rührt von flüssigem Roheisen und den exothermischen Reaktionen im Bade her.

b) Wärmeverteilung.

1. Die Erhitzung des Bades bis 1600° benötigt:

$$[(0{,}167 \cdot 1500 + 68 + 0{,}20\,(1600 - 1500)] \cdot 1{,}0451 = 338{,}5 \cdot 1{,}0451 = 354 \text{ WE}.$$
$$(0{,}187 \cdot 1600 + 50)\,0{,}2206 = 509{,}2 \cdot 0{,}2206 = 102 \text{ WE}.$$

2. Zersetzen des $CaCO_3$ aus dem Flußmittel erfordert:

$$998 \cdot 0{,}0469 = 47 \text{ WE}.$$

3. Reduktion des Erzes zu Eisen und Eisenoxyd bindet:

$$\begin{aligned} 1788 \cdot 0{,}1089 &= 194{,}7 \text{ WE} \\ (1788 - 1191) \cdot 0{,}0363 &= 21{,}7 \text{ „} \\ & \overline{216 \text{ WE}.} \end{aligned}$$

4. Verdampfung der Erz- und Flußmittelfeuchtigkeit (aus festem Zustande) braucht:

$$(79 + 595) \cdot 0{,}0041 = 3 \text{ WE}.$$

Insgesamt sind dem Bade zur Erhitzung auf 1600° und zur Durchführung endothermischer Reaktionen zuzuführen:

$$456 + 47 + 216 + 3 = 722 \text{ WE}.$$

5. Die 1600° heißen Verbrennungsgase führen aus dem Herdraum:

CO_2	$0{,}538 \cdot 0{,}3535 = 0{,}1902$
H_2O	$0{,}432 \cdot 0{,}1458 = 0{,}0630$
N_2	$0{,}331 \cdot 1{,}3052 = 0{,}4320$
Luftüberschuß . . .	$0{,}332 \cdot 0{,}2206 = 0{,}0732$
	$0{,}7584 \cdot 1600 = 1213$ WE.

6. Die Wärmeausgabe durch Luftkühlung der Ofenwände und Ausstrahlung in die Außenluft wird aus der Differenz bestimmt:

$$2432 - (722 + 1213) = 497 \text{ WE}.$$

Diese Verluste sind geringer als beim Schrottverfahren, doch dürfte der Verlust, proportional berechnet, nur betragen:

$$562 \cdot 3 : 4 = 421 \text{ WE}.$$

Das flüssige Roheisen und die exothermischen Reaktionen (Oxydation von überschüssigem Silicium und Phosphor) machen also den Mehrverbrauch an Wärme für Reduktion des Erzes zu Eisen und Erwärmen der vermehrten Schlacken- und Metallmenge auf 1600° reichlich wett.

c) Verteilung der aus dem Herdraum abgeführten Wärme.

1. Beim Eintritt in die Wärmespeicher enthalten die 1500° heißen Verbrennungsgase:

CO_2	$0{,}534 \cdot 0{,}3535 = 0{,}1888$
H_2O	$0{,}423 \cdot 0{,}1458 = 0{,}0617$
N_2	$0{,}329 \cdot 1{,}3052 = 0{,}4294$
Luftüberschuß . . .	$0{,}330 \cdot 0{,}2206 = 0{,}0728$
	$0{,}7527 \cdot 1500 = 1129$ WE.

Also verlieren sie auf dem Wege zu den Wärmespeichern:

$$1213 - 1119 = 84 \text{ WE.}$$

2. Die Abgase, die aus den Wärmespeichern mit 450° abziehen, führen ab:

CO_2	$0{,}453 \cdot 0{,}3535 = 0{,}1601$
H_2O	$0{,}370 \cdot 0{,}1458 = 0{,}0539$
N_2	$0{,}308 \cdot 1{,}3052 = 0{,}4020$
Luftüberschuß . . .	$0{,}309 \cdot 0{,}2206 = 0{,}0682$
	$0{,}6842 \cdot 450 = 308$ WE.

In den Wärmespeichern verbleiben also:

$$1129 - 308 = 821 \text{ WE.}$$

3. Das Gas, auf 350° erwärmt, und die Luft, auf 100° erwärmt, bringen in die Wärmespeicher:

Gas	$(0{,}728 \cdot 0{,}32 + 0{,}0286 \cdot 0{,}368) \cdot 350 = 85$ WE
Luft.	$0{,}302 \cdot 1{,}3419 \cdot 100 = 40$ „

Da das Erwärmen von Gas und Luft auf 1100° 765 WE erfordert, so wird zu diesem Zweck den Wärmespeichern entnommen:

$$765 - (85 + 40) = 640 \text{ WE.}$$

Für Wärmeverluste in den Wärmespeichern, oder richtiger, an überschüssiger Wärme bleiben nach:

$$821 - 640 = 181 \text{ WE,}$$

die während des Anwärmens teils ans Gitterwerk, teils an die durchströmenden Abgase verloren werden.

d) Zusammenfassung der Wärmeeinnahme und -ausgabe (ohne regenerierte Wärme).

Einnahme			
Erwärmtes Gas und Luft: 85 + 40 = .	125 WE	=	7,0 Proz.
Flüssiges Roheisen	254 „	=	14,0 „
Gasverbrennung	998 „	=	55,9 „
Exothermische Reaktionen	415 „	=	23,3 „
Gesamteinnahme	1792 WE	=	100,0 Proz.
Ausgabe			
Dem Bade abgegeben	722 WE	=	40,3 Proz.
In den Essenkanal	308 „	=	17,1 „
Verlust: 497 + 84 + 181 = ...	762 „	=	42,6 „
Gesamtausgabe	1792 WE	=	100,0 Proz.

IV. Anwendung der Ergebnisse des Stoff- und Wärmehaushaltes auf Berechnung von Martinöfen.

1. Das Schrottverfahren mit festem Einsatz.

Der zu entwerfende Ofen werde mit Gas der obengenannten Zusammensetzung befeuert; es wird im Gaserzeuger aus Steinkohle hergestellt, von der 0,25 kg in der Sekunde verbraucht werden. Da zur Zeit der Steinkohlenverbrauch von 0,25 kg für 1 kg festen Einsatz als normal gelten kann, so entspricht der angenommene Kohlenverbrauch nahezu 90 t täglichem Einsatz (bei Arbeit mit 10 Proz. Erz). Es muß also ein Ofen für 30 t Einsatz berechnet werden, wenn man 3 Einsätze in 24 St. durchsetzt.

Die Berechnungen bei Aufstellung des Wärmehaushaltes geben folgende für Dimensionierung des Ofens notwendige Daten.

In 1 Sekunde werden dem Ofen zugeführt (wenn in dieser Zeit 0,25 kg Kohle vergast werden):

Gas, trocken	0,9707	cbm	Verbrennungs- u. Oxydationsluft	1,3634	cbm
Feuchtigkeit des Gases	0,0381	„	Luftüberschuß	0,2941	„
Feuchtes Gas von 0° C	1,0088	„	Zusammen Luft von 0° C	1,6575	„
Feuchtes Gas von 350° 1,0088 · 2,28	2,30	„	Insgesamt Luft von 100° 1,6575 · 1,37	2,27	„
Feuchtes Gas von 725° 1,0088 · 3,65	3,68	„	Insgesamt Luft von 600° 1,6575 · 3,2	5,3	„
Feuchtes Gas von 1100° 1,0088 · 5,03	5,704	„	Insgesamt Luft von 1100° 1,6575 · 5,03	8,337	„
Verbrennungsgase von 0°	2,5233	„	Wärme in den Verbrennungsgasen bei 450°	381	WE
Verbrennungsgase von 450°. 2,5233 · 2,65	6,687	„	Wärme in den Verbrennungsgasen bei 1500°	1397	„
Verbrennungsgase von 975°. 2,5233 · 4,57	11,53	„	Wärme in der Luft bei 100°	50	„
Verbrennungsgase von 1500° 2,5233 · 6,5	16,40	„	Wärme in der Luft bei 1100°	587	„
Verbrennungsgase von 1600° 2,5233 · 6,86	17,31	„	Wärme im Gase bei 350°	109	„
Verbrennungsgase von 1700° 2,5233 · 7,23	18,24	„	Wärme im Gase bei 1100°	386	„

In den Wärmespeichern wird in 1 Sekunde

ausgenutzt	814	WE	verloren	202	WE
Verwandt: zur Gaserhitzung	277	„	zur Lufterhitzung	537	„

Das Verhältnis der Wärmemengen zum Erhitzen der Luft und des Gases ist

$$537 : 277 = 1{,}939.$$

Es sei schon hier darauf verwiesen, daß die Menge der zur Lufterhitzung dienenden Abgase nicht 1,939 mal größer ist als zur Gaserhitzung, und zwar deshalb, weil die Abgase im Luftwärmespeicher weitergehend enthitzt werden als im Gaswärmespeicher. (Weiter unten wird gezeigt, wie dieser Unterschied sich rechnerisch ermitteln läßt.)

a) Der Herdraum.

1. Die Herdfläche muß nach den Angaben des Verfassers 27 qm betragen und die Abmessungen 8,5 · 3,2 bzw. 8,55 · 3,16, oder, was selten vorkommt, 9 m · 3 m besitzen.

2. Der Herdraum über der Badfläche hat im 30 t-Ofen den Inhalt von 1,5 cbm je 1 t Metalleinsatz, also 45 cbm. Bei solchen Ausmaßen ist der freie Herdraum

$$45 : 18{,}24 = 2{,}47$$

mal größer als das Volumen der Verbrennungsgase bei ihrer mittleren Temperatur (1700°), und die Gase können $2^1/_2$ Sekunden im Herdraum verweilen, wenn sie ihn vollständig füllten. Dieses Verhältnis ist für gewöhnliche Öfen[1]) das normale. Bei der angegebenen Herdlänge schwankt die Gasgeschwindigkeit im Herdraum von

$$9 : 2{,}47 = 3{,}64 \text{ m bis}$$
$$8{,}5 : 2{,}47 = 3{,}44 \text{ m},$$

bleibt also in den üblichen Grenzen.

3. Den Abstand zwischen Badfläche und Gewölbe hat man daher zu

$$45 : 27 = 1{,}667 \text{ m}$$

zu wählen.

Bei einer Badtiefe von 333 mm (Metall und Schlacke), in der Mitte der Herdsohle gemessen, liegt das Gewölbe 2,0 m über der Sohlenmitte, was für 30 t-Öfen gleichfalls als normal gelten kann.

b) Köpfe.

4. Der Querschnitt von Luft- und Gaseinströmungen wird nach empirischen Daten gewählt und, wenn die Gasmengen bekannt sind, an den Geschwindigkeiten von Gas und Essengas kontrolliert. Wenn wir für die Lufteinströmöffnung 200 qcm je 1 qm Herdfläche wählen, so wird der geringste zulässige Querschnitt

$$27 \cdot 200 = 5400 \text{ qcm};$$

bequeme Abmessungen wären 2,25 m · 0,24 m.

---

[1]) Bisweilen wird das Gasvolumen bei 0° gewählt und die errechnete Verweilungsdauer bzw. die Geschwindigkeit der Gase bei dieser Temperatur bedingt angegeben; in dem gegebenen Falle erhielte man die Verweilungsdauer zu 17,8 Sekunden.

Da, wie unten näher ausgeführt wird, in den Luftwärmespeicher 1,544 mal mehr Verbrennungsgase als in den Wärmespeicher geführt werden müssen, so hätte der Gaseinströmungsquerschnitt im selben Verhältnis geringer zu sein als der Lufteinströmquerschnitt, und er ergebe sich im Maximum zu:

$$5400 : 1{,}544 = 3506 \text{ qcm},$$

also fast 130 qcm je 1 qm Herdfläche; bei einem Verhältnis des Luft- zum Gaseinströmquerschnitt von 1,544 erhält man für 30 t-Öfen passende Gaseinströmöffnungen. Baut man 2 Gaseinströmöffnungen, so hat man jede in Übereinstimmung mit Angaben aus der Praxis zu 0,4 m · 0,44 m zu dimensionieren.

Gas- und Lufteinströmungen haben einen Gesamtquerschnitt von

$$0{,}54 + 2 \cdot 0{,}4 \cdot 0{,}44 = 0{,}892 \text{ qm},$$

durch den die Abgase bei 1600° bzw. 0° mit der Geschwindigkeit

$$17{,}31 : 0{,}892 = 19{,}4 \text{ m} \qquad 2{,}5233 : 0{,}892 = 2{,}83 \text{ m}$$

treten würden; diese Geschwindigkeit hält sich in den zulässigen Grenzen (30 — 25 m in Öfen des europäischen Kontinents, in englischen findet man bedeutend höhere Geschwindigkeiten).

Gas und Luft strömen bei 1100° bzw. 0° in den Herdraum mit der Geschwindigkeit:

das Gas	$5{,}074 : 0{,}352 = 14{,}4$ m,
	$1{,}0088 : 0{,}352 = 2{,}87$ m,
die Luft höchstens	$8{,}337 : 0{,}54 = 15{,}4$ m,
	$1{,}6575 : 0{,}54 = 3{,}07$ m,

In kleineren Öfen sind derartige Geschwindigkeiten erlaubt, in der Praxis kommen oft noch größere vor — 30 m und sogar noch mehr[1]). Man könnte daher im gegebenen Falle den Gaseinströmungsquerschnitt etwas unter 130 qcm je 1 qm Herdfläche bemessen.

c) Wärmespeicher.

5. Das Gitterwerksgewicht in den Wärmespeichern wird nach dem gewünschten Temperaturabfall beim Enthitzen durch Gase berechnet. Der Verfasser setzt bei seinen Berechnungen einen Temperaturabfall von 120° je 1 St., d. h. 2° in der Min. oder $^1/_{30}$° in der Sek. Kennt man die Wärmemenge, die das Gitterwerk in dieser Zeit an das Gas bzw. die Luft abgibt, so kann das Ziegelgewicht ermittelt werden, in dem sich eine derartige Wärmemenge auf-

[1]) Der im Werke von *F. Toldt* genannte Wert — 8 m — ist für moderne Öfen unzulässig. *B. Osann* schlägt geringere Geschwindigkeiten vor: für Luft 3 m und für Gas 6 m, auf 0° bezogen. In seiner Tabelle (Eisenhüttenkunde 2, 412a) ist die Luftgeschwindigkeit im Mittel 3,66 m, die Gasgeschwindigkeit beträgt nach seinen Berechnungen im Mittel 6,4 m (a. a. O. 376). Nach der Tabelle von *H. Bansen* (a. a. O.) liegt die Luftgeschwindigkeit etwas unter dem von *B. Osann* gegebenen Werte, und zwar in 30 Öfen zwischen 2 und 3 m, in 10 Öfen sogar unter 2 m; für Gas sind dagegen die Geschwindigkeiten größer als bei *B. Osann:* 30 Öfen haben über 6,4 m und bloß 7 Öfen unter 6 m.

speichern läßt, daß der Temperaturabfall $^1/_{30}$ ° in der Sekunde beträgt, nach der Formel:

$$x \cdot {}^1/_{30} \cdot c_t = W \text{ WE}.$$

Gas und Luft erfordern in der Sekunde 814 WE; die überschüssige Wärme der Abgase, 202 WE, geht zur Hälfte während der Erhitzung des Gitterwerkes an die Abgase verloren; die andere Hälfte geht ins Gitterwerk über und wird vom Gitterwerk an die zu erhitzenden Gase abgegeben. Da Erhitzen und Enthitzen gleichlange dauern, so kommt etwa die Hälfte der überschüssigen Wärme dem Gitterwerk zugute, und je 1 Sek. muß es etwa 915 WE erhalten. Das Ziegelgewicht, das einen Temperaturabfall von $^1/_{30}$ ° ermöglicht, ist

$$x = 915 \cdot 30 : 0{,}284 = 96{,}650 \text{ kg}$$

[0,284[1]) ist die spezifische Wärme des Ziegels im Temperaturbereich, in welchem das Gitterwerk arbeitet, also in diesem Falle etwa 785° bis 815]°.

Da im Gaserzeuger in 1 Stunde 0,25 · 60 · 60 = 900 kg Kohle vergast werden, so kommen auf 1 kg Kohle 107$^1/_2$ kg Gitterwerksziegel, also nahezu die bei Berechnungen angenommene Norm.

6. Werden die Ziegel des Gitterwerkes so angeordnet, daß zwischen ihnen ein Zwischenraum von der Breite eines Ziegels verbleibt, so wiegt ein mit Ziegeln ausgesetztes Kubikmeter des Gitterwerks 900 kg, und dem genannten Ziegelgewicht entspricht ein Gitterwerksinhalt von 107$^1/_2$ cbm.

Die Verteilung dieses Inhaltes auf Luft- und Gaskammer hat so zu geschehen, daß die in jeder Kammer aufgenommenen Wärmemengen den zum Erwärmen von Luft und Gas benötigten Wärmemengen proportional seien. Dieses Verhältnis ist, wie schon oben gezeigt, = 1,939 (604 und 311 WE), und daher muß der Inhalt (und das Gewicht) des Gitterwerkes betragen:

107,5 : 2,939 = 36,5 cbm in der Gaskammer	oder	32,85 t =	34 Proz.
107,5 — 36,5 = 71 „ „ „ Luftkammer	„	63,90 t =	66 „
		96,75 t =	100 Proz.

Setzt man die Höhe des Gitterwerkes = 5 m, so ergibt sich der Querschnitt der Kammern:

Gaskammer 36,5 : 5 = 7,3 qm oder z. B. 4 m · 1,825 m
Luftkammer 71 : 5 = 14,2 qm „ „ „ 4 m · 3,555 m.

Da der einen seinerzeit von Prof. *B. Osann* vorgeschlagenen Berechnungsart der Wärmespeicher die Verweilungsdauer der Gase im Gitterwerk zugunde liegt, andererseits ihre Strömungsgeschwindigkeit den Zug und die Wärmeübergabe beeinflußt, so ist eine Feststellung dieser Größen nach den soeben ermittelten Abmessungen am Platze.

Die Geschwindigkeiten wurden bei den Temperaturen, welche die Gase im Gitterwerk durchschnittlich haben, nahe 1 m gefunden, d. h. inner-

[1]) Nach Untersuchungen von Prof. *E. Heyn*, Prof. *D. Bauer* und *E. Wetzel*. — Mitteilungen des Materialprüfungsamts 1914, S. 89—198.

	Verweilungsdauer	Geschwindigkeit
Abgase (von 2 Gitterwerken d. Mittel) bei . . . . . 0°	53,75 : 2,5233 = 21,3 Sek.	5 : 21,3 = 0,23 m
Abgase (von 2 Gitterwerken d. Mittel) bei . . . . . 975°	53,75 : 11,53 = 4,66 „	5 : 4,66 = 1,07 m
Generatorgas bei . . . . . 0°	18,25 : 1,0088 = 18,1 „	5 : 18,1 = 0,28 m
„ „ . . . . . 725°	18,25 : 3,68 = 4,96 „	5 : 4,96 = 1,00 m
Luft bei . . . . 0°	35,50 : 1,6575 = 21,6 „	5 : 21,6 = 0,23 m
„ „ . . . . 600°	35,50 : 5,3 = 6,7 „	5 : 6,7 = 0,75 m

halb der Norm, vor deren Überschreitung man stets gewarnt wurde, da bei Vergrößerung der Reibung eine Verminderung des Zuges zu befürchten ist. In Wirklichkeit sind aber nach *B. Osann* in deutschen Öfen die Geschwindigkeiten der Gase (bei 0°) zweimal größer; einer weiteren Steigerung steht nicht die Zugverminderung im Wege, sondern die Notwendigkeit, noch höhere Gitterwerke, als der Verfasser angibt, zu bauen, obgleich eine solche Steigerung die Wärmeabgabe nur fördern würde. Eine Geschwindigkeitsverminderung hat andere Mängel und sollte nicht zugelassen werden.

Die Verweilungsdauer der Gase in den Gitterwerken schwankt nach Berechnungen des Verfassers in genügend großen Wärmespeichern etwa um 5 Sek. bei mittlerer Temperatur der Gase und fällt bloß für Luft etwas größer aus, wie z. B. im gegebenen Falle.

Prof. *B. Osann* gibt auf Grund einer Bearbeitung von Abmessungen und Betriebsdaten deutscher Öfen für die Berechnung des Wärmespeichers als Norm eine Verweilungsdauer von 8 Sek. für Gas und 9 Sek. für Luft[1]) (beide bei 0°) an. Das wäre zweimal weniger, als obige Berechnung ergeben hat, und fraglos ungenügend: in derartigen Wärmespeichern wären die Temperaturabfälle von Gas und Luft schroffere, und die Abgase wären heißer, als in unseren Berechnungen angenommen wurde.

7. Die Abgasmenge verteilt sich nicht im Verhältnis 66 : 34 in der Luft- und Gaskammer; das Verhältnis ist geringer: die Abgase im Gaswärmespeicher haben eine über dem Mittel (450°) liegende Temperatur, da das Gas mit einer Temperatur von 350° in den Gaswärmespeicher einströmt, dagegen im Luftwärmespeicher eine niedrigere, da die Mauerung des unteren Speicherteiles durch die eintretende, kaum erhitzte Luft (100°) abgekühlt wird.

Die Temperatur des erhitzten Abgases kann man für beide Kammern aus 2 Gleichungen ermitteln, die folgende Bedingungen enthalten: 1. muß die Differenz der mittleren Temperatur der Abgase und der erhitzten Gase in beiden Kammern gleich sein, und 2. müssen die Abgasmengen in beiden Kammern in einem bestimmten Verhältnis zueinander stehen und die Temperatur von 450° besitzen. Eine Überschlagsrechnung gibt für dieses Verhältnis 1,544. Daher ist:

$$1.\ (1500 + x) : 2 - (1100 + 100) : 2 = (1500 + y) : 2 - (1100 + 350) : 2.$$

$$2.\ 1{,}544\, x + y = 2{,}544 \cdot 450.$$

1) *B. Osann*, Eisenhüttenkunde B. 2, 380. Die tatsächlichen mittleren Geschwindigkeiten in deutschen Öfen betragen laut Tabelle von *B. Osann* 7,9 resp. 8,7.

Daraus ergibt sich:

1. $x + 250 = y$, 2. $1{,}544\, x + y = 1144{,}8$; $x = 352°$ und $y = 602°$.

In der Sekunde führen die Abgase bei den angegebenen Temperaturen mit sich aus den Wärmespeichern:

CO_2	0,441 · 0,4030 = 0,1777	0,470 · 0,4030 = 0,1894
H_2O	0,367 · 0,1900 = 0,0697	0,375 · 0,1900 = 0,0713
N_2	0,306 · 1,6362 = 0,5007	0,311 · 1,6362 = 0,5089
Luftüberschuß .	0,307 · 0,2941 = 0,0903	0,312 · 0,2941 = 0,0918
	0,8384 · 352 = 295 WE	0,8614 · 602 = 519 WE

Dies Verhältnis der Wärmemengen, die durch gleiche Mengen von Abgas an das Gas- und Luftgitterwerk bei Abkühlung bis 602° bzw. 352° abgegeben werden, beträgt

$$(1397 - 295) : (1397 - 519) = 1102 : 878 = 1{,}256 : 1.$$

Damit die in jedem Gitterwerk aufgespeicherten Wärmemengen sich wie 537 : 277 oder 1,939 : 1 verhalten, muß in die Luftwärmespeicher nicht 1,939 Abgas geleitet werden, sondern bloß:

$$1{,}939 : 1{,}256 = 1{,}544$$

mal mehr als in den Gaswärmespeicher.

Bei einem solchen Verhältnis führen die Abgase aus der Gaskammer ab

$$381 \cdot 1{,}544 : 2{,}544 = 150 \text{ WE},$$

und aus der Luftkammer

$$381 - 150 = 231 \text{ WE}.$$

Mit der den Ziegeln abgegebenen Wärmemenge sind

604 WE + 231 WE = 835 WE im Luftwärmespeicher und
311 WE + 150 WE = 461 WE im Gaswärmespeicher
1296 WE zusammen.

Berücksichtigt man den Verlust bei der Gitterwerkerhitzung — 101 WE —, so ergeben sich im ganzen 1397 WE, also die gesamte durch die Abgase in beide Wärmespeicher eingeführte Wärme.

d) Kanäle, Ventile und Kamin.

Die erwähnte Verteilung der Abgase kann benutzt werden, um den Querschnitt der Verbindungskanäle (zwischen Wärmespeichern und Wechselklappen) und die lichten Ventilquerschnitte zu bestimmen, und zwar derart, daß weder übergroße Geschwindigkeiten, noch ein bedeutender Druckverlust vorkommen.

8. In den Kanälen kann die Geschwindigkeit 1,5 m bei 0° betragen (bei der Temperatur der Abgase kann sie verschieden, 3 bis 6 m, sein) und in den Ventilen 2,5 bis 2 m bei 0° (die größere Geschwindigkeit für Öfen großen Fassungsraumes, um nicht übergroße Vorrichtungen zu bauen).

Somit werden die Kanalquerschnitte sein:

zum Luftwärmespeicher (2,5233 — 0,9919) : 1,5 = 1,021 qm oder 1,2 m · 0,85 m,
zum Gaswärmespeicher (2,5233 : 2,544) : 1,5 = 0,661 qm oder 0,8 m · 0,85 m.

Zur Verhütung von Verschmutzungen ist es vorteilhaft, die Höhe der Kanäle um 0,15 m zu vergrößern und sie in beiden Kanälen gleich, zu 1 m, zu wählen.

9. In den Ventilen betrage die Strömungsgeschwindigkeit 2 m, dann wird der Querschnitt

des Luftventils 1,5314 : 2 = 0,756 qm; d = 1 m oder 1 m · 0,756 m,
des Gasventils 0,9919 : 2 = 0,496 qm oder 0,8 m · 0,62 m.

10. Der Querschnitt des Essenkanals in den Kamin muß der Querschnittssumme von Gas- und Luftkanal gleich sein, d. h.

$$1{,}021 + 0{,}661 = 1{,}682 \quad \text{oder} \quad 1{,}7\,\text{m} \cdot 1\,\text{m}.$$

11. Endlich muß die Kaminmündung, die gleichfalls für die Gasgeschwindigkeit bei 0° (von 1,75 m für kleine Öfen und 2 m für große) berechnet werden kann, den Querschnitt bzw. Durchmesser besitzen:

$$2{,}5233 : 1{,}75 = 1{,}442\,\text{qm und } d = 1{,}35\,\text{m}.$$

Bei einem Verhältnis von Höhe zum Durchmesser = 25 ergibt sich:

$$H = 25 \cdot 1{,}35 = 33{,}75\,\text{m (Spielraum bis zu 35 m)}.$$

2. Das Erzverfahren mit flüssigem Roheisen.

Benutzt man in 1 Sek. zweimal mehr Gas der früheren Zusammensetzung (aus 0,5 kg Kohle) für einen 60 t-Ofen mit 4 Schmelzungen täglich, so hat man in 1 Sek. $2^2/_3$ kg flüssiges Roheisen zu verarbeiten, mit einem relativen Kohlenverbrauch von 0,1875.

Man geht von den bei den Stoff- und Wärmehaushalten (für 1 kg flüssiges Roheisen) errechneten Gas- und Wärmemengen aus und erhält, daß dem Ofen in 1 Sek. zugeführt wird:

Gas, trocken 0,7280 · $2^2/_3$	1,9413 cbm
Gasfeuchtigkeit 0,0286 · $2^2/_3$	0,0763 „
Feuchtes Gas von 0°	2,0176 „
Feuchtes Gas von 350° 2,0176 · 2,28	4,6 „
Feuchtes Gas von 725° 2,0176 · 3,65	7,27 „
Feuchtes Gas von 1100° 2,0176 · 5,03	10,148 „
Verbrennungs- u. Oxydationsluft von 0° mit 25 Proz. Überschuß 1,3419 · $2^2/_3$	3,5784 „
Verbrennungs- u. Oxydationsluft von 100° mit 25 Proz. Überschuß, 3,5784 · 1,37	4,9024 „
Verbrennungs- u. Oxydationsluft von 600° mit 25 Proz. Überschuß, 3,5784 · 3,2	11,45 „
Verbrennungs- u. Oxydationsluft von 1100° mit 25 Proz. Überschuß, 3,5784 · 5,03	18,00 „
Verbrennungsgase von 0° 2,0251 · $2^2/_3$	5,40 „
Verbrennungsgase von 450° 5,40 · 2,65	14,31 cbm
Verbrennungsgase von 975° 5,40 · 4,57	24,68 „
Verbrennungsgase von 1500° 5,40 · 6,5	35,10 „
Verbrennungsgase von 1700° 5,40 · 7,23	39,04 „
Wärmeinhalt der Verbrennungsgase von 450° 308 · $2^2/_3$	821 WE
Wärmeinhalt der Verbrennungsgase von 1500° 1129 · $2^2/_3$	3011 „
Wärmeinhalt der Luft von 100°, 40 · $2^2/_3$	107 „
Wärmeinhalt der Luft von 1100°, 475 · $2^2/_3$	1267 „
Wärmeinhalt des Gases von 350°, 85 · $2^2/_3$	227 „
Wärmeinhalt des Gases von 1100°, 289,5 · $2^2/_3$	772 „

In 1 Sek. wird in den Wärmespeichern

ausgenutzt zur Gaserhitzung	772 — 227 =	545 WE
„ „ Lufterhitzung	1267 — 107 =	1160 „
	zusammen	1705 WE

verloren (Wärmeüberschuß in den Abgasen) = 3011—821—1705 = 485 WE.

Das Verhältnis der an die Luft und an das Gas übertragenen Wärmemengen beträgt:

$$1160 : 545 = 2{,}1.$$

Arbeiten die Wärmespeicher unter oben für alle Berechnungen angenommenen Bedingungen, und ist das Verhältnis der durch gleiche Abgasmengen in den Luft- und Gaskammern hinterlassenen Wärmemengen das frühere — 1,256 (die Kontrolle findet man oben), so ziehen durch die Wärmespeicher die Abgase im Verhältnis:

$$2{,}1 : 1{,}256 = 1{,}672.$$

Nach den oben angeführten Daten und Angaben lassen sich die Hauptabmessungen und einige Arbeitsbedingungen wie folgt bestimmen.

a) Herdraum.

1. Die Herdfläche sowie ihre Längen- und Breitenabmessungen sind laut Tabelle 7:

$$11{,}50 \cdot 3{,}97 = 45{,}6 \text{ qm}.$$

2. Zur Bestimmung des Herdinhalts (über der Badfläche) wird ein mittlerer Wert, bezogen auf 1 t Metall auf dem Herde, benutzt; mit diesem Werte:

$$(1{,}75 + 1{,}5) : 2 = 1{,}625$$

erhält man:

$$1{,}625 \cdot 60 = 97{,}5 \text{ cbm},$$

woraus die Entfernungen des Gewölbescheitels zum Badspiegel (in der Ruhelage) und der Sohle ermittelt wird:

$$97{,}5 : 45{,}6 = 2{,}14 \text{ m}; \quad 2{,}14 + 0{,}36 = 2{,}5 \text{ m}.$$

Die Verweilungsdauer der Gase bei 1700° und, bedingt, bei 0° ist:

$$97{,}5 : 39{,}04 = 2{,}5 \text{ Sek.}, \qquad 97{,}5 : 5{,}4 = 18{,}1 \text{ Sek.}$$

b) Köpfe.

3. Der Querschnitt der Gaseinströmungsöffnungen (zweier): 45,6 · 110 = 5016 qcm; zwei Einströmungsöffnungen von je 0,5 m · 0,5 m.

4. Der Mindestquerschnitt der Lufteinströmöffnung, Höhe und Breite: 1,672 · 5016 = 8387 qcm; eine Einströmöffnung von 3 · 0,28 m.

5. Die Gasgeschwindigkeiten in den Einströmöffnungen:

	bei 0°	bei $t°$
Abgase (durch 2 Einströmöffnungen)	5,4 : 1,34 = 4,03 m	37,04 : 1,34 = 27,6 m
Gas.	2,0176 : 0,5 = 4,03 „	10,148 : 0,5 = 20,29 „
Luft (nicht über)	3,58 : 0,84 = 4,26 „	18,0 : 0,84 = 21,4 „

Bei diesem Ofen ist die Geschwindigkeit etwas größer ausgefallen als beim 30 t-Ofen, wie auch für einen Ofen mit größerem Fassungsvermögen zu erwarten war; sie erreicht aber nicht entfernt die Höchstwerte europäischer Öfen und kann noch gesteigert werden, wenn der Ofen vermehrte Wärmezufuhr oder größeres Ausbringen erfordert.

c) Wärmespeicher.

6. Ziegelgewicht in den Gitterwerken (in zwei) und Gitterwerkinhalt: (1705 + 230) · 30 : 0,284 = 204700 kg; 204700 : 900 = 227,4 cbm.

7. Rauminhalt der einzelnen Gitterwerke:

für Gas	227,4 : (1 + 2,1) =	73,4 cbm	oder	32,5 Proz.
„ Luft	227,4 — 73,4 =	154,0 „	„	67,5 „
		227,4 cbm		100,0 Proz.

8. Setzt man die Höhe der Gitterwerke = 5,5 m, so werden die Querschnitte:

der Gaskammer . .	73,4 : 5,5 = 13,34 qm	oder	4,5 m · 3 m
„ Luftkammer . .	154,0 : 5,5 = 28,00 „	„	4,5 m · 6,2 „ .

Die Luftkammer wird in Anbetracht ihrer beträchtlichen Breite besser in 2 Teile geteilt.

Bei den gegebenen Abmessungen des Gitterwerkes sind die Verweilungsdauer (bei 50 Proz. Füllung) der Gase in ihnen und die Geschwindigkeiten folgende:

	Verweilungsdauer	Geschwindigkeit
Abgas von 975°	113,7 : 24,68 = 4,6 Sek.	5,5 : 4,6 = 1,2 m
„ „ 0°	113,7 : 5,4 = 21 „	5,5 : 21 = 0,26 „
Gas von 725°	36,7 : 7,27 = 5 „	5,5 : 5 = 1,1 „
„ „ 0°	36,7 : 2,02 = 18,2 „	5,5 : 18,2 = 0,3 „
Luft von 600°	77 : 11,45 = 6,7 „	5,5 : 6,7 = 0,8 „
„ „ 0°	77 : 3,58 = 22,4 „	5,5 : 22,4 = 0,25 „

9. Die Kanäle zwischen den Ventilen und Wärmespeichern (Geschwindigkeit 1,5 m bei 0°) erhalten die Abmessungen:

für Gas	(5,4 : 2,672) : 1,5 = 2,02 : 1,5 = 1,35 qm	= 1,00 m · 1,35 m
„ Luft	(5,4 — 2,02) : 1,5 = 3,38 : 1,5 = 2,25 „	= 1,67 „ · 1,35 „

10. Die Ventilquerschnitte werden für eine Geschwindigkeit von 1,5 m bei 0° berechnet

Gasventil	2,02 : 2,5 = 0,81 qm	oder 1,00 · 0,81 m
Luftventil	3,38 : 2,5 = 1,35 „	„ 1,35 · 1,00 „ (oder d = 1,31)

11. Der Essenkanal zum Kamin wird:

1,35 + 2,25 = 3,6 qm oder 1,33 m · 2,7 m (Höhe).

12. Der Kamin, berechnet für eine Abgashöchstgeschwindigkeit von 2 m bei 0° an der Mündung, erhält die Abmessungen:

Querschnitt	5,4 : 2 = 2,7 qm, d = 1,85 m
Höhe	1,85 · 25 = 46,25 m (Spielraum bis 50 m).

3. Das Erzverfahren unter Anwendung einer Mischung von Koksofengas und Gichtgas.

Die Eigenschaften von südrussischem Koksofengas und Gichtgas werden durch folgende Angaben gekennzeichnet:

Chemische Zusammensetzung und Heizwert:

	CO_2	CO	CH_4	H_2	N_2		WE/cbm	H_2O
Koksofengas . . .	2,8	6,1	28,6	44,7	17,8	Vol.-Proz.	3795	25 g im cbm
Gichtgas	10,0	29,0	0,4	3,0	57,6	„	995	Gasgemisch

Die Verbrennung von 1 cbm Gas

	erfordert			und	gibt	
	O_2	N_2	Luft	CO_2	H_2O	N_2
Koksofengas	0,8260	3,1073	3,9333	0,375	1,019	3,2853 cbm
Gichtgas . .	0,1680	0,6320	0,8000	0,394	0,038	1,2080 „

Nach den angegebenen Daten wird weiter unten die Zusammensetzung des Gemisches dieser zwei Gase berechnet, das dieselbe Brenntemperatur (2445°) wie das Generatorgas der vorhergehenden Berechnungen gibt.

Spezifische Wärme und Wärmeinhalt von 1 cbm feuchtem Gas und Verbrennungsluft (25 Proz. Überschuß) bei 1100°.

Koksofengas

CO_2	$0{,}028 \cdot 0{,}512 = 0{,}0143$
CH_4	$0{,}286 \cdot 0{,}731 = 0{,}2091$
$CO + H_2 + N_2$	$0{,}686 \cdot 0{,}321 = 0{,}2202$
Feuchtigkeit	$0{,}0311 \cdot 0{,}396 = 0{,}0123$
Luft (+ 25 Proz. Überschuß)	$1{,}25 \cdot 3{,}9333 \cdot 0{,}322 = 1{,}5831$
	$2{,}0390 \cdot 1100 = 2243$ WE

Gichtgas

CO_2	$0{,}100 \cdot 0{,}512 = 0{,}0512$
CH_4	$0{,}004 \cdot 0{,}731 = 0{,}0029$
$H_2 + N_2 + CO$	$0{,}896 \cdot 0{,}321 = 0{,}2876$
Feuchtigkeit	$0{,}0311 \cdot 0{,}396 = 0{,}0123$
Luft (+ 25 Proz. Überschuß)	$1{,}25 \cdot 0{,}8 \cdot 0{,}322 = 0{,}3220$
	$0{,}6760 \cdot 1100 = 744$ WE

Beim Verbrennen von 1 cbm Gas eingebrachte Wärmemenge:

Koksofengas	$2243 + 3795 = 6038$ WE
Gichtgas	$744 + 995 = 1739$ „

Erforderliche Wärmemenge zum Erhitzen der Verbrennungserzeugnisse bis 2445°:

Gichtgas

$$(0{,}394 \cdot 0{,}564 + 0{,}0691 \cdot 0{,}544 + 1{,}208 \cdot 0{,}348 + 0{,}2 \cdot 0{,}349)\, 2445 = 1833 \text{ WE.}$$

Koksofengas

$$(0{,}375 \cdot 0{,}564 + 1{,}0501 \cdot 0{,}544 + 3{,}2853 \cdot 0{,}348 + 0{,}9833 \cdot 0{,}349)\, 2445 = 5548 \text{ WE.}$$

Den Verbrennungserzeugnissen des Gichtgases fehlen 94 WE, um die Temperatur 2445° zu erreichen, bei Koksofengas bleiben bei derselben Temperatur noch 490 WE übrig. Die Gasmengen müssen offenbar in einem solchen Verhältnis gemischt sein, daß der Wärmeüberschuß den Fehlbetrag deckt, also

$$490\,(1 - x) = 94\, x,$$

wo x die Menge Gichtgas in der Mischungseinheit ist. Hieraus ergibt sich $x = 0,84$ und $1 - x = 0,16$; Gichtgas : Koksofengas $= 5^1/_4 : 1$.

Mittlere Zusammensetzung der Gasmischung.

CO_2	$10,0 \cdot 0,84 + 2,8 \cdot 0,16 =$	8,85 Vol.-Proz.
CO	$29,0 \cdot 0,84 + 6,1 \cdot 0,16 =$	25,34 „
CH_4	$0,4 \cdot 0,84 + 28,6 \cdot 0,16 =$	4,91 „
H_2	$3,0 \cdot 0,84 + 44,7 \cdot 0,16 =$	9,67 „
N_2	$57,6 \cdot 0,84 + 17,8 \cdot 0,16 =$	51,23 „
		100,00 Vol.-Proz.

Heizwert des Gasgemisches

$$995 \cdot 0,84 + 3795 \cdot 0,16 = 1443 \text{ WE.}$$

Spezifische Wärme und Wärmeinhalt:

	von 100°	und von 1100°
CO_2	$0,0885 \cdot 0,409 = 0,0362$	$0,0885 \cdot 0,512 = 0,0453$
CH_4	$0,0491 \cdot 0,463 = 0,0227$	$0,0491 \cdot 0,731 = 0,0359$
$N_2 + H_2 + CO$ . .	$0,8624 \cdot 0,300 = 0,2587$	$0,8624 \cdot 0,321 = 0,2768$
	0,3176	0,3580
	$0,3176 \cdot 100 = 32$ WE	$0,358 \cdot 1100 = 394$ WE

Die Verbrennung von 1 cbm Mischung:

erfordert			und gibt		
O_2	N_2	Luft	CO_2	H_2O	N_2
0,2733	1,0279	1,3012	0,3910	0,1949	1,5402

Spezifische Wärme und Wärmeinhalt der Verbrennungsgase bei

450°	1500°	1600°
$0,7236 \cdot 450 = 326$ WE	$0,798 \cdot 1500 = 1197$ WE	$0,8044 \cdot 1600 = 1287$ WE.

1 cbm Gasmischung hinterläßt an Wärme im Herdraum bei Verbrennung mit einem Luftüberschuß von 25 Proz:

Die auf 1100° erhitzte Gasmischung führt ein	394,0 WE
Die begleitende Feuchtigkeit $0,0311 \cdot 0,396 \cdot 1100$	13,5 „
Luft (mit Überschuß) $1,25 \cdot 1,3012 \cdot 0,322 \cdot 1100$	576,0 „
Die Verbrennung von 1 cbm Gasmischung erzeugt	1443,0 „
Zusammen (A)	2426,5 WE

Die Verbrennungsgase aus 1 cbm Mischung führen bei 1600° ab	1287,0 WE
Die begleitende Feuchtigkeit $0,0311 \cdot 0,432 \cdot 1600$	21,5 „
Luft (mit Überschuß) $0,25 \cdot 1,3012 \cdot 0,322 \cdot 1600$	167,6 „
Zusammen (B)	1476,1 WE

Im Herdraum verbleiben an Wärme:

$$A - B = 2426,5 - 1476,1 = 950,4 \text{ WE.}$$

Man kann diese Zahl zur Berechnung des Verbrauches an Brennstoffgemisch verwenden, wenn beim Martinieren nach dem Erzverfahren die in der Berechnung angeführten Bedingungen eingehalten sind.

Wie schon früher bestimmt wurde, werden dem Ofenraum zugeführt:

Durch die Luft bei der Oxydation von Eisenbeimengungen	$0{,}239 \cdot 0{,}322 \cdot 1100 =$	85,0 WE
Durch flüssiges Roheisen		254,0 „
Oxydation von C zu CO_2	$8137 \cdot 0{,}0389 =$	317,0 „
„ „ Si und Bildung von Ca_2SiO_4	$7838 \cdot 0{,}0100 =$	78,4 „
„ „ P und Bildung von $(CaO)_4P_2O_5$	$8550 \cdot 0{,}0045 =$	38,4 „
„ „ Mn zu MnO	$1650 \cdot 0{,}0093 =$	15,3 „
Aus Verbindungsbildung von SiO_2 und 2 CaO	$384 \cdot 0{,}012 =$	4,6 „
	Zusammen (B')	793,0 WE

Andererseits werden im Herdraum verbraucht:

für Baderwärmung und endothermische Reaktionen		722 WE
Oxydationsprodukte der Eisenbeimengungen, CO_2 und H_2O aus Erz- und Flußmitteln führen fort:		
CO_2	$0{,}274 \cdot 0{,}1895 \cdot 1600 =$	83 „
N_2	$0{,}263 \cdot 0{,}2373 \cdot 1600 =$	100 „
H_2O	$0{,}537 \cdot 0{,}0041 \cdot 1600 =$	4 „
Zum Kühlen des Herdraumes wird wie oben		497 „
	Zusammen (A')	1406 WE

Es fehlen:

$$A' - B' = 1406 - 793 = 613 \text{ WE},$$

die aufzubringen sind durch Verbrennung der Gasmischung, und zwar: $(A' - B') : (A - B) = 613 : 950{,}4 = 0{,}645$ cbm je 1 kg Einsatz.

Da 1 Sek. Ofenbetrieb $2^2/_3$ kg Metalleinsatz entspricht, so beträgt der sekundliche Gasverbrauch:

$$0{,}645 \cdot 2^3/_3 = 1{,}72 \text{ cbm}.$$

An Luft braucht die berechnete Gasmenge zur Verbrennung (mit 25 Proz. Überschuß) und zur Oxydation der Eisenbeimengungen:

$$1{,}25 \cdot 1{,}3012 \cdot 1{,}72 + 0{,}239 \cdot 2^2/_3 = 3{,}435 \text{ cbm bei } 0°,$$ wobei

an Verbrennungsgasen entstehen:

	CO_2	H_2O	N_2	Luft
durch Verbrennung des Gases	(0,391	+ 0,1949	+ 1,5402) 1,72	
„ Verbrennung von Eisenbeimengungen	(0,1895	+ 0,0041	+ 0,2373) $2^2/_3$	
Luftüberschuß	(0,25 · 1,3012 · 1,72)			+ 0,3253
Im ganzen	1,1775	+ 0,3462	+ 3,282	+ 0,3253 = 5,131 cbm.

Die soeben genannte Menge der Verbrennungsgase entzieht den Wärmespeichern (bei 450°) an Wärme:

$$(0{,}1775 \cdot 0{,}453 + 0{,}3462 \cdot 0{,}370 + 3{,}282 \cdot 0{,}308 + 0{,}3253 \cdot 0.309)\, 450 = 798 \text{ WE},$$

und bringt ihnen bei einer Temperatur von 1500°:

$$(0{,}1775 \cdot 0{,}534 + 0{,}3462 \cdot 0{,}423 + 3{,}282 \cdot 0{,}329 \cdot 0{,}3253 \cdot 0{,}330) \cdot 1500 = 3043 \text{ WE}.$$

Davon wird zur Lufterhitzung verwandt:

$$3{,}435 \cdot 0{,}322 \cdot 1100 - 3{,}435 \cdot 0{,}302 \cdot 100 = 1217 - 104 = 1113 \text{ WE},$$

und zur Gaserhitzung:

$$(1{,}72 \cdot 0{,}358 + 0{,}0535 \cdot 0{,}396)\, 1100 - (1{,}72 \cdot 0{,}318 + 0{,}0535 \cdot 0{,}368)\, 100 = 700 - 57 = 643 \text{ WE}.$$

Für Wärmeverluste bleiben noch in den Wärmespeichern nach:

$$3043 - 643 - 1113 - 798 = 489 \text{ WE (245 WE je 1 Umsteuerung).}$$

Die angestellten Berechnungen ergeben folgende sekundliche (oder auf $2^2/_3$ kg Metalleinsatz bezogene) durch den Ofen strömende Gasmengen:

Gas, trocken, von 0°	1,72 cbm	Luft von 600°	10,99 cbm
Feuchtes Gas (25 g H_2O je 1 cbm)	1,7735 „	„ „ 1100°	17,28 „
Feuchtes Gas von 100°	2,43 „	Verbrennungsgase von 0°	5,131 „
„ „ „ 600°	5,67 „	„ „ 450°	13,6 „
„ „ „ 1100°	8,92 „	„ „ 975°	23,5 „
Luft von 0° mit 25 Proz. Überschuß	3,435 „	„ „ 1500°	33,3 „
Luft von 100°	4,71 „	„ „ 1700°	37,1 „

Werden diese Zahlen mit den Betriebsdaten für gewöhnliches Generatorgas verglichen, so erweist sich, daß ein Gasgemisch größerer Heizkraft (1443 WE statt 1371) in etwas geringeren Mengen zur Erreichung desselben Ofenganges (d. h. derselben Wärmeeinnahme und Temperatur des Herdraumes) verwandt werden muß, aber die notwendige Verbrennungsluft und die entstehenden Verbrennungsgase aber nahezu identisch sind. Sehr klein sind auch bei den beiden Gasen die Unterschiede der Wärmedifferenzen zwischen der von den Wärmespeichern aufgenommenen und an die Außenluft abgegebenen Wärmemengen. Daraus folgt, daß die Abmessungen des Ofens fast unverändert beizubehalten wären, wenn die Betriebsbedingungen — 60 t flüssigen Roheisens, 4 Schmelzungen am Tage — erhalten bleiben; die Änderung in der Gasqualität beeinflußt nur das Verhältnis von Abmessungen der Gas- und Luftkammern bzw. Gas- und Lufteinströmöffnungen. Da nämlich im gegebenen Falle die Temperatur des Gases und der in den Ofen angesaugten Luft gleich sind, so wird das Mengenverhältnis der durch jeden Wärmespeicher strömenden Abgase den Wärmemengen proportional sein, die an die Luft und das Gas abgegeben werden, also wird

$$1113 : 643 = 1{,}731.$$

Behält man die früheren Gaseinströmöffnungen — 2 Öffnungen von 0,5 m · 0,5 m —, so fallen die Lufteinströmungen etwas größer aus als früher:

$$0{,}5 \cdot 1{,}731 = 0{,}866 \text{ qm} \quad \text{oder} \quad 3 \text{ m} \cdot 0{,}29 \text{ m} \quad (\text{statt } 3 \cdot 0{,}28).$$

Das Ziegelgewicht und der Inhalt beider Gitterwerke ist:

$$(1756 + 245) \cdot 30 : 0{,}284 = 211\,373 \text{ kg} \quad \text{oder} \quad 234{,}9 \text{ cbm}$$

(d. i. bloß um 3 Proz. mehr, als für gewöhnliches Generatorgas).

Die einzelnen Gitterwerke:

für Gas	234,9 : 2,731	= 86,0 cbm	oder 36,6 Proz.
„ Luft	234,9 — 86,0	= 148,9 „	„ 63,4 „
		234,9 cbm	100,0 Proz.

Da das Gas dem Ofen kalt zuströmt, so wächst seine Verweilungsdauer im Gitterwerk bedeutend an, für Luft bleibt sie dagegen unverändert, wie untenstehender Vergleich zeigt.

$$43 : 5{,}67 = 7{,}6 \text{ Sek.} \quad \text{und} \quad 74{,}45 : 10{,}99 = 6{,}77 \text{ Sek.}$$

Die Abmessungen der Ventile und der Kanäle zwischen ihnen und den Wärmespeichern können unverändert bleiben, denn die Geschwindigkeiten von Luft, Gas und Abgas sind nur unbedeutend verringert.

4. Das Schrottverfahren mit Rohölheizung.

Unter denselben Bedingungen des Ofenganges, wie im ersten Beispiel, werde der Verbrauch an Rohöl bestimmt, das in dem Herdraum eines 30-t-Ofens eine ebenso große Wärmemenge wie das Generatorgas hinterläßt.

Vor allem berechnen wir die beim Verbrennen von 1 kg Rohölrückständen in Luft von 1100° (25 Proz. Luftüberschuß) im Herdraum verbleibende Wärme. Die Zusammensetzung und der Heizwert (berechnet) der Rohölrückstände war:

C	H	O	H_2O	Asche	Heizwert
84,60	11,53	1,84	2,00	0,03	10153 WE (Wasser als Dampf).

Bei der Verbrennung von 1 kg Rohölrückständen der gegebenen Zusammensetzung

	erfordern sie (kg)			geben (kg)			
O_2	N_2	Luft	CO_2	H_2O	N_2	Luftüberschuß
3,1600	10,5791	13,7391	3,1020	1,0577	10,5791	—
25 Proz. Luftüberschuß	—	3,4348	—	—	—	3,4348
		17,1739 kg				
cbm	—	—	1,5792	1,3162	8,4633	2,6565

Das Verstäuben von 1 kg beansprucht 0,5 kg Gebläse (bei einer Temperatur von 25°); folglich wird in den Wärmespeichern erhitzt:

$$17{,}1739 - 0{,}5 = 16{,}6739 \text{ kg Luft} = 12{,}8955 \text{ cbm}.$$

Je 1 kg Rohölrückstände kommt in den Herdraum hinein:

durch das Gebläse (zum Verstäuben) 0,5 · 0,24 · 25 . . . . =	3 WE
„ erhitzte Luft 16,6739 · 0,249 · 1100 . . . . =	4567 „
„ Rohöl (25°, sp. Wärme 0,5) 1 · 0,5 · 25 . . . . =	13 „
„ Rohölverbrennung . . . . =	10153 „
Zusammen (A)	14736 WE

Aus dem Herdraum herausgetragen mit den Verbrennungsgasen des Rohöls:

durch CO_2	1,5792 · 0,538 = 0,8496
„ H_2O	1,3162 · 0,432 = 0,5686
„ N_2	8,4633 · 0,331 = 2,8014
„ überschüssige Luft	2,6565 · 0,332 = 0,8819
Zusammen (B)	5,1015 · 1600 = 8162 WE.

Somit hinterläßt 1 kg Rohölrückstände im Herdraum:

$$A - B = 14736 - 8162 = 6574 \text{ WE}.$$

Ferner bestimmt man den Wärmebedarf im Herdraum unter Benutzung der früheren Berechnungen.

Der Herdraum erhält:

durch exothermische Reaktionen des Bades	293 WE
„ die Luft zum Oxydieren von Beimengungen 0,2418 · 0,249 · 1100 . . =	66 „
Zusammen (B′)	359 WE

Der Herdraum gibt ab:

für endothermische Reaktionen und Baderhitzung.		534 WE
an Oxydationsprodukte der Eisenbeimengungen, CO_2 und H_2O aus Erz und Flußmittel:		
CO_2.	0,1185 · 0,274 · 1600 = 52,1	
N_2	0,1857 · 0,263 · 1600 = 78,1	
H_2O	0,0019 · 0,537 · 1600 = 1,6	
		132 WE
An die Außenluft (Strahlung und Konvektion)		562 „
	Zusammen (A′)	1228 WE

Im Herdraum fehlt es an:

$$A' - B' = 1228 - 359 = 869 \text{ WE}.$$

Die Differenz wird durch Verheizen von Rohölrückständen gedeckt, erforderlich sind:

$$869 : 6574 = 0{,}1322 \text{ kg je 1 kg Metalleinsatz}.$$

Bei Heizung mit Rohölrückständen erhält man nach dem Schrottverfahren höchstens 90 Proz. tauglicher Blöcke, und der soeben ermittelte Brennstoffbedarf entspricht daher 0,1332 : 0,9 = 0,147 oder 14,7 Proz. des Gewichtes guter Blöcke, was der russischen gewöhnlichen Praxis entspricht.

In den nach dem Schrottverfahren betriebenen 30-t-Öfen kommt, wie früher, 1 kg Metalleinsatz in 1 Sek., und dem Ofen wird in diesem Zeitraum zugeführt:

an Rohölrückständen 0,1322 kg.

Durch die Wärmespeicher streicht der Luftbedarf zur Rohölverbrennung und zur Oxydation der Eisenbeimengungen:

$$12{,}8955 \cdot 0{,}1322 + 0{,}2418 : 1{,}293 = 1{,}7040 + 0{,}187 = 1{,}8918 \text{ cbm}$$

Die Luftverstäubung des Rohöls erfordert 0,1322 : (2 · 1,293) = 0,0511 „

Verbrennungsgase, Oxydationsprodukte der Eisenbeimengungen, flüchtige Bestandteile aus Erz und Flußmittel:

CO_2.	1,5792 · 0,1322 + 0,0603[1]) = 0,2691 cbm
N_2	8,4632 · 0,1322 + 0,1477[1]) = 1,2665 „
H_2O	1,3162 · 0,1322 + 0,0024[1]) = 0,1764 „
Überschüssige Luft	2,6565 · 0,1322 . . . . = 0,3512 „
	2,0632 cbm von 0°

bei 500°	bei 1025°	bei 1600°	bei 1700°
5,85	9,82	14,2	14,9 cbm

Wärmeinhalt der die Wärmespeicher durchströmenden Luft

von 100°	von 1100°
1,8918 · 0,302 · 100 = 57 WE;	1,8918 · 0,322 · 1100 = 609 WE.

[1]) In Gewichtsmaß entsprechen sie: 0,1185 CO_2, 0,1857 N_2 und 0,0019 kg H_2O.

Wärmeinhalt der Verbrennungserzeugnisse

	bei 500°	bei 1550°
CO_2	0,2691 · 0,459 = 0,1235	0,2691 · 0,536 = 0,1442
$N_2 + O_2$ . .	1,6177 · 0,309 = 0,5000	1,6177 · 0,330 = 0,5338
H_2O (Dampf)	0,1764 · 0,372 = 0,0656	0,1764 · 0,427 = 0,0753
	0,6891 · 500 = 345 WE.	0,7533 · 1550 = 1168 WE.

Da mit flüssigem Brennstoff betriebene Öfen keine Köpfe besitzen und die den Herdraum mit den Wärmespeichern verbindenden Kanäle sehr kurz sind, so sind die Temperaturen der Abgase bei Ein- und Austritt aus den Wärmespeichern um je 50° höher angesetzt als bei Beheizung mit Generatorgas. Die im Luftwärmespeicher verbleibende bzw. an die Luft übergehende Wärmemenge ist:

$$1168 - 345 = 823 \text{ WE}; \quad 609 - 57 = 552 \text{ WE}.$$

Für Wärmeverlust verbleiben

$$823 - 552 = 271 \text{ WE},$$

d. h. ein Geringes mehr als bei Arbeit mit Gas; es empfiehlt sich daher, die Luft etwas höher zu erhitzen als bis 1100°.

Vergleicht man die Berechnungen des Rohöl- und des Gasofens, so findet man unschwer, daß je 1 kg Einsatz (oder in diesem Sonderfalle je 1 Sek.) bei Rohölheizung um $17^1/_2$ Proz. mehr Luft (1,9429 cbm statt 1,6565 cbm) in den Ofen tritt, dagegen das Volumen der entstehenden Verbrennungsgase um 18 Proz. geringer (2,0632 cbm statt 2,5233) ist, denn der Ballast des Generatorgases — Kohlensäure und Stickstoff — fehlt. Infolgedessen sind die bei Rohölheizung in die Wärmespeicher übergehenden Wärmemengen bedeutend geringer, 1168 WE bei 1550°, während oben für Generatorgas 1397 WE bei 1500° gefunden wurden.

Das Gesagte erklärt auch, warum man im Luftwärmespeicher nicht über einen bedeutenderen Wärmeüberschuß verfügt als bei Arbeit mit Generatorgas, trotzdem beim Betrieb mit Rohöl bloß die Luft vorzuwärmen ist. Dieselbe Erwärmung der Luft vorausgesetzt, verbleibt auf Wärmeverluste bei Arbeit mit Rohöl ein Rest von 271 WE, bei Generatorgas, wie früher berechnet, dagegen nur 202 WE.

Werden die gewonnenen Daten zur Ermittlung der Abmessungen eines 30-t-Ofens verwandt, so ist die Herdfläche wie früher zu berechnen, dagegen der zur Flammenentfaltung nötige freie Raum bis zu $1^3/_4$ cbm je 1 t Metalleinsatz (wie beim Erzprozeß) zu vergrößern; er wird also 52,5 cbm groß, und der Abstand vom Gewölbescheitel bis zum Badspiegel (in Ruhelage) bzw. Herdsohle beträgt:

$$52{,}5 : 27 = 1{,}925 \text{ m}, \quad 1{,}925 + 0{,}325 = 2{,}25 \text{ m}.$$

Die Verweilungsdauer der Verbrennungsgase — falls letztere den ganzen Herdraum füllen — und ihre Geschwindigkeit im Herdraum wird

$$52{,}5 : 14{,}9 = 3{,}5 \text{ Sek. } (25{,}5 \text{ bei } 0°); \quad 9{,}0 : 3{,}5 = 2{,}57 \text{ m}.$$

Infolge der besonderen Verbrennungsbedingungen des Rohöls haben die Verbrennungsprodukte eine größere Verweilungsdauer und eine kleinere Geschwindigkeit als das Gas. Bei Annahme eines Lufteinströmungsquerschnittes (und Querschnittes der vertikalen Kanäle zu den Wärmespeichern) von 300 qcm je 1 qm Herdfläche wird der Gesamtquerschnitt

$$300 \cdot 27 = 8100 \text{ qcm} = 0{,}81 \text{ qm} \quad \text{oder} \quad 3 \cdot 0{,}50 \text{ m} \cdot 0{,}54 \text{ m}.$$

(Wenn von jeder Seite 2 Luftkammern gebaut werden, so sind für jede derselben 2, im ganzen also 4 Kanäle entsprechend geringeren Querschnitts erforderlich.)

Nach der in 1 Sek. aufgespeicherten Wärmemenge läßt sich das Gitterwerkgewicht und der Gitterwerkinhalt wie folgt ermitteln:

$$(552 + 135{,}5)\, 30 : 0{,}284 = 72\,623 \text{ kg}; \quad 72\,623 : 900 = 80{,}7 \text{ cbm}.$$

Auf 1 qm Herdfläche kommen im gegebenen Falle 3 cbm Gitterwerk. Die Verweilungsdauer der Luft (bei einer mittleren Temperatur von 600°) in ihm beträgt:

$$40{,}35 : 1{,}8918 \cdot 3{,}2 = 6{,}67 \text{ Sek.},$$

d. h. genau ebensoviel wie in den früher behandelten Öfen.

Die für eine Abgasgeschwindigkeit von 1,5 m bei 0° bemessenen Züge zwischen den Wärmespeichern und Wechselklappen erhalten den Querschnitt

$$2{,}0632 : 1{,}5 = 1{,}375 \text{ qm} \quad \text{oder} \quad 1{,}375 \text{ m} \cdot 1 \text{ m}.$$

Dasselbe würde man bei Wahl eines Querschnittes von 500 qcm je 1 qm Herdfläche erhalten, denn:

$$27 \cdot 500 = 13\,500 \text{ qcm} = 1{,}35 \text{ qm}.$$

Der Ventilquerschnitt muß, um eine Geschwindigkeit von 2 m bei 0° zu ermöglichen, die Abmessungen haben:

$$2{,}0632 : 2 = 1{,}0316 \text{ qm}; \quad d = 1{,}15 \text{ m} \quad \text{oder} \quad 1{,}02 \text{ m} \cdot 1{,}02 \text{ m}.$$

Hat das Abgas eine Temperatur von 500°, so strömt es durch das Ventil mit der Geschwindigkeit:

$$2{,}83 \cdot 2{,}0632 : 1{,}0316 = 5{,}66 \text{ m},$$

doch in der Praxis sind noch bedeutend größere Geschwindigkeiten zulässig. Auf 1 qm Herdfläche kommen 1,0316 : 0,0382 qm = 382 qcm Essenkanalquerschnitt, was zwischen den angegebenen Grenzwerten (325 qcm — 425 qcm auf 1 qm Herdfläche) liegt.

Der Kamin könnte denselben Mündungsquerschnitt und Durchmesser erhalten, wie das Ventil (1,15 m); wird jedoch der Übergang auf Gas vorgesehen, so hat man dieselben Abmessungen zu wählen, die früher für den Betrieb mit Gas festgestellt wurden, nämlich:

$$d = 1{,}35 \text{ m} \quad \text{und} \quad H = 33{,}75 \text{ m}.$$

V. Kontrolle der Abmessungen der 100-t-Martinöfen.

Auf dem europäischen Festlande sind 100-t-Martinöfen nur in sehr beschränkter Anzahl in Betrieb. Eingehende Angaben über ihre Abmessungen und Betriebsergebnisse sind im Fachschrifttum, sogar im neuesten, nur recht spärlich vorhanden. Die inhaltsreiche Arbeit von *H. Bansen*[1]) enthält in den darin wiedergegebenen Zahlentafeln nur die Angaben über drei 100-t-Öfen; einer von diesen arbeitet jedoch nach dem Schrottverfahren mit ausschließlich festem Einsatz, so daß die in ihm erhaltenen Ergebnisse für Öfen mit großem Fassungsraum nicht kennzeichnend sind; auch die Abmessungen, beispielsweise die Herdfläche von 34,6 qm, weisen auf eine sehr bedeutende Überlastung hin. Die übrigen zwei Öfen werden ausschließlich mit kaltem Koksofengas beheizt, das unmittelbar in den Herdraum eingeführt wird, was baulich wesentliche Änderungen der Öfen — Fehlen der Köpfe und Anlage nur eines Paares von Wärmespeichern — bedingt. An anderer Stelle[2]) wird ein 100-t-Martinofen des Bochumer Vereins (Werk Höntrop) beschrieben. Einige der Hauptabmessungen dieses Ofens sind auf der kleinen Zeichnung nicht gegeben; das Bad ist tief, jedoch ist unbekannt, ob sich der Ofen im Betriebe bewährt hat. Es können daher für diese Öfen eindeutig festgestellte oder durch Erfahrungen europäischer Fachleute geprüfte Abmessungen nicht gegeben werden.

Was nun die 100-t-Öfen betrifft, die in den Vereinigten Staaten und England betrieben werden, so sind dies stark überlastete 60- bis 70-t-Öfen mit Schmelzdauern von 12 bis 14 Stunden. Richtig bemessene Öfen auf dem europäischen Festlande gestatten den gleichen Tagesdurchsatz wie die englischen Öfen bei zweimal geringerem Stahlgewicht auf der Herdsohle und geringerem Kohlenverbrauch. Die amerikanischen Großöfen (100 bis 120 t) haben wohl beachtenswerte bauliche Eigenheiten, können jedoch nicht als Vorbild bei Bestimmung der Abmessungen wesentlicher Teile des Ofens, wie Herdfläche, Querschnitte der Züge, Gewicht des Gitterwerks der Wärmespeicher usw., dienen. Bemerkenswert dürfte es sein, daß zwischen der Größe des Einsatzes und den einzelnen Ofenabmessungen Unstimmigkeiten vorliegen, und zwar nicht nur in jetzt betriebenen englischen und amerikanischen Öfen, sondern auch in Entwürfen und Berechnungen, die den Zweck haben, Richtlinien

[1]) Vgl. St. u. E. **45**, 489ff. (1925).
[2]) Vgl. St. u. E. **46**, 432/433 (1926).

für die richtige Bemessung eines neuzeitlichen 100-t-Ofens zu geben. Diese Entwürfe und Berechnungen[1]) werden wir mit unseren Angaben über die Bemessung von Martinöfen geringeren Fassungsvermögens vergleichen und entsprechende Schlüsse für die Bemessung von 100-t-Öfen ziehen.

A. Herdraum.

1. Die Herdfläche. In unserer Tabelle 7 sind die Herdflächen für Öfen bis 75 t Einsatz reichlich bemessen, selbst für Arbeiten nach dem Roheisenerzverfahren mit ausschließlich flüssigem Roheiseneinsatz. Bei günstigen Bedingungen gestattet eine derart bemessene Herdfläche eine bedeutende Steigerung des Einsatzes zwecks Erhöhung der Ofenleistung und Verringerung des Brennstoffverbrauchs je Tonne Stahl. Bekanntlich sind die Arbeitsbedingungen beim Martinverfahren — außer den Abmessungen und der Bauart der Öfen — sehr verschieden; die chemische Zusammensetzung der Beschickung und ihr Aggregatzustand, die Eigenschaften des Brennstoffes und des erzeugten Stahles, die Art der Durchführung des Verfahrens und das Geschick bei der Durchführung haben auf die Ergebnisse entscheidenden Einfluß. Durch diese Umstände oder auch durch ihr Zusammenwirken erklärt sich, daß bisweilen Öfen veralteter Bauart mit zu kleiner, d. h. stark überlasteter Herdfläche gute Ergebnisse ergeben und umgekehrt neue Öfen mit flachem Herde schlechte. In der schon erwähnten Arbeit von *H. Bansen* finden sich hierzu nicht wenige Beispiele aus dem neueren deutschen Stahlwerksbetriebe.

Die Frage, ob hieraus zu folgern wäre, daß beim Entwurf neuzeitlicher Öfen der von der Geschichte der Entwicklung der Abmessungen von Martinöfen gewiesene Weg zu verlassen und unter anderem z. B. die Badtiefe in der Herdmitte auf 600 bis 700 mm zu vergrößern sei, muß unseres Erachtens verneint werden. Wenn überlastete Öfen auch gute Ergebnisse liefern, so liegt es nicht daran, daß sie eine große Badtiefe besitzen, sondern im Gegenteil, dieser Mangel wird durch gute Leitung und geschickte Ausnutzung der günstigsten Arbeitsbedingungen wettgemacht.

Ausgehend von der soeben geäußerten Überzeugung wählen wir die Herdfläche für 100-t-Öfen entsprechend der Herdfläche für 75-t-Öfen, die 54,7 qm beträgt, und nehmen an, daß die fehlenden 25 t Stahl auf der Herdsohle in einer Schicht von 0,3 m mittlerer Tiefe untergebracht werden müssen. In solchem Falle erfordern diese 25 t eine Herdfläche von 12 qm; insgesamt ergeben sich also 66,7 qm (oder 0,667 qm je Tonne Einsatz) Herdfläche. Wählen wir das Verhältnis zwischen Länge und Breite zu 3,1 unter Benutzung des in Zahlentafel 8 angegebenen und in der Praxis bewährten Verhältnisses $L : E$,

[1]) *Charles H. F. Bagley:* Grundsätze für den Bau von Martinöfen. Journ. Iron Steel Inst. **98**, 289 bis 307 (1918); vgl. St. u. E. **39**, 784 bis 788 (1919). — *A. D. Williams:* Berechnung eines Siemens-Martinofens. Iron Age **109**, 577, 717, 853, 1075, 1279 (1922); vgl. St. u. E. **43**, 1045 bis 1048 (1923). — *J. Arnoul de Grey:* Vergleich amerikanischer und europäischer Siemens-Martinöfen. Génie civil **85**, 426 bis 430 (1924); vgl. St. u. E. **45**, 1535 bis 1538 (1925). — *Fred Clements:* Siemens-Martinbetrieb in England. Journ. Iron Steel Inst. 429 bis 448 (1922); vgl. St. u. E. **43**, 84 bis 90 (1923).

so ergibt sich die Entfernung zwischen den gegenüberliegenden Pfeilern der Köpfe (L) zu 14,4 m und die Breite (E) in Höhe der Einsatztürschwellen zu 4,63 m.

In England und in den Vereinigten Staaten in Betrieb befindliche Öfen haben oft geringere Abmessungen, z. B. der Ofen der englischen Firma David Colville and Sons[1]) 12,19 · 4,57 = 55,66 qm, jedoch hat der neuere Ofen der Illinois Steel Co. schon eine Herdfläche[2]) von 14,78 · 4,04 = 59,7 qm. Noch weiter gehen die Normen, die bei der Carnegie Steel Corp. aufgestellt worden sind; sie fordern, daß die Badfläche (d. h. die Oberfläche der Schlacke) 60,39 qm betrage[3]), was einer Herdfläche ($L \cdot E$) von ungefähr 65 qm entsprechen würde; dieselbe Norm benutzt auch *A. D. Williams*[4]), der für einen 100-t-Ofen eine Herdfläche von 14 m · 4,65 m empfiehlt. Endlich kommt auch *Ch. Bagley* in seinem Entwurf zu der gleichen Zahl von 65 qm, wobei er von der üblichen englischen Norm, 0,65 qm Herdfläche je Tonne Stahl, ausgeht, ohne einen Unterschied zwischen Öfen kleinen und großen Fassungsraumes zu machen. Die Böschung (Herdfläche zwischen dem Badspiegel in Ruhelage und den Pfeilern der Köpfe) wächst nicht proportional dem Fassungsraum der Öfen, und die Neigungen der Längswände ergeben für kleinere Öfen bei Benutzung der englischen Normen eine sehr große Badtiefe in der Mitte der Sohle, und bloß bei allergrößten Öfen — 100 t Fassung und mehr — ist die Badtiefe normal. *F. Clements* wählt dagegen in seinem Entwurf eines 100-t-Ofens für die Herdfläche die Abmessungen 11,28 · 4,88 = 55 qm, indem er sich auf Beispiele aus „der besten neuzeitlichen Praxis" (offenbar der englischen, aber nicht einer besseren) beruft. Endlich gibt *Arnoul de Grey* unter Zugrundelegung der Normen europäischer Fachleute des Festlandes Abmessungen von 13 · 4,6 = 59,4 qm an, wodurch, wie der Verfasser selbst bemerkt, die Badtiefe bis auf 500 mm gesteigert wird, was unseres Erachtens auf ungenügende Herdfläche hinweist.

2. Inhalt des Herdraumes und Höhe des Gewölbes über der Badoberfläche. Diese Abmessungen werden in den vorliegenden Entwürfen von 100-t-Öfen entweder mit Schweigen übergangen oder ohne jegliche Erklärung gegeben.

F. Clements gibt die Entfernung von der Badoberfläche bis zum Gewölbe zu 1,83 m an; nach der Zeichnung (die Maßzahlen sind nicht angegeben) beträgt die Badtiefe 0,69 m, woraus sich die Höhe des Gewölbes über der Mitte der Herdsohle zu 2,52 m ergibt; diese Abmessungen findet man bei amerikanischen Öfen mit bedeutend geringerem Fassungsvermögen.

---

[1]) Der Ofen arbeitet nach dem sauren Verfahren mit einem Einsatz bis zu 120 t, jedoch dürften bei basischem Verfahren die Herdabmessungen einem Einsatz von 100 t entsprechen; vgl. auch *Fred Clements:* a. a. O.

[2]) *C. L. Kinney* und *G. R. Mac Dermott:* Thermischer Wirkungsgrad und Wärmebilanz eines Siemens-Martinofens. St. u. E. **43**, 405 bis 409 (1923).

[3]) *Sidney Cornell:* Einige Betrachtungen über die Notwendigkeit der Auswahl feuerfester Steine für den Siemens-Martinofen. Journ. Amer. Ceram. Soc. **7**, 670 bis 681 (1924).

[4]) a. a. O.

Bei den Öfen der Illinois Steel Co. — bei dem schon in Betrieb genommenen und beim neuesten Entwurfe[1]) — betragen diese Abmessungen 1,91 und 2,74 m bzw. 1,98 und 2,82 m. Dem Entwurf von *Bagley* entsprechend beträgt die Höhe des Gewölbes über dem Bade etwa 2,2 m und die Badtiefe 0,8 m (auf der Zeichnung fehlen diese Maße, während alle übrigen angegeben sind).

Es wäre nun festzustellen, welche von diesen Abmessungen als die zweckmäßigste anzusehen ist. Wie oben schon erwähnt, muß für Öfen größten Fassungsvermögens der auf 1 t Einsatz bezogene freie Raum kleiner bemessen werden als in gewöhnlichen Öfen; erstens, weil solche Öfen einen relativ geringeren Brennstoffverbrauch haben, wodurch auch die Menge der Verbrennungsgase je Einsatzeinheit kleiner wird, und zweitens, da der Angriff des Gewölbes durch Schlacke- und Metallspritzer beim Kochen sich infolge des Höherziehens des Gewölbes weniger bemerkbar macht. Für das Arbeiten mit festem Roheiseneinsatz kann man den freien Verbrennungsraum in einem 100-t-Ofen etwas geringer als $100 \cdot 1{,}5 - 150$ cbm wählen, doch läßt sich ein solcher Ofen — da das langwierige Einsetzen des festen Roheisens übermäßig abkühlen würde — vorteilhaft nur mit flüssigem Roheisen betreiben[2]) (wenigstens 50 Proz. des Einsatzes müssen flüssig sein), was bedeutende Erzzusätze erfordert; letzterer Umstand macht es erforderlich, den Herdraum ein wenig zu vergrößern. Nimmt man ihn zu 150 cbm an, so erhält man die Höhe des Gewölbes über der Badoberfläche bzw. über der Herdsohle zu $150 : 66{,}7 = 2{,}25$ m bzw. $2{,}25$ m $+ 0{,}35$ m (im Höchstfalle 0,45 m) $= 2{,}6$ m (im Höchstfalle 2,7 m).

In den freien Verbrennungsraum von 150 cbm gelangen in der Sekunde 60 cbm Verbrennungsgase bei 1700° bzw. 8,3 cbm bei 0°, also kann das Gas, wie beabsichtigt, $2^1/_2$ Sek. im Herdraum verweilen. Eine solche Abgasmenge wird aus 3,1 cbm Frischgas (guter Zusammensetzung mit einem Heizwert von 1400 WE/cbm) und 5,5 cbm Luft bei 25 Proz. Luftüberschuß zur Verbrennung des Gases und zur Oxydation der Roheisenbeimengungen[3]) erhalten.

---

[1]) *C. L. Kinney* und *G. R. Mac Dermott:* a. a. O.

[2]) Die Angaben von *H. Bansen* (a. a. O.) bieten hierzu neue Beweise: Der 100-t-Ofen Nr. 33 gestattet mit fester Beschickung weniger als zwei Schmelzungen am Tage; einer der Öfen, der mit Koksofengas beheizt und mit 70 bis 75 t flüssigem Roheisen beschickt wird, erzeugt in der Woche um 200 t mehr Stahl (1650 t) als ein anderer Ofen derselben Größe (beide haben 65 qm Badfläche bei 105 t Einsatz), der nur mit festem Einsatz beschickt wird.

[3]) Entgegen der Ansicht von *Ch. Bagley* ist letztere Menge nicht unbedeutend und darf bei Berechnungen nicht vernachlässigt werden, wie das genannter Verfasser tut; auch *B. Osann* gibt in seiner tabellarischen Übersicht über Siemens-Martinöfen [Lehrbuch der Eisenhüttenkunde, 2. Aufl., **2**, 412 (Leipzig: Wilhelm Engelmann 1926)] das Volumen der Verbrennungsprodukte unter Annahme eines Luftüberschusses von bloß 10 Proz. Läßt man sich von Analysen des aus dem Essenkanal entnommenen Rauches leiten, so verfällt man leicht in den gegenteiligen Fehler und erhält bei Berechnung der Größe des Herdraumes einen Luftbedarf, der um 50 Proz. den theoretischen Verbrauch zum Verbrennen des Gases übersteigt; jedoch ein solcher und sogar ein größerer Überschuß wird durch das Ansaugen von Frischluft durch Spalten des Mauerwerks hinter dem Herdraum des Ofens hervorgerufen; am Verbrennungsvorgang nimmt er nicht teil.

Die genannte Gasmenge wird gerade bei normalem Steinkohlenverbrauch (täglich 1 t je Quadratmeter Herdfläche, das sind im ganzen 66,7 t) erzeugt; der relative Brennstoffverbrauch beträgt 222 kg Kohle je Tonne Stahl bei drei Schmelzungen am Tage (242 kg bei 2,75 bzw. 190 kg bei 3,5 Schmelzungen).

In seinem Entwurf eines 100-t-Ofens nimmt *F. Clements* einen sehr geringen Kohlenverbrauch an, im ganzen 150 kg je Tonne Stahl, was ungefähr der Hälfte des gewöhnlichen Verbrauchs bei englischen Öfen[1]) und gar nicht den bei dem Entwurf gemachten Annahmen entspricht (50 Proz. fester Schrott und 9 Stunden Schmelzdauer, die Dauer der Zustellung des Herdes nicht eingerechnet). Diesem Kohlenverbrauch entsprechend ergibt sich (unter der Annahme, daß der Luftüberschuß 50 Proz. beträgt und kein Ansaugen von Außenluft stattfindet) eine sekundliche Abgasmenge von nur 6,5 cbm bei 0°. Für den Ofen des Werkes D. Colville and Sons gibt derselbe Verfasser die wirkliche Abgasmenge zu 9,5 cbm bei 0° an.

In der Berechnung von *A. D. Williams* hingegen ist ein hoher und für einen richtig bemessenen 100-t-Ofen unmöglicher Verbrauch von 300 kg Kohle angegeben; der gewöhnliche Verbrauch für amerikanische Öfen dieses Fassungsraumes beträgt trotz ihrer langen Schmelzungsdauer 260 kg/t Stahl.

Die sekundliche Abgasmenge bestimmt *Williams* zu 12,76 cbm.

Endlich gibt *Sidney Cornell*[2]) die Menge der Verbrennungsgase für amerikanische 100-t-Öfen zu 10,12 cbm/Sek. an.

Im von *F. Clements* entworfenen Ofen beträgt der Aufenthalt der Gase im Herdraum (ihre Temperatur im Mittel zu 1700° angenommen):

$$55 \cdot 1{,}83 : 6{,}5 \cdot 7{,}23 = 2{,}1 \text{ Sek.},$$

was zulässig ist. Wenn jedoch in diesem Ofen die Gaszufuhr gesteigert wird und z. B. die von *Sidney Cornell* angegebene Menge erreicht wird, so wird der Aufenthalt bis auf

$$55 \cdot 1{,}83 : 10{,}12 \cdot 7{,}23 = 1{,}38 \text{ Sek.}$$

verringert, was darauf hinweist, daß bei einer Herdfläche von 55 qm die Entfernung von 1,83 m von der Badoberfläche bis zum Gewölbe zu gering ist.

Die von uns angegebene Höhe des Gewölbes für einen 100-t-Ofen von 2,25 m entspricht dem erwünschten und möglichen Kohlenverbrauch (sowohl dem spezifischen als auch dem relativen).

B. Köpfe.

3. Gas- und Lufteinströmöffnungen. Während man für Öfen gewöhnlichen Fassungsraumes 120 bis 110 qcm Gaseinströmquerschnitt je Quadratmeter Herdfläche und — bei Wahl des Verhältnisses $1^2/_3$ zwischen den Querschnitten beider Einströmöffnungen — 200 bis 180 qcm für die Lufteinströmöffnungen wählt, kann man annehmen, daß für 100-t-Öfen 100 qcm Gaseinströmquerschnitt je Quadratmeter Herdfläche genügen. Man erhält also den

---

[1]) *F. Clements:* a. a. O., Zahlentafel 10, Zeile 3.

[2]) a. a. O.

Querschnitt und die Abmessungen der Gaseinströmöffnungen (wenn zwei vorhanden sind) zu

$$0{,}01 \cdot 66{,}7 = 0{,}667 \text{ qm bzw. } 2 \cdot 0{,}6 \text{ m} \cdot 0{,}55 \text{ m}.$$

Wenn man der Berechnung des Lufteinströmquerschnittes die theoretische Forderung zugrunde legt, daß dieser Querschnitt sich zum Querschnitt der Gaseinströmöffnung verhalten muß wie die Abgasmengen, die durch die entsprechenden Wärmespeicher ziehen, so erhält man das Verhältnis $1^2/_3$, und den Lufteinströmquerschnitt nicht unter $0{,}667 \cdot 1^2/_3 = 1{,}111$ qm. Die Summe der Querschnitte für Luft und Gas beträgt in diesem Falle 1,778 qm, was bei 1600° eine Abgasgeschwindigkeit von $8{,}3 \cdot 6{,}86 : 1{,}778 = 32$ m/Sek. ergibt, die ja zulässig ist, doch nach Ansicht des Verfassers dem Grenzwert nahekommt. Um eine große Abgasgeschwindigkeit zu erzielen, ist ein bedeutend erhöhter Kaminzug erforderlich, und letzteres ist unvorteilhaft, nicht nur, weil es den Bau verteuert, sondern auch wegen der bedeutenden Mengen Falschluft, die durch die Einsatztüren und die Spalten des ganzen Mauerwerks, angefangen von den Köpfen bis zu dem Essenkanal, angesaugt werden.

Gegenwärtig zieht man vor, von der genannten Forderung, daß nämlich die Querschnitte der Gas- und Lufteinströmöffnungen den Abgasmengen proportional sein müssen, abzusehen; man vergrößert die Lufteinströmöffnung bedeutend und regelt die Abgasverteilung durch Einbau entsprechender Klappen oder Ventile in die Essenkanäle.

Die gewünschte Flammenführung im Ofen wird trotz der geringen Luftgeschwindigkeit (z. B. 2 m/Sek. bei 0° oder ungefähr 10 m/Sek. bei 1100°) durch entsprechende Regelung der Gasgeschwindigkeit beim Eintritt in den Ofen erreicht. Man arbeitet heute mit bedeutend größeren Gasgeschwindigkeiten als unlängst. Unter den von uns gewählten Bedingungen von 2,1 cbm/Sek. kann das Gas in den Ofen mit der Geschwindigkeit von $3{,}1 : 0{,}667 = 4{,}5$ m/Sek. bei 0°, bzw. $4{,}5 \cdot 5{,}03 = 22{,}6$ m/Sek. bei 1100° eintreten, woraus sich ein bestimmter Spielraum für den Fall eines größeren Kohlenverbrauchs ergibt.

Der obengenannte Querschnitt für die Lufteinströmöffnung kann als Mindestwert angesehen werden, der für eine richtige Verteilung des Abgases auf die beiden Kammern zulässig ist.

Die in den Entwürfen der mehrfach genannten Fachleute gegebenen Abmessungen der Einströmöffnungen weichen bedeutend von den von uns bestimmten ab. Am nächsten kommen unseren Angaben die von *A. de Grey* angeführten, der von den zulässigen Geschwindigkeiten für Gas und Luft ausging; für einen spezifischen Kohlenverbrauch von 21 Proz., drei Schmelzungen am Tage und eine Geschwindigkeit von 19,5 m/Sek. ergaben sich bei ihm die Einströmöffnungen für Gas und Luft zu 0,7 bzw. 1,05 qm. Die wahrscheinliche Geschwindigkeit in solchen Einströmöffnungen muß ungefähr 24 m/Sek. betragen.

Ch. Bagley bestimmt das Verhältnis der Gaseinströmöffnung zur Herdfläche zu 1 : 180, d. h. er begnügt sich mit nur 55,5 qcm je Quadratmeter Herdfläche, was eine sehr enge Einströmöffnung ergibt und beispielsweise für den

100-t-Ofen 0,36 m · 0,36 m beträgt (für kleinere Öfen ergeben sich infolge der größer werdenden Reibung ganz unzulässige Abmessungen, z. B. für einen 20-t-Ofen nur eine Gaseinströmöffnung mit 25 cm · 27,5 cm Querschnitt). Den Querschnitt der Lufteinströmöffnung ermittelt *Bagley* rechnerisch aus dem Verhältnis der Wärmemenge, die zum Erhitzen von Luft und Gas erforderlich ist, wobei er jedoch außer acht läßt, daß die Abgase in der Gaskammer weniger abkühlen als in der Luftkammer.

F. Clements wählt noch geringere Abmessungen für die Einströmöffnungen: 0,28 qm für den Gas- und 0,75 qm für den Lufteintritt; der Gesamtquerschnitt von 1,03 qm ergibt eine geringste Geschwindigkeit der Abgase bei 1600° (wenn ihre Menge bei 0° 6,5 cbm beträgt) von 43,3 m/Sek.; seiner Berechnung sind gerade die Geschwindigkeiten der Gase in den Einströmöffnungen zugrunde gelegt. Läßt man eine so große Geschwindigkeit zu, so kann selbst durch eine geringe Steigerung der Gaszufuhr zweckmäßiges Arbeiten unmöglich gemacht werden.

Bei den in Betrieb befindlichen englischen und amerikanischen Öfen sind die Gaseinströmöffnungen bedeutend weiter, wie an den Beispielen zu sehen ist, die im neuesten Schrifttum gegeben werden. So hat der Ofen des Werkes David Colville and Sons einen Gaseinströmungsquerschnitt von 0,34 qm, der Ofen der Illinois Steel Co. aus dem Jahre 1922 einen solchen von 0,437 qm, ein später gebauter Ofen desselben Werkes einen solchen von 0,623 qm, und schließlich sehen die Normen der Carnegie Steel Corp. (nach Angaben von *Sidney Cornell*) einen Querschnitt von 0,557 qm vor.

Somit läßt sich aus diesen Vergleichen schließen, daß die von uns angenommene Norm zur Berechnung der Gaseinströmöffnung auch für 100-t-Öfen durchaus annehmbare Abmessungen ergibt, sowie auch, daß diese Abmessungen ein Arbeiten mit etwas größerem Gasverbrauch je Sekunde ermöglichen, mit anderen Worten, daß die Abmessungen reichlich gewählt sind.

C. Wärmespeicher.

4. Inhalt und Gewicht des Gitterwerks der Wärmespeicher. Wendet man die obengenannte Norm auf 100-t-Öfen an, so erhält man einen Inhalt des Wärmespeicherpaares von 300 cbm, in dem man (bei 50 Proz. Füllung) bis zu 270 t Steine unterbringen kann, was ungefähr 100 kg Gitterwerk je 1 kg Kohlenverbrauch entspricht. *Arnoul de Grey* gibt einen etwas größeren Inhalt für ein Wärmespeicherpaar an, nämlich 324 cbm, doch da er mit 44 Proz. Füllung rechnet, kommen auf 1 kg Kohle bloß 98 kg Steingewicht[1]).

Die Normen der Carnegie Steel Corp. kommen den obengenannten Zahlen nahe, doch weichen sie bedeutend von der gewöhnlichen amerikanischen Bauweise ab; nach diesen Normen sind 4600 Kubikfuß = 130,25 cbm für die Gaskammer und 6800 Kubikfuß = 197,54 cbm für die Luftkammer, insgesamt also 327,79 cbm für ein Wärmespeicherpaar erforderlich. Nimmt man drei

[1]) In der Originalarbeit werden 89 kg genannt, doch muß hier ein Druckfehler vorliegen, wie eine Umrechnung der Angaben von *A. de Grey* (Kohlenverbrauch 21 Proz. bei drei Schmelzungen am Tage) zeigt.

Schmelzungen am Tage mit einem in gegenwärtiger Zeit für amerikanische 100-t-Öfen üblichen Kohlenverbrauch von 260 kg je Tonne Stahl an und den Füllungsgrad der Kammern zu 44 Proz., so erhält man je 1 kg stündlich verbrannter Kohle ein Steingewicht von 80 kg, und bei einem Kohlenverbrauch von 210 kg je Tonne Stahl ein solches von 99 kg.

Diesem amerikanischen Bestfall kommt der unlängst entworfene Ofen der Illinois Steel Co. nahe mit Kammern von 258,4 cbm Inhalt und einem Steingewicht von 217,4 t (bei einem Füllungsgrad von 46,75 Proz.); der im Betrieb befindliche Ofen des gleichen Werkes besaß jedoch nur einen Kammerinhalt (für ein Wärmespeicherpaar) von 137 cbm und ein Steingewicht von 103,7 t.

Das soeben genannte Steingewicht wird von *F. Clements* nahezu erreicht durch eine umständliche und schwierige, aber falsche Berechnung[1]), doch wird ein bedeutend geringerer Kammerinhalt, im ganzen 100 cbm, angegeben bei einem überaus großen Füllungsgrad der Kammer von 60,5 Proz.

Fast ebenso groß ist der Füllungsgrad auch nach *Bagley:* nach seinen Angaben kommen auf die Gaskammer 71 t Steingewicht, auf die Luftkammer 67 t, somit insgesamt 138 t Steingewicht auf beide Kammern von 126,3 cbm Inhalt.

Dieses Ergebnis wird durch eine eigentümliche Berechnung erhalten, die von der Kammerhöhe von 4,57 m als einer „erwünschten" ausgeht und von der Norm, daß die Querschnitte aller Kanäle für die Verbrennungsgase in jeder Kammer achtmal größer sein müssen als die Querschnitte der entsprechenden Einströmöffnungen. Weder der Wärmeinhalt, noch die Heizfläche der Wärmespeicher, noch das Steingewicht in ihnen werden in der Berechnung von *Bagley* berücksichtigt.

D. Ventile, Kanäle und Kamin.

5. Umsteuerungsventile. Nach der früher angeführten Beziehung ergibt sich der Durchmesser des Luftventils für einen 100-t-Ofen zu

$$d = \sqrt{66,7 : 5} = 1,63 \text{ m}.$$

Eine runde Siemenssche Wechselklappe von derartigem Durchmesser (Querschnitt 2,09 qm) ist im Betrieb schwer zu handhaben; doch kann der genannte Querschnitt leicht beibehalten werden, wenn man die neueste Bauart von Schieberklappen benutzt, die sich in leicht geneigtem Rahmen bewegen und eine Umkehrung des Gasstromes verhindern[2]).

Der Querschnitt der Öffnung des Gasventils kann im Verhältnis 5 : 3 kleiner sein, d. h. 1,25 qm betragen, und der Durchmesser der Trommel kann, wie daraus folgt, zu 3 m gewählt werden.

[1]) Die Verwickeltheit der Berechnung hat *Clements* gehindert, eine augenfällige Unstimmigkeit zu bemerken: der angenommene Temperaturabfall der Abgase in der Luftkammer (von 1620° auf 320°) und in der Gaskammer (von 1620° auf 650°) gibt nicht genügend Wärme für den errechneten Temperaturanstieg des Gases (von 650° bis 1550°) und der Luft (von 200° bis 1550°), sogar dann nicht, wenn weniger Wärme nach außen verlorengeht als vom Verfasser angenommen wird (40 Proz. der von Gas und Luft erhaltenen Wärme).

[2]) *W. C. Coffin:* Bull. Am. Inst. Min. Engs. (1919) S. 498 bis 515.

In Ventilen solcher Größe übersteigen die Geschwindigkeiten (bei 0°) nicht 8,3 : 3,344 = 2,5 m/Sek. für Abgase, 3,1 : 1,25 = 2,5 m/Sek. für Gas und 5,5 : 2,09 = 2,6 m/Sek. für Luft, was in Anbetracht des großen wirklichen Querschnittes zulässig ist.

A. de Grey gibt Querschnitte von 1,44 qm und 1,2 qm, zusammen also 2,64 qm an, was unseren Bestimmungen recht nahe kommt. *Clements* dagegen geht von geringerem Kohlenverbrauch (150 kg je Tonne Stahl) und geringerer Ofenleistung aus und hat bedeutend geringere Abgasmengen, 6,5 cbm bei 0°. Da er bedeutende Geschwindigkeiten in allen Teilen des Ofens zuläßt, so wählt er den Querschnitt der Abgasventile[1]) zu je 0,65 qm, was eine mittlere Abgasgeschwindigkeit von 5 m/Sek. bei 0° ergibt, eine fraglos zu hohe Geschwindigkeit.

Die Normen der Carnegie Steel Corp. geben für beide Ventile den gleichen Querschnitt von 10 Quadratfuß = 0,929 qm an; die wahrscheinliche Geschwindigkeit der Abgase beträgt in ihnen 10,12 : 0,929 · 2 = 5,4 m/Sek. bei 0°. Diese Geschwindigkeit ist zwar auch zu groß, doch bezieht sie sich auf einen großen Brennstoffverbrauch, so daß man in richtig bemessenen Öfen mit geringerem Kohlenverbrauch eine geringere Geschwindigkeit erwarten kann.

6. Die Kanäle zwischen den Wärmespeichern und Ventilen. Man kann und soll auch die Kanäle in der lichten Weite um ein Drittel breiter bauen (die Geschwindigkeit der Gase wird hierbei gewöhnlich bis zu 1,5 m/Sek. und in den größten Öfen bis zu 2 m/Sek. verringert) als die Ventile, was im gegebenen Falle Querschnitte von 2,79 + 1,67, zusammen 4,46 qm ergibt. Man findet sie bei den amerikanischen 100-t-Öfen ein wenig kleiner; jeder Kanal hat dort einen Querschnitt von 1,86 qm, d. h. die Querschnitte beider betragen 3,72 qm. *A. de Grey* hält einen solchen Querschnitt für übermäßig groß und empfiehlt für jeden Kanal 1,5 qm Querschnitt als das natürliche Maß; dem kann man jedoch nicht beistimmen, da der Querschnitt von 3,72 qm bei den amerikanischen Öfen eine mittlere Geschwindigkeit von 2,7 m/Sek. bei 0° ergibt und letztere nicht als gering angesehen werden kann in Anbetracht des Umstandes, daß der Querschnitt beider Kanäle gleich groß gewählt ist und durch den Luftkanal bedeutend mehr Abgas abgeführt wird als durch den Gaskanal, und daher die Geschwindigkeit hier die mittlere Geschwindigkeit bedeutend übertrifft.

Die Kanäle zu den Wärmespeichern sind die einzige Stelle des Ofens, an der *Clements* eine geringe Geschwindigkeit und einen bedeutenden Querschnitt für nötig befindet (wahrscheinlich zur bequemen Reinigung dieser Kanäle), nämlich 5,3 qm für beide in ihren Abmessungen gleichen Kanäle.

7. Der Kamin. Der Durchmesser D des Kamins bei seiner Mündung wird in Beziehung zur Herdfläche S bestimmt:

$$D = \sqrt{S} : 3{,}8 \text{ m},$$
$$D = \sqrt{66{,}7} : 3{,}8 = 2{,}15 \text{ m}.$$

Dieses Verhältnis ergibt ungefähr 445 qcm je Quadratmeter Herdfläche und eine Abgasgeschwindigkeit von 2,3 m/Sek. bei 0°.

[1]) Die Abgasventile sind hierbei gesondert von den Luft- und Gasventilen gebaut.

Bei Anwendung des gewöhnlichen Verhältnisses von Kaminhöhe H zum Durchmesser D der Kaminmündung

$$H : D = 25$$

erhält man

$$H = 2{,}15 \cdot 25 = 53{,}75 \text{ m}.$$

In den im Betrieb befindlichen englischen und amerikanischen 100-t-Öfen wird der Durchmesser der Kaminmündung etwas kleiner, als wir angeben, gewählt, nämlich zu 1,83 m, und die Höhe etwas größer, z. B. 54,85 m nach den Normen der Carnegie Steel Corp., oft jedoch auch kleiner, z. B. zu 45,7 m (bei dem Werk D. Colville and Sons beträgt die Höhe sogar nur 41,3 m bei einem Mündungsdurchmesser von nur 1,7 m).

F. Clements hält einen Kaminzug von 45 mm Wassersäule für notwendig und bestimmt daraus die erforderliche Kaminhöhe zu 65 m, wählt aber den Durchmesser der Mündung zu nur 1,83 m. Bei den engen Einströmöffnungen und Zügen zwischen der Gitterwerkspackung, die *Clements* in seinem Entwurf zugelassen hat, ist das Anstreben eines größeren Kaminzuges verständlich, doch führt dies zu Unträglichkeiten, die wir früher erwähnt haben.

Abmessungen von 100-t- Martinöfen.

	Normen von *Carnegie*	Berechnungen von *Ch. Bagley*	Berechnungen von *F. Clements*	Berechnungen von *A. de Grey*	Berechnungen des *Verfassers*
Herdraum:					
Herdfläche qm . . .	65	65	55	59,4	66,7
Länge und Breite m	—	14,22 × 4,57	11,28 × 4,88	13 × 4,6	14,4 × 4,63
Vom Gewölbe bis zur Sohle m	—	2,2 + 0,8	1,83 + 0,69	—	2,25 + 0,4
Einströmöffnungen:					
Für Luft qm	—	0,813	0,75	1,05	1,111 (mindestens)
Für Gas qm	0,557	0,361	0,28	0,7	0,667
Wärmespeicher:					
Für Luft cbm . . .	197,5	66,9	57,34	194,4	203,2
Für Gas cbm . . .	130,25	59,4	42,72	129,6	96,8
Wärmespeicherpaar cbm	327,75	126,3	100,06	324	300
Gewicht des Gitterwerks t	259,6	138	108,75	256,6	270
Ventile:					
Für Luft qm	0,929	—	0,65	1,44	2,09
Für Gas qm	0,929	—	0,65	1,20	1,25
Kanäle zu den Wärmespeichern:					
Für Luft qm	1,86	1,22	2,65	1,5	2,79
Für Gas qm	1,86	0,54	2,65	1,5	1,67
Kamin:					
Durchmesser m . . .	1,83	1,50	1,83	—	2,15
Höhe m	54,9	—	65	—	54

In der Tabelle auf S. 141 sind die oben besprochenen Abmessungen von 100-t-Öfen zusammengestellt.

Wie aus der Darlegung ersichtlich, ist die Herdfläche als Bezugsgröße bei der Bemessung eines Martinofens zu betrachten; durch sie werden einerseits der Brennstoffverbrauch (im gegebenen Falle ungefähr 66,7 t Steinkohle am Tage, entsprechend 3,1 cbm Gas bzw. 4000 bis 4200 WE), anderseits alle übrigen Abmessungen des Ofens bedingt.

Somit wird im Grunde genommen der Ofen für einen bestimmten Brennstoffverbrauch in der Zeiteinheit berechnet. Was das Stahlgewicht je Quadratmeter Herdfläche betrifft, so kann es, wie schon erwähnt, ohne Änderungen der Abmessungen des Ofens gegenüber den in den Zahlentafeln angegebenen Werten vergrößert werden; in diesem Falle verringert sich natürlich das Verhältnis der Abmessungen bezogen auf 1 t Einsatz entsprechend, doch schließt dies unter günstigen Arbeitsbedingungen das Erzielen wirtschaftlich vorteilhafter Ergebnisse nicht aus, da die Abmessungen aller Teile des Ofens im richtigen Verhältnis zueinander stehen.

Namenregister.

Sachregister.

Additional material from *Abmessungen von Hoch- und Martinöfen,*
ISBN 978-3-662-33747-9, is available at http://extras.springer.com